新世纪电工电子实践课程丛书

电子线路实践

（第3版）

主　编　王　尧

参　编　于维顺　徐莹隽　王　琼

主　审　刘京南

东南大学出版社
SOUTHEAST UNIVERSITY PRESS
·南京·

内容提要

本书为东南大学《电工电子实践课程丛书》的第3本。本书是在多年教改实践的基础上，精选了常规内容，充实了模拟集成电路应用方面的内容，新增加了MATLAB应用实验编写而成的。全书共4篇：单级放大电路实验，模拟集成电路应用实验，高频电子线路实验，MATLAB应用实验。全书含各类实验共28个。书末还有3个附录：常用晶体管和模拟集成电路、高频电子仪器和MATLAB简介及其操作。

本书可作为高等院校电气信息类（包括电子、通信、电气）各专业的电子线路实验教材，也可供从事电子工程设计与开发的技术人员参考之用。

图书在版编目(CIP)数据

电子线路实践 / 王尧主编. — 3版. — 南京 ：东南大学出版社，2022.12
新世纪电工电子实践课程丛书
ISBN 978-7-5766-0485-6

Ⅰ.①电… Ⅱ.①王… Ⅲ.①电子电路-实验 Ⅳ.①TN710-33

中国版本图书馆CIP数据核字(2022)第231553号

责任编辑：朱 珉 **责任校对**：韩小亮 **封面设计**：毕 真 **责任印制**：周荣虎

电子线路实践(第3版)
DianZi XianLu ShiJian(Di-san Ban)

主 编	王 尧
出版发行	东南大学出版社
社 址	南京市四牌楼2号 邮编：210096 电话：025－83793330
网 址	http://www.seupress.com
电子邮箱	press@seupress.com
经 销	全国各地新华书店
印 刷	兴化印刷有限责任公司
开 本	787mm×1092mm 1/16
印 张	11.5
字 数	301千字
版 次	2022年12月第3版
印 次	2022年12月第1次印刷
书 号	ISBN 978-7-5766-0485-6
定 价	42.00元

本社图书若有印装质量问题，请直接与营销部联系，电话：025－83791830。

第3版前言

《电子线路实践》自2000年初版、2011年第2版问世以来，一直深受广大读者的关注。

本书是东南大学《电工电子实践课程丛书》中的第3本，适合于电气信息类各专业选用。全书共分4篇：单级放大电路实验、模拟集成电路应用实验、高频电子线路实验、MATLAB应用实验。

本书是一本实践性课程教材，在内容选取上，既注意与理论课程的结合，又具有其自身的体系与特色，注重课程知识的拓宽、提高和综合应用，其具体特点如下：

(1) 课程体系新颖、内容覆盖面广。既包括了经过提炼的精选传统内容，如单级放大电路实验，又包括了建立在集成电路基础上的模拟信号处理与变换的内容，还适时地编入了反映先进信息技术最新发展的内容——MATLAB软件应用实验。

(2) 在选编的28个实验中均以设计型为主，强调工程实用性，着眼于培养和提高学生的工程设计、实验调试及综合分析能力。

(3) 在实验手段与方式上，既重视硬件搭试能力的基本训练，又融入了EWB及MATLAB软件实验，这将为学生尽快适应现代电子设计技术及后续课程学习打下良好的基础。

(4) 在编写上，既注意与相应理论课程的结合、呼应，又具有实践课程自身的体系与特色。每一个实验都包含有实验原理、实验内容、预习要求、实验报告要求、思考问题以及所需仪器与元件等内容。旨在不仅要教会学生怎样去做，而且要使学生弄懂为什么这样做，并启发学生向纵深方面进一步思考。

本书由王尧教授主编，由刘京南教授主审。编写分工如下：实验1、4、6、9、10、13由王尧编写；实验2、5、8、11、12由于维顺编写；实验3、7、14～19由徐莹隽编写；实验20～28由王琼编写。

本书第3版对第2版作了局部修订，更正了一些印刷上的疏漏，进一步充实、补充了模拟集成电路应用相关内容。

本次修订工作得到本书责任编辑——东南大学出版社朱珉老师的热情支持与帮助，在此表示衷心感谢。

最后，再次感谢广大读者对本书的关心和厚爱，并欢迎批评与指正。

编　者

于东南大学

2022年9月

第2版前言

本书第1版问世以来，深受广大读者的关注，随着教改的不断深入和电子技术的发展，决定在保留原书体例和主要内容的基础上，对书中部分内容作一次修改和补充。

本书是东南大学《新世纪电工电子实践课程丛书》中的第3本，它是在东南大学多年教改实践，特别是近两届教学试点的基础上，为适应当前人才培养的要求，落实拓宽学科口径、强化工程实践训练、培养创新意识和提高综合素质，作为独立设课的《电子线路实践》课程而编写的教材。它适合于电气信息类各专业选用。全书共分4篇：单级放大电路实验、模拟集成电路应用实验、高频电子线路实验和MATLAB软件应用实验。

本课程重在实践，从培养学生实践能力的要求出发，结合理论课程"模拟电子技术"(或"电子线路")、"信号与系统"、"数字信号处理"及"自控原理与系统"，相对独立地安排实验与教学，两者密切结合、相辅相成。

本书是一本实践课程教材，和一般的电子技术理论教材及实验指导书不同，它具有以下几个主要特点：

(1) 课程体系新颖、内容覆盖面广。既包括了经过锤炼的必要的传统内容，如单级放大电路实验，又包括了建立在集成电路基础上的常用模拟信号处理与变换的内容，还适时地编入了反映先进信息技术最新发展的内容——MATLAB软件及其在信号与系统、数字信号处理及自控原理等方面的应用实验。

(2) 在选编的28个实验中均以设计型为主，强调工程实用性，着眼于培养和提高学生的工程设计、实验调试及综合分析能力。

(3) 在实验手段与方式上，既重视硬件搭试能力的基本训练，又融入了EWB及MATLAB软件实验，这将为学生尽快适应现代电子设计技术及后续课程学习打下良好的基础。

(4) 在编写上，既注意与相应理论课程的结合、呼应，又具有实践课程自身的体系与特色。每一实验都包含有实验原理、实验内容、预习要求、实验报告要求、思考问题以及所需仪器与元件等内容。旨在不仅要教会学生怎样去做，而且要使学生弄懂为什么这样做，并启发学生向纵深方面进一步思考。

本书由王尧教授主编，由刘京南教授主审。书中：实验1、4、6、9、10、13由王尧编写；实验2、5、8、11、12由于维顺编写；实验3、7、14～19由徐莹隽编写；实验20～28由王琼编写。

本次修改与补充的部分为：差分放大器（实验3）及有源滤波器（实验7）；模拟运算电路（实验5）和电平检测器（实验9）；集成功率放大电路（实验11）。以上三部分的修改与补充分别由徐莹隽、王尧和于维顺执笔。

再次感谢广大读者对本书的关心，并希望广大读者在使用本书的过程中继续提出宝贵批评和建议。

限于编者水平和编写时间仓促，书中不妥和错误之处，在所难免，敬请读者不吝指正。

编　者

于东南大学

2010年10月

目 录

第1篇 单级放大电路实验

第2篇 模拟集成电路应用实验

第3篇 高频电子线路实验

第4篇 MATLAB软件应用实验

附　录

第1篇　单级放大电路实验

实验1　单级低频电压放大电路

1.1　实验目的

(1) 通过对单级晶体管低频电压放大电路的工程估算、安装和调试，掌握放大器的主要性能指标及其测试方法；

(2) 掌握二踪示波器、晶体管特性图示仪、函数发生器、交流毫伏表、直流稳压电源和模拟实验箱的使用方法。

1.2　实验原理

1) 静态工作点和偏置电路形式的选择

(1) 静态工作点

放大器的基本任务是不失真地放大信号。由于它的性能与静态工作点的位置及其稳定性直接相关，所以要使放大器能够正常工作，必须设置合适的静态工作点。

为了获得最大不失真的输出电压，静态工作点应该选在输出特性曲线上交流负载线中点的附近，如图1-1中的Q点。若工作点选得太高(如图1-2中的Q_1点)就会出现饱和失真；若工作点选得太低(如图1-2中的Q_2点)就会产生截止失真。

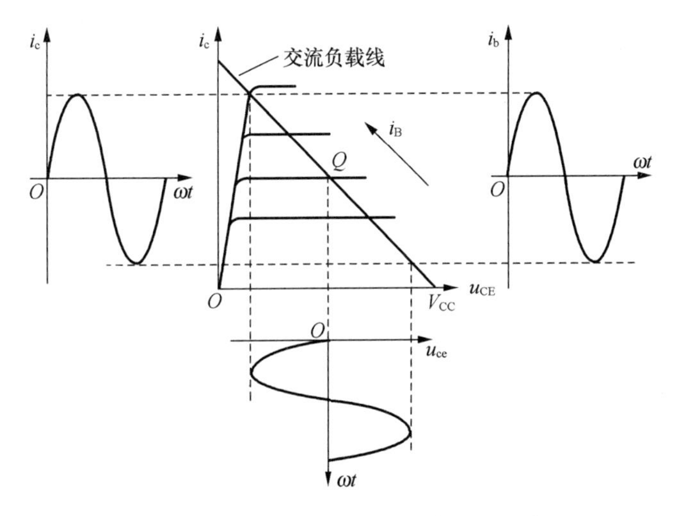

图1-1　具有最大动态范围的静态工作点

对于小信号放大器而言，由于输出交流幅度很小，非线性失真不是主要问题，因而Q点不一定要选在交流负载线的中点，可根据其他指标要求而定。例如在希望耗电小、噪声低、输入阻抗高时，Q 点就可选得低一些；如希望增益高时，Q 点可适当选择高一些。

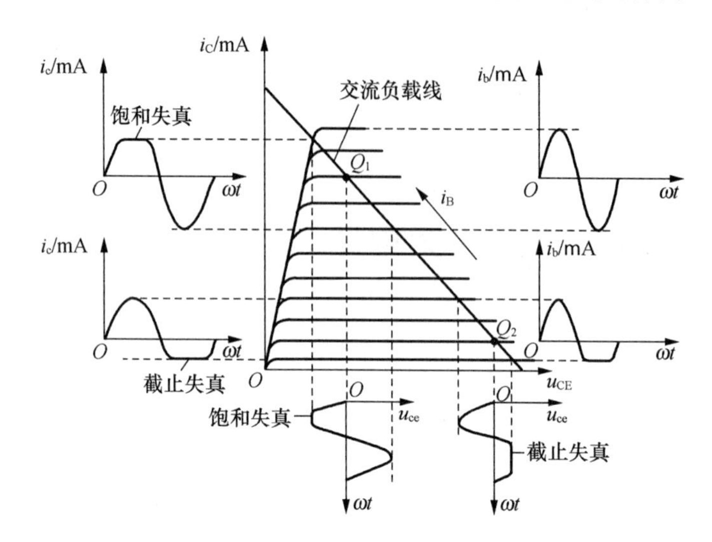

图 1-2　静态工作点设置不合适输出波形产生失真

为使放大器建立一定的静态工作点，通常有固定和射极偏置电路（或分压式电流负反馈偏置电路）两种偏置电路可供选择。固定偏置电路结构简单，但当环境温度变化或更换晶体管时，Q 点会明显偏移，导致原先不失真的输出波形可能产生失真。而射极偏置电路（见图 1-3）则因具有自动调节静态工作点的能力，当环境温度变化或更换晶体管时，能使 Q 点保持基本不变，因而得到了广泛应用。

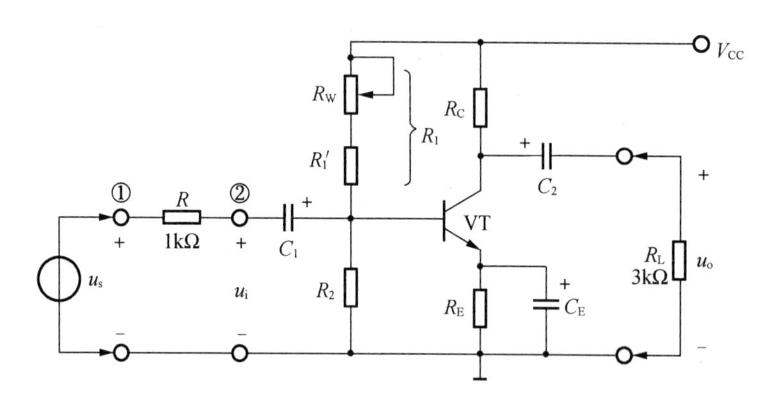

图 1-3　射极偏置电路

(2) 静态工作点的测量

接通电源后，在放大器输入端不加交流信号即 $u_i=0$ 时，测量晶体管静态集电极电流 I_{CQ} 和管压降 U_{CEQ}。其中 U_{CEQ} 可直接用万用表直流电压挡测量 c-e 极间的电压（或测 U_C 及 U_E，然后相减）得到，而 I_{CQ} 的测量有下述两种方法：

① 直接测量法　将万用表置于适当量程的直流电流挡，断开集电极回路，将两表棒串入回路中（注意正、负极性）测读。此法测量精度高，但比较麻烦。

② 间接测量法　用万用表直流电压挡先测出 R_C（或 R_E）上的电压降，然后由 R_C（或 R_E）的标称值算出 I_{CQ}（$I_{CQ}=U_{RC}/R_C$）或 I_{EQ}（$I_{EQ}=U_{RE}/R_E$）值。此法简便，是测量中常用的

方法。为减少测量误差应选用内阻较高的万用表。

2）放大器的主要性能指标及其测量方法

（1）电压增益$\dot{A}_u$

$\dot{A}_u$ 系指输出电压$\dot{U}_o$与输入信号电压$\dot{U}_i$ 之比值，即$\dot{A}_u=\dot{U}_o/\dot{U}_i$，$A_u$ 用交流毫伏表测出输出电压的有效值 U_o 和输入电压的有效值 U_i 相除而得。

（2）输入电阻 R_i

R_i 系指从放大器输入端看进去的交流等效电阻，它等于放大器输入端信号电压$\dot{U}_i$ 与输入电流$\dot{I}_i$ 之比。即$R_i=\dot{U}_i/\dot{I}_i$。

本实验采用换算法测量输入电阻，测量电路如图 1-4 所示。在信号源与放大器之间串入一个已知电阻 R_S，只要分别测出 U_S 和 U_i，则输入电阻为：

$$R_i=\frac{U_i}{I_i}=\frac{U_i}{(U_S-U_i)/R_S}=\frac{U_i}{U_S-U_i}R_S$$

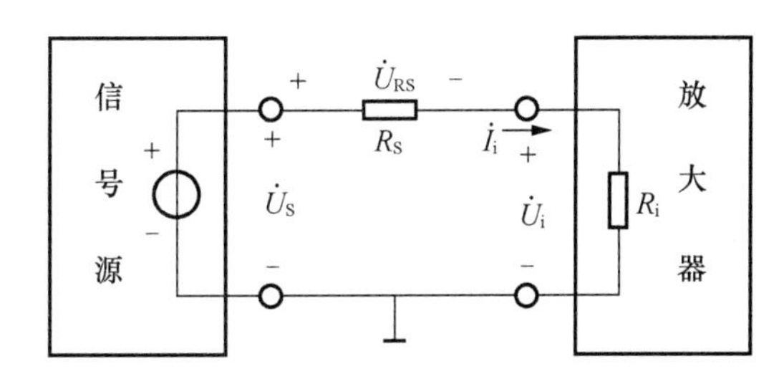

图 1-4　用换算法测量 R_i 的原理图

测量时应注意以下两点：

① 由于 R_S 两端均无接地点，而交流毫伏表通常是测量对地交流电压的，所以在测量 R_S 两端的电压时，必须先分别测量 R_S 两端的对地电压 U_S 和 U_i，再求其差值 U_S-U_i 而得。实验时，R_S 的数值不宜取得过大，以免引入干扰；但也不宜过小，否则容易引起较大误差。通常取 R_S 与 R_i 为同一个数量级。

② 在测量之前，交流毫伏表应该调零，并尽可能用同一量程挡测量 U_S 和 U_i。

（3）输出电阻 R_o

R_o 系指将输入电压源短路，从输出端向放大器看进去的交流等效电阻。它和输入电阻 R_i 同样都是对交流而言的，即都是动态电阻。用换算法测量 R_o 的原理如图 1-5 所示。

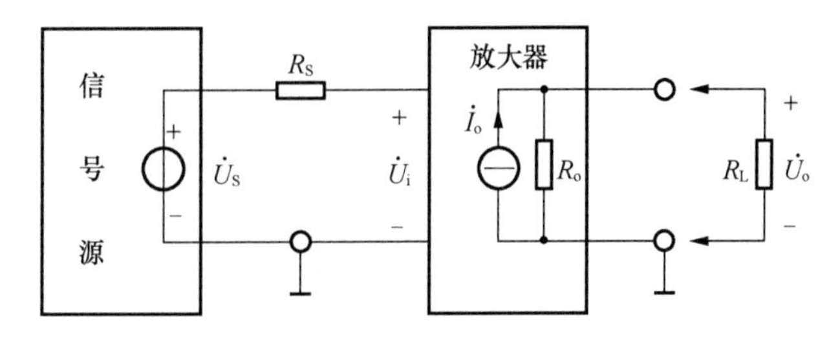

图 1-5　用换算法测量 R_o 的原理图

在放大器输入端加入一个固定信号电压$\dot{U}_S$分别测量当已知负载R_L断开和接上时的输出电压U_o和U'_o，则$R_o=(U_o/U'_o-1)R_L$。

(4) 放大器的幅频特性

放大器的幅频特性系指在输入正弦信号时放大器电压增益A_u随信号源频率而变化的稳态响应。当输入信号幅值保持不变时，放大器的输出信号幅度将随着信号源频率的高低而改变，即当信号频率太高或太低时，输出幅度都要下降，而在中间频带范围内，输出幅度基本不变。通常称增益下降到中频增益A_{uM}的0.707倍时所对应的上限频率f_H和下限频率f_L之差为放大器的通频带。即

$$f_{BW}=f_H-f_L$$

一般采用逐点法测量幅频特性，保持输入信号电压U_i的幅值不变，逐点改变输入信号的频率，测量放大器相应的输出电压U_o，由$A_u=U_o/U_i$计算对应于不同频率下放大器的电压增益，从而得到该放大器增益的幅频特性。用单对数坐标纸将信号源频率f用对数分度、放大倍数A_u取线性分度，即可作出幅频特性曲线。

1.3 实验内容

1) 安装电路

(1) 检测元件：用万用表测量电阻的阻值，判断电容器好坏，并用JT-1型图示仪测量三极管的β、U_{ces}、$U_{(BR)ceo}$等参数。

(2) 装接电路：按照图1-3所示的电路，在模拟实验箱的面包板上装接元件。要求元件排列整齐，密度匀称，避免互相重叠，连接线应短并尽量避免交叉，对电解电容器应注意接入电路时的正、负极性；元件上的标称值字符朝外以便检查；一个插孔内只允许插入一根接线。

(3) 仔细检查：对照电路图检查是否存在错接、漏接或接触不良等现象。并用万用表电阻挡检查电源端与地接点之间有无短路现象，以避免烧坏电源设备。

2) 连接仪器

用探头和接插线将信号发生器、交流毫伏表、示波器、稳压电源与实验电路的相关接点正确连接起来。并注意以下两点：

(1) 各仪器的地线与电路的地应公共接地。

(2) 稳压电源的输出电压应预先调到所需电压值(用万用表测量)，然后再接到实验电路中。

3) 研究静态工作点变化对放大器性能的影响

(1) 调整R_W，使静态集电极电流$I_{CQ}=2$ mA，测量静态时晶体管集电极-发射极之间电压U_{CEQ}。

(2) 在放大器输入端输入频率为$f=1$ kHz的正弦信号，调节信号源输出电压U_S使$U_i=5$ mV，测量并记录U_S、U_o和U'_o，并记入表1-1中。注意：用二踪示波器监视U_o及U_i波形时，必须确保在U_o基本不失真时读数。

表 1-1　静态工作电流对放大器 A_u、R_i 及 R_o 的影响

静态工作点电流 I_{CQ}(mA)		1.5	2	2.5
保持输入信号 U_i(mV)		5	5	5
测　量　值	U_S(mV)			
	U_o(V)			
	U'_o(V)			
由测量数据计算值	A_u			
	R_i(kΩ)			
	R_o(kΩ)			

(3) 重新调整 R_W 使 I_{CQ} 分别为 1.5 mA 和 2.5 mA，重复上述测量，将测量结果记入表 1-1 中，并计算放大器的 A_u、R_i、R_o。

4) 观察不同静态工作点对输出波形的影响

(1) 增大 R_W 的阻值，观察输出电压波形是否出现截止失真(若 R_W 增至最大，波形失真仍不明显，则可在 R_1 支路中再串一只电阻或适当加大 U_i 来解决)，描出失真波形。

(2) 减小 R_W 的阻值，观察输出波形是否出现饱和失真，描出失真波形。

5) 测量放大器的最大不失真输出电压

分别调节 R_W 和 U_S，用示波器观察输出电压 U_o 波形，使输出波形为最大不失真正弦波(当同时出现正、负向失真后，稍微减小输入信号幅度，使输出波形的失真刚好消失时的输出电压幅值)。测量此时静态集电极电流 I_{CQ} 和输出电压的峰-峰值 $U_{op\text{-}p}$。

6) 测量放大器幅频特性曲线

调整 $I_{CQ}=2$ mA，保持 $U_i=5$ mV 不变，改变信号频率，用逐点法测量不同频率下的 U_o 值，记入表 1-2 中，并作出幅频特性曲线，定出 3 dB 带宽 f_{BW}。

表 1-2　放大器的幅频特性($U_i=5$ mV 时)

f(kHz)	0.1	自　定
U_o(V)		

1.4　预习要求

(1) 掌握小信号低频电压放大器静态工作点的选择原则和放大器主要性能指标的定义及其测量方法。

(2) 复习射极偏置的单极共射低频放大器工作原理(见图 1-1)、静态工作点的估算及 A_u、R_i、R_o 的计算。

(3) 在图 1-6 中标出各仪器与模拟实验底板间的正确连线。

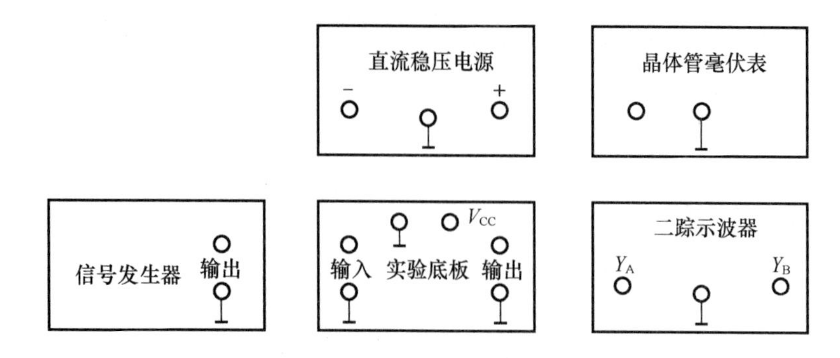

图 1-6　待连接的测量仪器与实验底板

1.5　实验报告要求

（1）画出实验电路图，并标出各元件数值。

（2）整理实验数据，计算 A_u、R_i、R_o 值，列表比较其理论值和测量值，并加以分析。

（3）讨论静态工作点变化对放大器性能（失真、输入电阻、电压放大倍数等）的影响。

（4）用单对数坐标纸画出放大器的幅频特性曲线，确定 f_H、f_L、A_{uM} 和 f_{BW} 值。

（5）用方格纸画出本实验内容 4 和 5 中有关波形，并加以分析讨论。

1.6　思考题

（1）如将实验电路中的 NPN 管换为 PNP 管，试问：

① 这时电路要做哪些改动才能正常工作？

② 经过正确改动后的电路其饱和失真和截止失真波形是否和原来相同？为什么？

（2）图 1-3 电路中上偏置串接 R_1' 起什么作用？

（3）在实验电路中，如果电容器 C_2 漏电严重，试问当接上 R_L 后，会对放大器性能产生哪些影响？

（4）射极偏置电路中的分压电阻 R_1、R_2 若取得过小，将对放大电路的动态指标（如 R_i 及 f_L）产生什么影响？

（5）图 1-3 电路中的输入电容 C_1、输出电容 C_2 及射极旁路电容 C_E 的电容量选择应考虑哪些因素？

（6）图 1-3 放大电路的 f_H、f_L 与哪些参数有关？

（7）图 1-3 放大电路在环境温度变化及更换不同 β 值的三极管时，其静态工作点及电压放大倍数 A_u 能否基本保持不变，试说明原因。

1.7　实验仪器和器材

（1）晶体管特性图示仪	JT-1 型	1 台
（2）二踪示波器	YB4320 型	1 台
（3）函数发生器	YB1638 型	1 台
（4）直流稳压电源	DF1701S 型	1 台

(5) 交流毫伏表　　　　SX2172型　　　　1台
(6) 模拟实验箱　　　　　　　　　　　　1台
(7) 万用表　　　　　　MF30型　　　　　1台
(8) 3DG6(或9013　1只)　　阻容元件若干

实验2　场效应管放大电路

2.1　实验目的

(1) 通过对场效应管共漏极电路的工程估算和安装调试,掌握场效应管的特点和场效应管基本放大电路的设计方法;

(2) 进一步熟悉二踪示波器等有关仪器的使用方法和基本放大电路的主要性能指标的测试。

2.2　实验原理

为了设计安装好场效应管放大器,必须了解场效应管的特点及其调试方法。

1) *场效应管的特点*

场效应管与双极型晶体管比较有如下特点:

(1) 场效应管为电压控制型元件;

(2) 输入阻抗高(尤其是MOS场效应管);

(3) 噪声系数小;

(4) 温度稳定性好,抗辐射能力强;

(5) 结型管的源极(S)和漏极(D)可以互换使用,但切勿将栅(G)源(S)极电压的极性接反,以免PN结因正偏过流而烧坏。对于耗尽型MOS管,其栅源偏压可正可负,使用较灵活。

和双极型晶体管相比场效应管的不足之处是共源跨导 g_m 值较低(只有mS级),MOS管的绝缘层很薄,极容易被感应电荷所击穿。因此,在用仪器测量其参数或用烙铁进行焊接时,都必须使仪器、烙铁或电路本身具有良好的接地。焊接时,一般先焊S极,再焊其他极。不用时应将所有电极短接。

2) *偏置电路和静态工作点的确定*

与双极型晶体管放大器一样,为使场效应管放大器正常工作,也需选择恰当的直流偏置电路以建立合适的静态工作点。

场效应管放大器的偏置电路形式主要有自偏压电路和分压器式自偏压电路(增强型MOS管不能采用自偏压电路)两种。

本实验要求安装调试一个由结型场效应管3DJ7构成的共漏极放大器——源极输出器,如图2-1所示。采用分压器式自偏压电路,由电路的直流通路可得:

$$U_{GS}=\frac{V_{DD}R_{g2}}{R_{g1}+R_{g2}}-I_DR_S$$

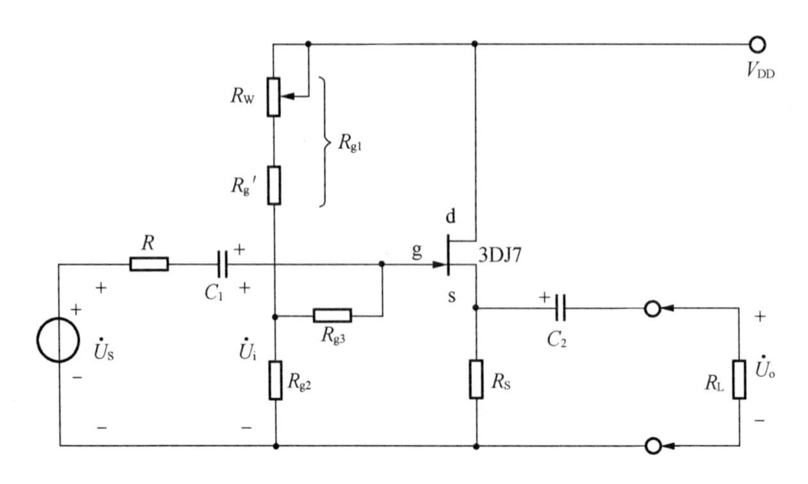

图 2-1　共漏极放大器

可见，只要选择不同的电路参数，就可得到适合各类场效应管放大器工作所需的 U_{GSQ} 和 I_{DQ}值，通常用电位器 R_W调整静态工作点。

3) 测试方法

本实验的测试方法和实验一基本相同。

为了用换算法测量放大器的输入电阻，在输入回路串接已知阻值的电阻 R，但必须注意，由于场效应管放大器的输入阻抗很高，若仍用直接测量电阻 R 两端对地电压 U_S 和 U_i 进行换算的方法，将会产生两个问题：(1) 由于场效应管放大器 R_i 高，测量时会引入干扰；(2) 测量所用的电压表的内阻必须远大于放大器的输入电阻 R_i，否则将会产生较大的测量误差。为了消除上述干扰和误差，可以利用被测放大器的隔离作用，通过测量放大器输出电压来进行换算得到 R_i。图 2-2 为测量高输入阻抗的原理图。方法是：先闭合开关 S($R=0$)，输入信号电压 U_S，测出相应的输出电压 $U_{o1}=|A_u|U_S$，然后断开 S，测出相应的输出电压 $U_{o2}=|A_u|U_i=|A_u|U_S\dfrac{R_i}{R+R_i}$，因为两次测量中 $|A_u|$ 和 U_S 是基本不变的。

所以
$$R_i=\frac{U_{o2}}{U_{o1}-U_{o2}}R$$

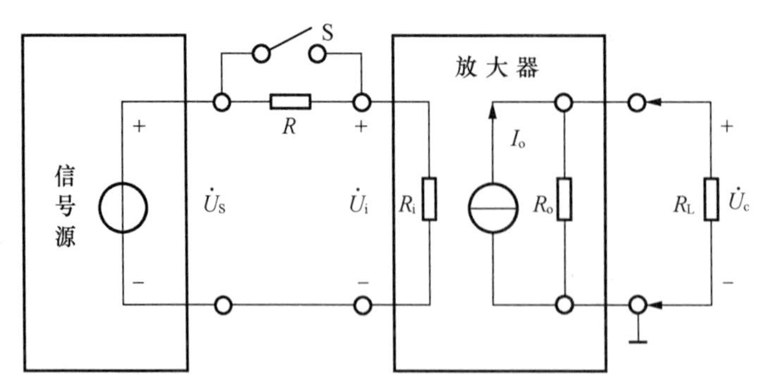

图 2-2　测量高输入阻抗的原理图

2.3　实验内容

(1) 用JT-1型晶体管特性图示仪测试场效应管的输出特性和转移特性，用方格纸描绘其特性曲线，标明坐标数值，确定 I_{DSS} 和 U_P 值。

(2) 在上述特性曲线上选择好静态工作点 U_{GSQ} 和 I_{DQ}，并估算该工作点处的跨导 g_m $\left(g_m=\frac{\Delta i_D}{\Delta u_{GS}}\bigg|_{U_{DSQ}}\right)$值。

(3) 根据预先设计好的图2-1电路，在面包板上装好元件，检查无误后接通电源。

(4) 调节电位器 R_W，使 U_{DSQ} 满足设计要求。

(5) 测量放大器电压放大倍数 A_u。

由函数发生器输入 $f=1$ kHz 的正弦信号 U_S，调节信号源电压 U_S 大小，用二踪示波器观察共漏电路的同相跟随特性。并在放大器输出电压较大而不失真的条件下，测量 U_o、U_i，计算 A_u 值。

(6) 测量输入电阻 R_i 和输出电阻 R_o。

测试条件同上，由换算法测量 R_i 和 R_o。

(7) 用二踪示波器监视 U_i 及 U_o 波形，逐渐增大输入电压 U_i，读取最大不失真输出电压值。

(8) 用示波器测量上、下限截止频率。

输入1 kHz正弦信号，调节输入电压 U_S 使输出波形不失真(如 $U_S=0.3$ V)，调整示波器的“V/div”及其微调旋钮使显示的 U_o 波形高度正好为5格。保持输入信号 U_S 大小不变(由交流毫伏表监视)，分别将信号源频率向高频及低频调节，U_o 波形的幅度将会随频率的变化而逐渐减小，当在频率的高端及低端波形幅度下降到最大幅度的0.707倍时，所对应的信号源的频率就是被测放大器的上限截止频率 f_H 及下限截止频率 f_L。

2.4　预习要求

(1) 复习场效应管的特点及场效应管放大器的工作原理。

(2) 设计一个高输入阻抗的场效管共漏极放大器，要求：$A_u\approx1(R_L=10\ \text{k}\Omega)$，$R_i=500\ \text{k}\Omega$，$R_o\leqslant10\ \text{k}\Omega$，$f_L\leqslant20$ Hz，$f_H\geqslant20$ kHz。

2.5　实验报告要求

(1) 用方格纸描绘出场效应管输出特性曲线和转移特性曲线，并标明坐标刻度及主要参数值。

(2) 列出共漏极放大器设计步骤、计算公式及计算结果。

(3) 对实验数据进行整理分析讨论。

2.6　思考题

(1) 能否用万用表判别结型场效应管的沟道类型及好坏？若可以，请写出判别方法。

(2) 用万用表的直流电压挡直接测量场效应管的 U_{GSQ} 存在什么缺点？

(3) 当输入信号电压不断增大时，共漏电路的最大不失真输出电压受什么条件限制？

2.7　实验仪器和器材

(1) 晶体管特性图示仪	JT-1 型	1 台
(2) 二踪示波器	YB4320 型	1 台
(3) 函数发生器	YB1638 型	1 台
(4) 直流稳压电源	DF1701S 型	1 台
(5) 交流毫伏表	SX2172 型	1 台
(6) 模拟实验箱		1 台
(7) 万用表	MF30 型	1 台

实验 3　差分放大器(虚拟实验)

3.1　实验目的

(1) 通过实验加深理解差分放大电路的基本性能特点；

(2) 通过实验理解失调对差分放大器性能的影响；

(3) 掌握利用 Multisim 软件的高级分析功能分析电路性能，测量电路指标的方法。

3.2　实验原理

差分放大器，又称差动放大器(简称差放)，是一种基本放大电路，它不仅可与另一级差放直接级联，而且它具有优异的差模输入特性。它几乎是所有集成运放、模拟乘法器、电压比较器等电路的输入级，又几乎完全决定着这些电路的差模输入特性、共模抑制特性、输入失调特性和噪声特性。

1) 差模信号和共模信号

差模输入信号是指加在差分放大器两输入端的数值相等、极性相反的一对信号，表示为：

$$U_{i1}=-U_{i2}=\frac{U_{id}}{2}\qquad U_{i1}-U_{i2}=U_{id}$$

共模输入信号是指加在差分放大器两输入端的数值相等、极性相同的一对信号，表示为：

$$U_{i1}=U_{i2}=U_{ic}$$

同理，差模输出信号可表示为：$U_{o1}-U_{o2}=U_{od}$

共模输出信号可表示为：$U_{o1}=U_{o2}=U_{oc}$

2) 单端输入(输出)和双端输入(输出)

差分放大器的输入输出方式有单端和双端两种，若差分放大器的两输入端中的一端加信号，另一端接地，则称为单端输入，若两端都加信号则称为双端输入。

同样若差分放大器中的输出信号从其中任一集电极中取出，称为单端输出，而若输出信号从两个集电极之间取出，称为双端输出或浮动输出。

3）差模电压增益(A_{ud})

对于图3-1所示的电路由分析可知，当发射极负反馈电阻 $R_{e1}=R_{e2}=R_e$ 时，双端输出的差模电压增益 A_{ud} 与单管共发放大器的增益相同，即

$$A_{ud}=-\frac{\beta R'_L}{r_{bb'}+r_{b'e}+(1+\beta)R_e}（其中\ R'_L=R_c /\!/ R_L）$$

而单端输出的差模电压增益为双端输出的差模电压增益的一半，即

$$A_{ud}(单)=\frac{1}{2}A_{ud}=-\frac{\beta R'_L}{2[r_{bb'}+r_{b'e}+(1+\beta)R_e]}$$

4）共模电压增益 A_{uc}

图3-1中简单差分放大器的单端共模电压增益为：

$$A_{uc}=\frac{U_{oc}}{U_{ic}}=-\frac{\beta R'_1}{r_{bb'}+r_{b'e}+(1+\beta)2R_e}$$

在满足理想对称的条件下，双端输出的共模电压增益趋近于零。

5）共模抑制比 K_{CMR}

单端输出时，理想共模抑制比定义为差模电压增益对共模电压增益之比的绝对值，即

$$K_{CMR}=\left|\frac{\frac{1}{2}A_{ud}}{A_{uc}}\right|$$

工程上，K_{CMR} 一般用分贝数表示，即 $K_{CMR}(\text{dB})=20\lg K_{CMR}$

对于图3-1所示的简单差分放大器，考虑到 $2R_{EE}\gg h_{ie}$ 则共模抑制比为：

$$K_{CMR}=\frac{r_{bb'}+r_{b'e}+2(1+\beta)R_e}{2[r_{bb'}+r_{b'e}+(1+\beta)R_e]}\approx R_e$$

由上式可知，为了提高输出电路的共模抑制比，可增大 R_{EE} 或改用恒流源电路，在满足理想对称的条件下 K_{CMR} 趋向无穷大。

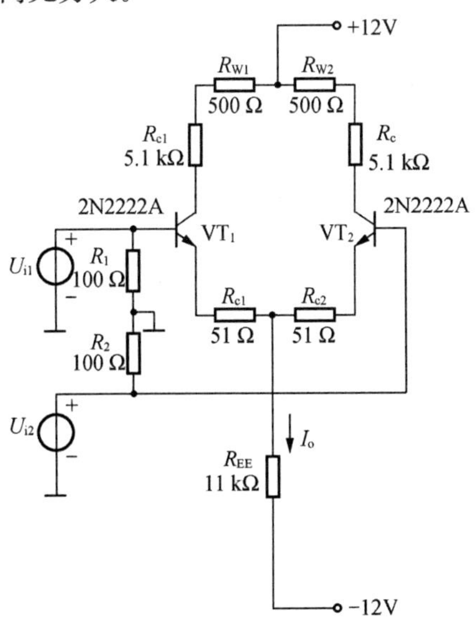

图3-1 简单差分放大器

6）差分放大器差模传输特性线性范围的扩展

若不接负反馈电阻 R_e，则差模传输特性的线性范围限制在|26 mV|以内。接入负反馈电阻 R_{e1}、R_{e2}后，差模传输特性在原点附近的线性范围有了大的扩展，且 R_e 越大，线性范围的扩展就越大，不过曲线的斜率也就越低，即跨导和相应的差模电压增益越低。

7）电路不对称对电路性能的影响

在电路两边对称的理想情况下、输入差模信号时仅输出差模信号；输入共模信号时输出仅有共模信号。双端输出时，由于两管共模输出电压相抵消，因而差分放大器对共模输入信号具有无限抑制能力。而当电路两边不对称时（两边管子特性或集电极电阻 R_C 不相等），在差模输入信号作用下，两管输出电压不会严格等值反相，这样，两输出端电压中除了差模分量外，还同时有了共模分量；同样，在共模输入信号作用下，两管输出电压不会严格等值同相，这样，两输出端电压中除了共模分量外，还同时出现了差模分量，双端输出时，由于输出端电压中的共模分量相销，因而输出电压仅有其中的差模电压分量。当有多级差分放大器级联时，由于前级差分电路不对称造成的误差，将被后级差分放大器放大。因此在集成电路设计时尽可能避免差分电路的不对称情况发生（见图 3-2）。

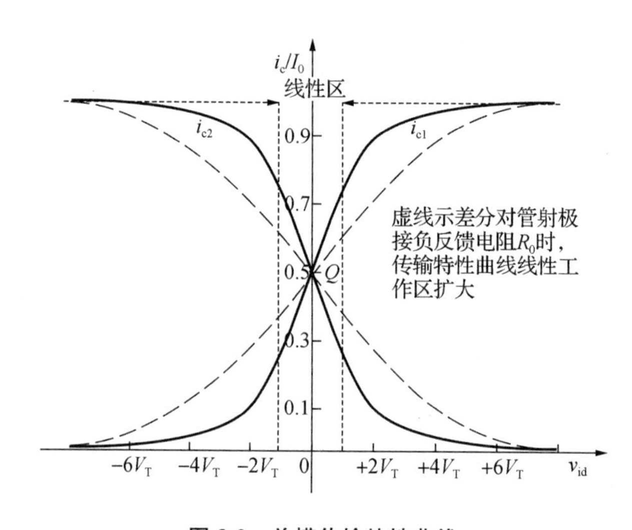

图 3-2　差模传输特性曲线

3.3　实验内容

（1）在 Multisim 中根据图 3-3 画出电路图，其中 VT_1～VT_4 各管选用 BJT_NTNY 库中的三极管 2N2222A。

（2）选择 Simulate→Analysis 菜单下的 DC operating point 菜单项进行直流工作点分析，由此测出 VT_1～VT_4 各管的静态工作点电压，和各管的静态工作点电流。为了测量静态工作点电流可以在相应支路中添加零电压源以简化测量过程。将所测结果记入实验报告。

（3）在两输入端都加入幅度为 10 mV，频率为 1 kHz 的正弦信号（即加入差模信号），选择 Analysis 菜单下的 Transient Analysis 菜单项进行瞬态分析，在图 3-4 所示的 Analysis Parameters 窗口中设定 Start time 为 0 s，End time 为 0.002 5 s，并在图 3-6 所示的 Transi-

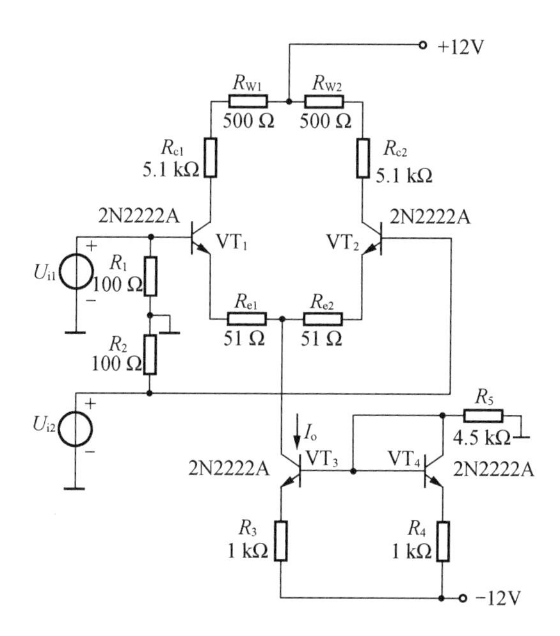

图 3-3　采用恒流源偏置的差分放大器

ent Analysis 窗口中将电路输出端的节点号加到 Nodes for analysis 中。观察两集电极的单端输出波形，读出两电压幅值，比较两者的相位，将测量结果和波形记录在实验报告上，计算出 A_{ud1}、A_{ud2} 和 A_{ud}。

（4）选择 Simulate→Analysis 菜单下的 AC Frequency Analysis 菜单项弹出如图 3-5 所示的交流分析窗口。将 Start frequency 设为 1 Hz，End frequency 设为 10 kHz，Sweep type 设为 Decade（即幅频特性的横坐标是对数坐标），Number of points 设为 1 000（即电路仿真时每 10 倍频取 1 000 个采样点），Vertical scale 设为 Decibel（即幅频特性的纵坐标是分贝），同时将电路输出端的节点号加到 Nodes for analysis 中。点击 Simulate 按钮进行频率特性分析。观察测出的幅频特性曲线，读出三分贝带宽。将波形和测量结果记入实验报告纸。

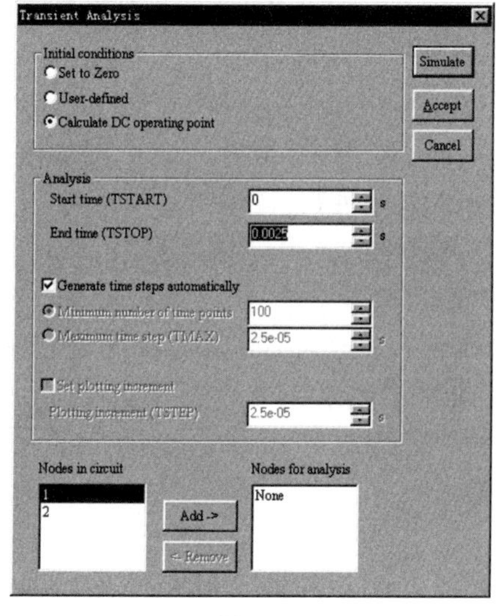

图 3-4

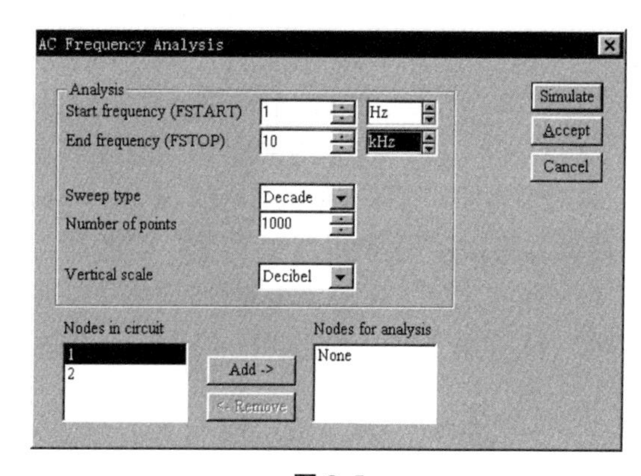

图 3-5

(5) 将 R_5 改为 2 kΩ,重复 1～4 的内容,并对两次结果进行分析比较。

(6) 将 R_5 改回 4.5 kΩ,R_{c1} 与 R_{c2} 改为 8 kΩ,重复 1 到 4,并对两次结果进行分析比较。

(7) 将 R_{c1} 与 R_{c2} 改回 5.1 kΩ 在两输入端都加入幅度为 150 mV,频率为 1 kHz 的差模正弦信号,选择 Simulate→Analysis 菜单下的 Transient Analysis 菜单项进行瞬态分析,观察单端输出的波形,并分析原因。

(8) 将 U_{i2} 改为由 U_{i1} 控制的电压源 E_1,选择 Simulate→Analysis 菜单下的 Parameter Analysis 菜单项进行直流变量扫描分析。在图 3-6 所示的 Parameter Sweep 窗口中设定 sweep parameters 为 U_{IN1},Parameter 为 Voltage,Start 为 −0.2 V,End 为 0.2 V,Sweep varitation type 为 Linear,Increment 为 0.005 V,Anaysis TO Sweep 设定为 DC Operating Point,将两集电极所在节点添加到 Output node 中,点击 Simulate 按钮可分析得出差模传输特性曲线,读出差模电压的线性范围,打印出该曲线。

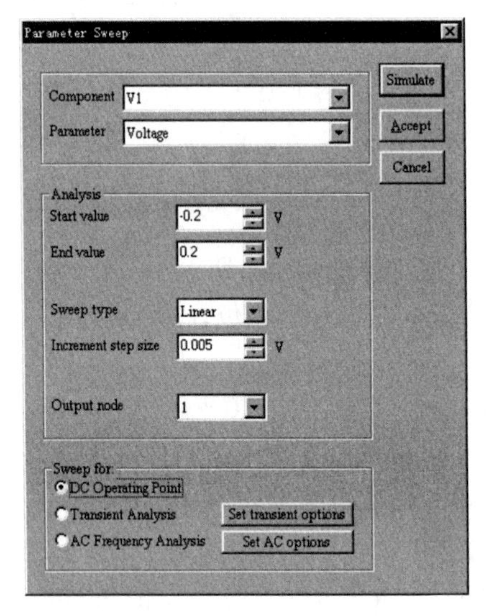

图 3-6

(9) 将 R_{e1} 与 R_{e2} 改为 1 Ω,重复第 8 条。

(10) 将两输入端短接,加入幅度为 500 mV,频率为 1 kHz 的共模正弦信号,选择 sweep parameters 菜单下的 Transient Analysis 菜单项进行瞬态分析,在图 3-4 所示的 Transient Analysis 窗口中,设定 Start time 为 0s,End time 为 0.002 5,并将电路输出端的节点号加到 Node for analysis 中。观察两集电极的单端输出波形,读出两电压幅值,比较两者的相位,将测量结果和波形在记录在实验报告上并计算出 A_{uc1}、A_{uc2}、A_{uc}、K_{CMR}。

(11) 将 R_{c2} 改为 8 kΩ 重复 10,并对结果进行分析。

(12) 将 Q_2 的模型中的 Forward current gain coefficent 改为 200 重复第 10 条,比较分析两者结果;再把温度提高到 75 ℃,重复 10,比较分析两者结果。

(13) 根据图 3-1 画出电路图,重复 10,比较分析两者结果。

(14) 在第 12 条中改变 R_W 的值对电路进行调零。

3.4 预习要求

(1) 复习差分放大器的工作原理和性能分析方法。

（2）复习 Multisim 软件的使用方法。

3.5　实验报告要求

（1）整理实验数据，对实验结果进行详细分析。
（2）总结差分放大电路的特点。

3.6　思考题

（1）当 K_{CMR} 为有限值，且保持信号源 U_g 幅度不变时，试问：单端输入和双端输入两种情况下，其输出值是否相同？为什么？

（2）实验室中调试差分电路时，能用晶体管毫伏表或示波器直接跨接在差分放大器的两个输出端之间测量差分放大器的双端输出电压吗？为什么？

3.7　实验仪器

计算 PIV、内存 512 MB 以上 1 台。
Multisim 软件 1 套。

第 2 篇　模拟集成电路应用实验

实验 4　通用集成运放基本参数测试

4.1　实验目的

理解通用运放主要参数的意义，学会其测量方法，为选择运放和设计运放应用电路打下基础。

4.2　实验原理

集成运放是模拟集成电路中发展最快、通用性最强的一类集成电路。集成运放内部电路较为复杂，但只要掌握其基本特性，通常将它近似看作理想放大器，便能分析和设计一般的应用电路。但是，只有对集成运放的内部结构和主要技术参数有较深入的了解，才能选用合适的运放，设计出更加简练和巧妙的实用电路。

理想集成运放具有以下特性：

- 开环增益无限大。
- 输入阻抗无限大。
- 输出阻抗为零。
- 带宽无限。
- 失调及其温漂为零。
- 共模抑制比为无穷大。
- 转换速率为无穷大。

当然，实际运放只能在一定程度上接近上述指标。表 4-1 给出 μA741（双极型晶体管构成）、LF356（JEFT 作输入级，其他为双极型晶体管）和理想运放的参数参照。

表 4-1　运放参数对照表

特性参数	μA741			LF356			理想运放
	最小	标准	最大	最小	标准	最大	
输入失调电压(mV)		2	6		3	10	0
输入偏置电流(nA)		80	500		0.07	0.2	0
输入失调电流(nA)		20	200		0.007	0.04	0
电源电流(mA)		2.8			10		0
开环电压增益(dB)	86	106	2	50	200		∞
共模抑制比(dB)	70	90		80	100		∞
转换速率(V/μs)		0.5			12		∞

本次实验推荐采用 μA741 型运放，其引脚排列如图 4-1 所示。下面简述运放主要参数的含义及其测量电路。

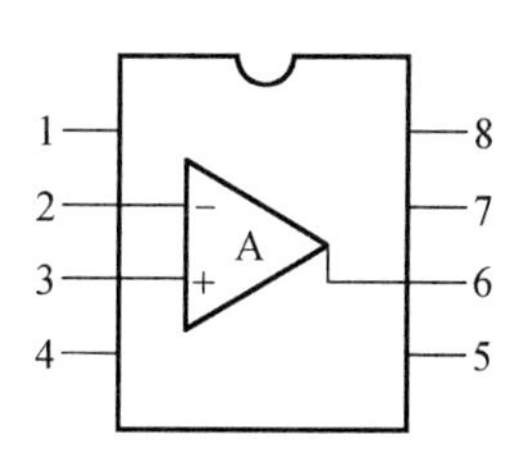

图 4-1　μA741 引脚图

1-失调调零端；2-反相输入端；3-同相输入端；4-负电源端或参考地端；5-失调调零端；6-输出端；7-正电源端；8-空脚

1）输入失调电压 U_{ioS}

理想运放当输入电压为零时，其输出电压也为零，但实际运放当输入电压为零时，其输出端仍有一个偏离零的直流电压 U_{oS}，这是由于运放电路参数不对称所引起的。在室温（25 ℃）和标准电源电压下，为了使这一输出直流电压 U_{oS} 为零，必须预先在输入端加一个直流电压，以抵消这一不为零的直流输出电压，这个应加在输入端的电压即为输入失调电压 U_{ioS}。其典型值为 $\pm(1\sim10)$ mV。测量输入失调电压的电路如图 4-2 所示。

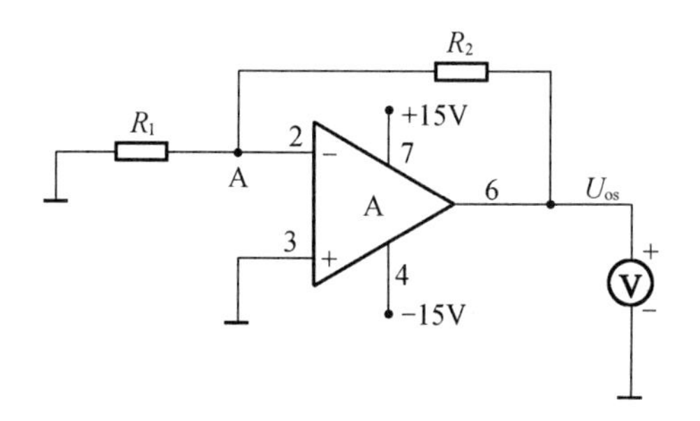

图 4-2　测量 U_{ioS} 的电路图

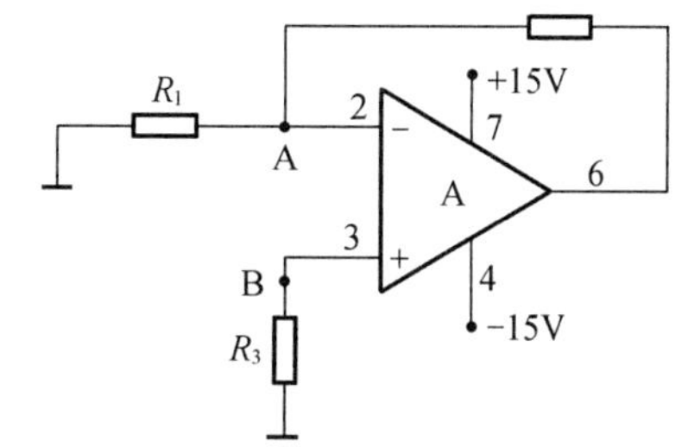

图 4-3　测量 I_{B} 及 I_{io} 的电路

测量依据：闭环增益 $|A_{uf}|=\dfrac{R_2}{R_1}$

输入失调电压：$U_{\text{ioS}}=\dfrac{-U_{\text{oS}}}{|A_{uf}|}$

建议取 $R_2=1\ \text{M}\Omega$，$R_1=100\ \text{k}\Omega$。

2）运放输入偏置电流 I_{B1}、I_{B2} 和失调电流 I_{io}

运放的输入偏置电流系指运放输入级差分对管的基极电流 I_{B1}、I_{B2}。通常由于晶体管参数的分散性，$I_{\text{B1}}\neq I_{\text{B2}}$。运放的输入失调电流是指当运放输出电压为零时，两个输入端静态电流的差值，即 $I_{\text{io}}=I_{\text{B1}}-I_{\text{B2}}$。其典型值为几十至几百纳安。实验测量电路如图 4-3 所示。

测量依据：

输入偏置电流：$I_{\text{B1}}=\dfrac{U_{\text{A}}}{R_1}$　　$I_{\text{B2}}=\dfrac{U_{\text{B}}}{R_3}$

据此可算得输入失调电流 I_{io} 和输入平均偏置电流 $I_{\text{B平均}}$ 为：

$$I_{\text{io}}=I_{\text{B1}}-I_{\text{B2}}\qquad I_{\text{B平均}}=\frac{I_{\text{B1}}+I_{\text{B2}}}{2}$$

3）转换速率（压摆率）S_{R}①

当运放在闭环情况下，其输入端加上大信号（通常为阶跃信号）时，其输出电压波形将

① S_{R} 是 Slew Rate 的缩写。

呈现如图 4-4 所示的一定的时延。其主要原因是运放内部电路中的电容充放电需要一定的时间。运放的转换速率定义为：

$$S_R=\frac{\Delta U_o}{\Delta t}(\mathrm{V}/\mu\mathrm{s})$$

即 S_R 表示运放在闭环状态下，每 1 μs 时间内输出电压变化的最大值。理想运放的 $S_R=\infty$，通用运放如 μA741 其 $S_R=0.5\ \mathrm{V}/\mu\mathrm{s}$。

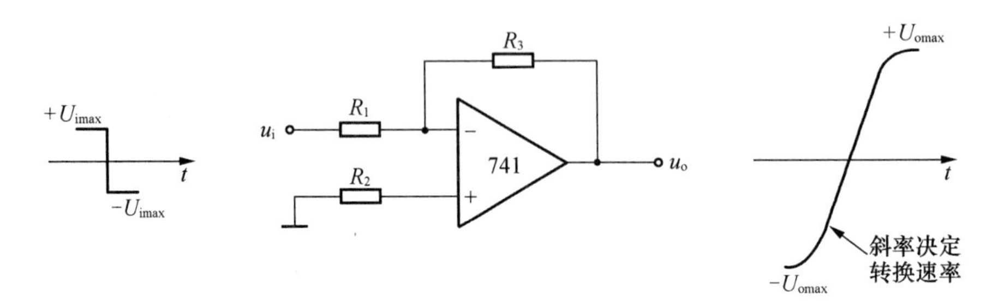

图 4-4 波形图

当运放处理微小信号时，S_R 影响不大，但对于大信号，则 S_R 往往限制了运放的不失真最大的频率。这是因为：设输入为正弦电压 $u_i=U_{im}\sin\omega t$ 时，则理想的输出为：

$$u_o=-U_{om}\sin\omega t,\omega=2\pi f$$

所以，$\frac{du_o}{dt}=-\omega U_{om}\cos\omega t$。

输出电压的最大变化速率为：

$$\left(\frac{du_o}{dt}\right)_{max}=\omega U_{om}=2\pi f U_{om}$$

即 $$\omega U_{om}\leqslant S_R$$

据此可得，当不失真的最大输出电压为 U_{om} 时，最大频率为：

$$f_{max}\leqslant\frac{S_R}{2\pi U_{om}}$$

如 μA741 运放，其 $S_R=0.5\ \mathrm{V}/\mu\mathrm{s}$，当输出电压幅值 $U_{om}=10\ \mathrm{V}$ 时，其最大不失真频率为：

$$f_{max}\leqslant\frac{0.5\times10^6}{2\pi\times10}=8\ \mathrm{kHz}$$

还可推知，当频率为 f_{max} 时不失真的最大输出电压为：

$$U_{om}\leqslant\frac{S_R}{2\pi f_{max}}$$

同样对于 μA741，为使其 $f_{max}=10\ \mathrm{kHz}$，则其最大输出电压幅值 $U_{om}\leqslant 8\ \mathrm{V}$。注意：运放的 U_{om} 还受电源电压的限制。

图 4-5 给出 μA741 的不失真最大输出电压 $U_{p\text{-}p}$（峰-峰值）与输入信号频率 f_i 的关系曲线：

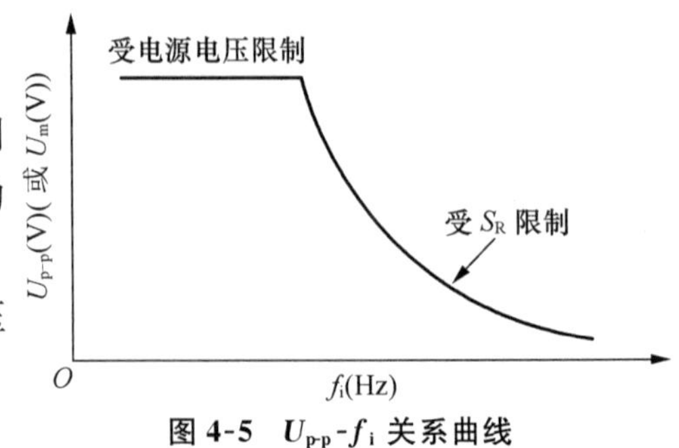

图 4-5 $U_{p\text{-}p}$-f_i 关系曲线

测量 S_R 的实验电路如图 4-6 所示。

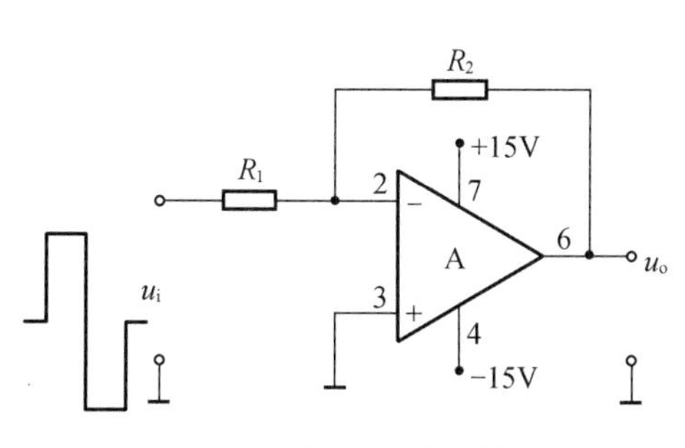

图 4-6　测量 S_R 的电路

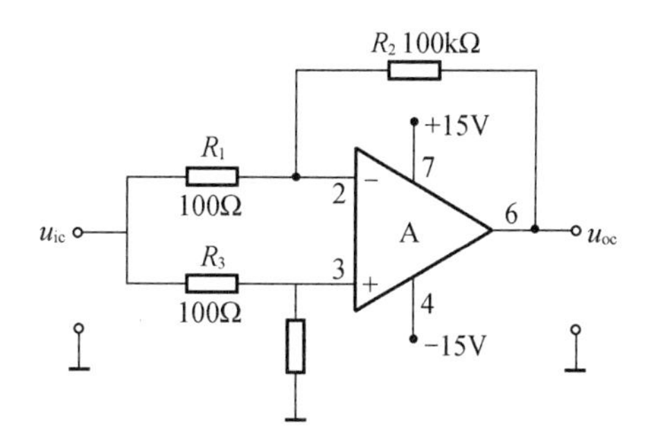

图 4-7　测量运放 K_{CMR} 的电路

因运放闭环反馈深度不同，其 S_R 差别较大，故通常规定单位增益时的 S_R 为其上升速率的指标。

建议：$R_1=R_2=100\ \text{k}\Omega$；

U_i 取 5 V(峰-峰值)；

f_i 取 10 kHz。

观测 u_i 的 A 通道灵敏度取 5 V/div，观测 u_o 的 B 通道灵敏度取 1 V/div，时基取 10 μs/div；交流耦合。

4) 共模抑制比 K_{CMR}

运放的共模抑制比是指其差模电压增益 A_{ud} 与共模电压增益 A_{uc} 之比，即 $K_{CMR}(\text{dB})=20\lg\dfrac{A_{ud}}{A_{uc}}$。实验电路如图 4-7 所示。

差模增益：$|A_{ud}|=\dfrac{R_2}{R_1}=\dfrac{R_4}{R_3}$，

共模增益：$A_{uc}=\dfrac{U_{oc}}{U_{ic}}$，

共模抑制比：$K_{CMR}(\text{dB})=20\lg\dfrac{A_{ud}}{A_{uc}}$。

建议：输入正弦电压 u_i(f 取 60～100 Hz)取 2 V(有效值)。

5) 运放增益-带宽乘积 GBP

运放的增益是随信号的频率而变化的，即输入信号的频率增大，其增益将逐渐减小，然而，其增益与其带宽的乘积是一个常数。所谓运放的带宽是指其输出电压随信号源频率增大而使其下降到最大值的 0.707 倍时的频率范围。实验电路如图 4-8 所示。

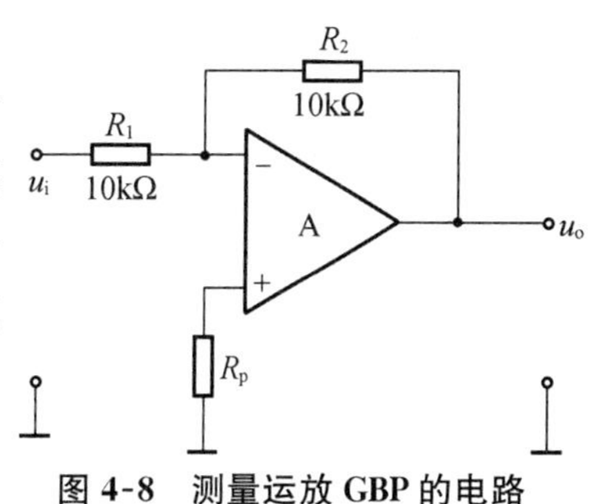

图 4-8　测量运放 GBP 的电路

测量依据：

$|A_{uf}|=\dfrac{R_2}{R_1}$

f_{BW} 为运放带宽(即输出电压下降到最大值的 0.707 倍时的频率值)

增益-带宽积：$\text{GBP}=A_u\cdot f_{BW}$

建议：二踪示波器的两个通道灵敏度均取 0.1 V/div。时基：0.5 μs/div；直接耦合。

将 U_{ip-p} 调至 0.7 V(f_i 取 100 Hz),此时 U_{op-p} 肯定也是 0.7 V(因为是反相器)。然后逐渐增大 U_i 的频率 f_i,观测 U_o,直至 $U_{op-p}=0.5$ V,记下此频率值即 f_{BW}。亦即为 GBP 的值(因为 $A_u=1$)。

4.3 实验内容

自行设计电路,估算电路参数,分别实测 μA741 的下列参数:输入失调电压 U_{ios}、转换速率 S_R、共模抑制比 K_{CMR} 及增益-带宽积 GBP。

4.4 预习要求

(1) 复习运放主要参数的定义,了解通用运放 μA741 的主要参数数值范围。

(2) 设计 μA741 运放主要参数测试电路并估算参数。拟定测试所需仪器、仪表及接法、量程等。

4.5 实验报告要求

画出各主要参数之测试电路图,估算电路元件的参数,整理测量结果(数据、波形等)。

4.6 思考题

(1) 测量失调电压时,观察电压表读数 U_{os} 是否始终是一个定值?为什么?

(2) 若 $U_{os}\neq 0$,如何利用失调调零端将它调至零?调零的原理是什么?一旦将 U_{os} 调至零后,它是否再也不会变化了?为什么?

(3) 若将测量 S_R 的电路改为电压跟随器接法,其输出波形将是怎样的?

(4) 测 S_R 时若将 μA741 换作 LM318(其 $S_R=70$ V/μs),则输出波形响应将如何?为什么?

(5) 若将 μA741 组成一个 10 倍的放大器,则预期的最高工作频率为多少?

(6) 测 f_{BW} 时若将运放反馈阻值比换作 $\frac{R_2}{R_1}=2$,再测 f_{BW} 值,试问所得 f_{BW} 值与 $\frac{R_2}{R_1}=1$ 时的是否相同?为什么?

4.7 实验仪器与器材

(1) 微机	Pentium100、内存 32 MB 以上	1 台
(2) Electronics	Workbench 软件	1 套

4.8 常用运放的分类、参数及选用注意事项

1) 集成运放的分类及参数

(1) 通用型运放

如 μA741(通用单运放)、CF124(四运放)等,其性能指标适合于一般使用,常用于对速度和精度要求均不太高的场合。其中 μA741 要求双电源供电((±5~±18)V),典型值为 ±15 V。CF124/CF224/CF324 这三种四运放的内部结构、封装形式及引脚排列完全相同。

其中 CF124 为军品，其工作温度范围为(－55～125)℃；CF224 为工业用品，其工作温度范围为(－20～85)℃；CF324 为民用品，其工作温度为(0～75)℃，CF324 既可双电源供电((±1.5～±16)V)，也可单电源供电((3～32)V)。

(2) 高输入阻抗运放

如 CF355/CF356/CF357，其特点是采用结型场效应管(JFET)作输入级，故输入阻抗很高，约 10^{12} Ω，且有较高的工作速度，CF355 的 SR＝5 V/μs，CF356 的 SR＝12 V/μs，CF357 的 SR＝50 V/μs。它们均要求双电源供电，且使用中应对电源加去耦电容。对应的工业品型号为 CF255/CF256/CF257，军品型号为 CF155/CF156/CF157。

而采用 MOS 场效管(MOSFET)作为输入级的运放有 CF3140 等，其输入阻抗高达 10^{12} Ω，输入偏流约 10 pA，工作速度较高(SR＝9 V/μs)。常用于积分及保持电路等。它既可双电源供电((±2～±18)V)，又可单电源供电((4～36)V)。其工作温度范围为(－55～125)℃。

(3) 低失调低漂移运放

此类运放如 OP-07，输入失调电压及其温漂、输入失调电流及其温漂都很小，因而其精度较高，故称高精度运放。但其工作速度比 μA741 还低，常用于积分、精密加法、比较、检波和弱信号精密放大等，如热电偶输出信号的放大、电阻应变传感器输出的信号放大等。OP-07 要求双电源供电，使用温度范围为(0～70)℃。

(4) 斩波稳零集成运放

以 ICL7650 为代表的斩波稳零集成运放属于第四代运放，其特点是超低失调、超低漂移、高增益、高输入阻抗，性能极为稳定。广泛适用于电桥信号放大、测量放大及物理量的检测等领域。

典型集成运放的参数表见表 4-2。

表 4-2　集成运放参数(±15 V)

参数名称	符　号	单　位	CF741 μA741	CF124/ 224/324	CF081/ 082/084	CF355/ 356/357	CF3140 CA3140	F118/218 LM118/ 218/318	LM318 OP-07	OP-15/ 16/17	OP-27	5G7650 ICL7650
双电源电压	V_{CC}，V_{EE}	(V)	±(9～18)	±16	±18	±18	±18	±(5～20)	±22	±22	±(4～22)	±(3～8)
单电源电压	V_{CC}	(V)		3～30			4～36					
输入失调电压	U_{IOS}	(mV)	2	±2	7.5Δ	3	4	2～4	85	0.7	30	0.7
失调电压温漂	αU_{IOS}	(mV/℃)	15Δ		10		8		0.7	4	0.2	0.01
输入失调电流	I_{IOS}	(nA)	20	±3	3Δ	3×10^{-3}	0.5×10^{-3}	6～30	0.8	0.15	12	0.5×10^{-3}
失调电流温漂	αU_{IOS}	(nA/℃)	0.5Δ						12×10^{-3}			
输入偏置电流	I_{IB}	(nA)	80	45	7	30×10^{-3}	10×10^{-3}	120～150	2	±0.25	15	1.5×10^{-3}
偏置电流温漂	αI_B	(nA/℃)							0.018			
差模电压增益	A_{VD}	(dB)	106	100		106	100	＞106	104	91	125	120
共模电压增益	K_{CMR}	(dB)	84	70～85	86	100	90	100	110	94	118	130
差模输入电阻	R_{ID}	(MΩ)	1		10^6	10^6	1.5×10^6	3	31	10^6	4	10^6
单位增益带宽	BW_o	(MHz)	0.3	1		2.5～20	4.5	15	0.6		9	2
转换速率	S_R	(V/μs)	0.5		13	5～15	9	70	0.17	15～70	2.8	2.5
输出电阻	R_o	(Ω)	75				60		60			
电源电流	I_s	(mA)	1.7	0.7	1.4	2～5	4	5		2.7～4.8		2

（续表 4-2）

参数名称	符　号	单　位	CF741 μA741	CF124/ 224/324	CF081/ 082/084	CF355/ 356/357	CF3140 CA3140	F118/218 LM118/ 218/318	LM318 OP-07	OP-15/ 16/17	OP-27	5G7650 ICL7650
电源电压抑制比	K_{SUR}	(dB)		100	86	100	76	80	104	86	114	130
差模输入电压范围	U_{IDM}	(V)	±30	±32	±30	±30	±8		±30	±30	±0.7	±7
共模输入电压范围	U_{ICM}	(V)	±15	±15	±15	±16	$V_+ +8$ $V_- -0.5$	±15	22	±16	±22	$V_+ +0.32$ $V_- -0.3$
输入噪声电压	U_N	$(nV/\sqrt{Hz})$			25	15～25	40		10.5	20	3.8	
输入噪声电流	I_N	$(pA/\sqrt{Hz})$				0.01			0.35	0.01	1.7	0.01
建立时间	t_s	(μs)				1.5～4	4.5				0.2	
长时间漂移		(μV/月)							0.5			0.1
备　注			内补偿		内补偿	内补偿	内补偿	内补偿	内补偿			内补偿

注：Δ表示最大值，其余为典型值。

2) 选用运放的注意事项

(1) 若无特殊要求，应尽量选用通用型运放。当一系统中有多个运放时，建议选用双运放(如 CF358)或四运放(如 CF324 等)。

(2) 对于手册中给出的运放性能指标应有全面的认识。首先，不要盲目片面追求指标的先进，例如场效应管输入级的运放，其输入阻抗虽高，但失调电压也较大，低功耗运放的转换速率必然也较低。其次，手册中给出的指标是在一定的测试条件下测出的，如果使用条件和测试条件不一致，则指标的数值也将会有差异。

(3) 当使用 MOS 场效应管输入级的运放，例如 CF3140 时，应注意如下几点：

● 因其输入级为 MOSFET，故安装焊接时应符合 MOSFET 的要求；

● CF3140 的最大允许差模电压为±8 V，故一般应接保护电路，以免因电压过高而击穿。其输入回路电流应小于 1 mA，因此需在输入及反馈回路中串接限流电阻，一般不小于 3.9 kΩ。

● 其输出负载电阻应大于 2 kΩ，否则将使负向输出动态范围变小。

(4) 当用运放作弱信号放大时，应特别注意选用失调以及噪声系数均很小的运放，如 ICL7650。同时应保持运放同相端与反相端对地的等效直流电阻相等。此外，在高输入阻抗及低失调、低漂移的高精度运放的印刷底板布线方案中，其输入端应加保护环。

(5) 如果运放工作于大信号状态，则此时电路的最大不失真输出幅度 U_{om} 及信号频率将受运放的转换速率 S_R 的制约。以 μA741 为例，其 $S_R = 0.5\ V/\mu s$，若输入信号的最高频率 f_{max} 为 100 kHz，则其不失真最大输出电压 $U_{om} \leqslant \frac{S_R}{2\pi f_{max}} = 0.5 \times 10^6 / 2\pi \times 10^5 = 0.8\ V$。

(6) 当运放用于直流放大时，必须妥善进行调零。有调零端的运放应按推荐的调零电路进行调零；若没有调零端的运放，则可参考图 4-9 进行调零。

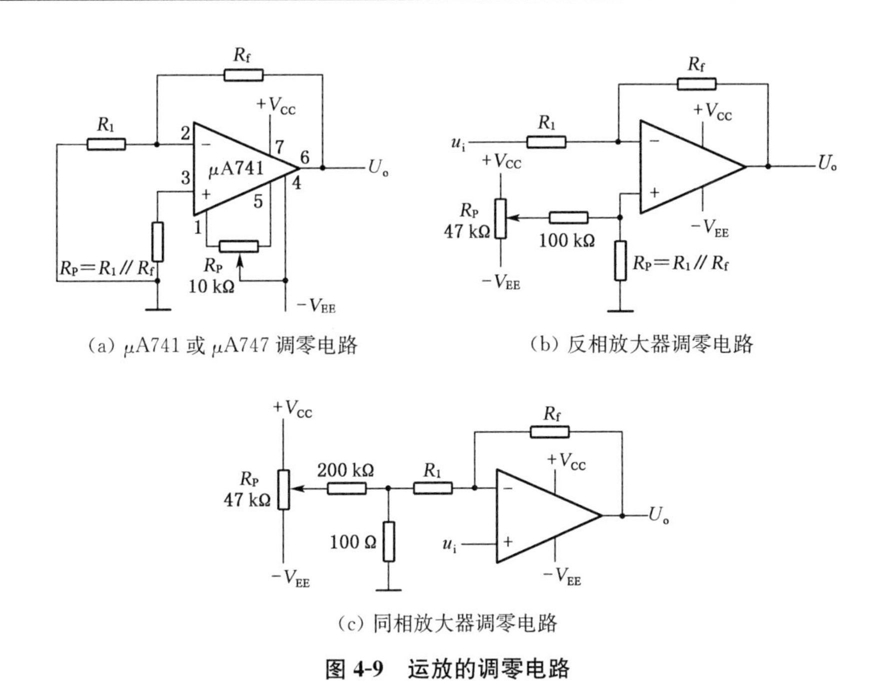

(a) μA741 或 μA747 调零电路　　(b) 反相放大器调零电路

(c) 同相放大器调零电路

图 4-9　运放的调零电路

(7) 为了消除运放的高频自激，应参照推荐参数在规定的消振引脚之间接入适当电容消振。同时应尽量避免两级以上放大级级连，以减小消振困难。为消除电源内阻引起的寄生振荡，可在运放电源端对地就近接去耦电容，考虑到去耦电解电容的电感效应，常常在其两端再并联一个容量为(0.01～0.1)μF 的瓷片电容。

实验 5　模拟运算电路

5.1　实验目的

(1) 深刻理解运算放大器的“虚短”、“虚断”的概念。熟悉运放在信号放大和模拟运算方面的应用；

(2) 掌握反相比例运算电路、同相比例运算电路、加法和减法运算及单电源交流放大等电路的设计方法；

(3) 学会测试上述各运算电路的工作波形及电压传输特性。

5.2　实验原理

集成运算放大器是高增益的多级直流放大器。在其输出端和输入端之间接入不同的反馈网络，就能实现各种不同的电路功能。当集成运算放大器工作在线性区时，其参数很接近理想值，因此在分析这类放大器时应注意抓住以下两个重要特点，便可使得分析这类问题时变得十分简便。

第一，由于理想运放的开环差模输入电阻为无穷大，输入偏置电流为零，所以不会从外部电路索取任何电流，故流入放大器反相输入端和同相输入端的电流 $I_i=0$。

第二，由于理想运放的开环差模电压增益为无穷大，那么当输出电压为有限值时，差模输入电压$|U_- - U_+| = |U_o|/|A_o| = 0$，即$U_- = U_+$。

在应用集成运放时，必须注意以下问题：

集成运放是由多级放大器组成，将其闭环构成深度负反馈时，可能会在某些频率上产生附加相移，造成电路工作不稳定，甚至产生自激振荡，使运放无法正常工作，所以必须在相应运放规定的引脚端接上相位补偿网络；在需要放大含直流分量信号的应用场合，为了补偿运放本身失调的影响，保证在集成运放闭环工作后，输入为零时输出为零，必须考虑调零问题；为了消除输入偏置电流的影响，通常让集成运放两个输入端对地直流电阻相等，以确保其处于平衡对称的工作状态。

1）反相输入比例运算电路

电路如图 5-1 所示。信号 U_i 由反相端输入，所以 U_o 与 U_i 相位相反。输出电压经 R_F 反馈到反相输入端，构成电压并联负反馈电路。在设计电路时，应注意，R_F 也是集成运放的一个负载，为保证电路正常工作，应满足 $I_o < I_M$ 及 $U_o < U_{om}$。R_1 为闭环输入电阻，应选择 $R_1 = -\frac{R_F}{A_{uf}}$，$R_P$ 为输入平衡电阻，选择参数时应使 $R_P = R_1 // R_F$。

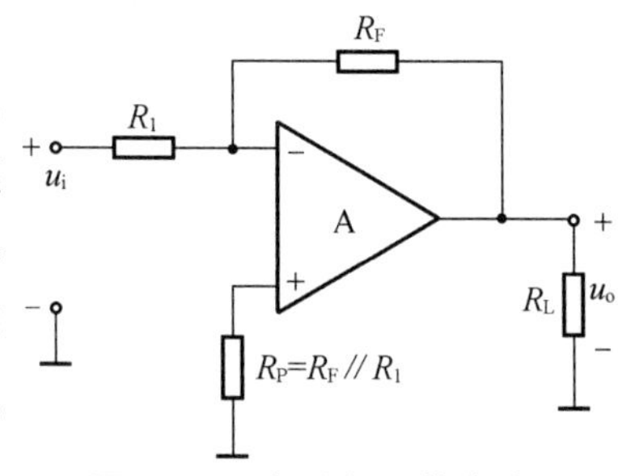

图 5-1　反相比例运算电路

由“虚短”、“虚断”原理可知，该电路的闭环电压放大倍数为

$$\dot{A}_{uf} = \frac{\dot{U}_o}{\dot{U}_i} = -\frac{R_F}{R_1}$$

当 $R_F = R_1$ 时，运算电路的输出电压等于输入电压的负值，称为反相器。

由于反相输入端具有“虚地”的特点，故其共模输入电压等于零。反相比例运算电路的电压传输特性如图 5-2 所示。其输出电压的最大不失真峰-峰值为：

$$U_{op\text{-}p} = 2U_{om}$$

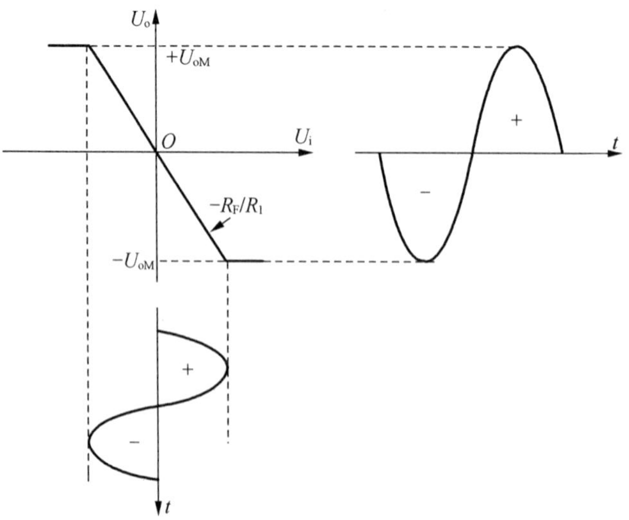

图 5-2　反相比例运算电路的电压传输特性

式中，U_{oM} 为受电源电压限制的运放最大输出电压，通常 U_{oM} 比电源电压 V_{CC} 小 1 到 2 V。

电路输入信号最大不失真范围为：

$$U_{ip\text{-}p}=\frac{U_{op\text{-}p}}{|A_{uf}|}=U_{op\text{-}p}(R_1/R_F)$$

2）同相输入比例运算电路

电路如图 5-3 所示。它属电压串联负反馈电路，其输入阻抗高，输出阻抗低，具有放大及阻抗变换作用，通常用于隔离或缓冲级。在理想条件下，其闭环电压放大倍数为：

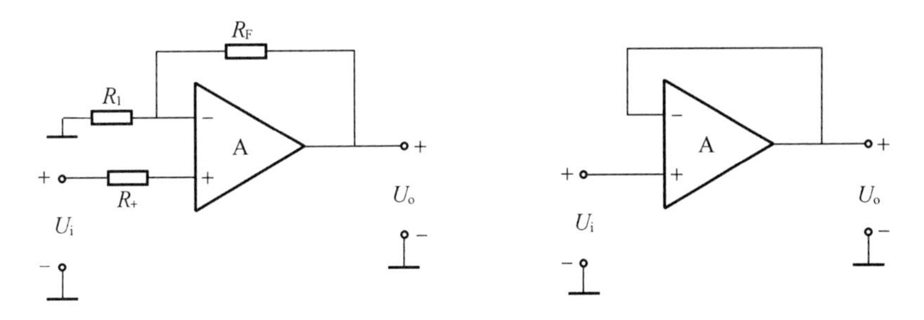

图 5-3　同相比例运算电路和同相跟随器

$$\dot{A}_{uf}=\frac{\dot{U}_o}{\dot{U}_i}=1+\frac{R_F}{R_1}$$

图中当 $R_F=0$ 或 $R_1=\infty$ 时，$\dot{A}_{uf}=1$，即输出电压与输入电压大小相等、相位相同，称为同相电压跟随器。不难理解，同相比例运算电路的电压传输特性斜率为 $1+R_F/R_1$。同样，电压传输特性的线性范围也受到 I_{omax} 和 U_{oM} 的限制。必须注意的是，由于信号从同相端加入，对运放本身而言，由于没有“虚地”存在，相当于两输入端同时作用着与 U_i 信号幅度相等的共模信号，而集成运放的共模输入电压范围（即 U_{icmax}）是有限的。故必须注意信号引入的共模电压不得超出集成运放的最大共模输入电压范围，同时为保证运算精度，应选用高共模抑制比的运放器件。

3）加法运算电路

电路如图 5-4 所示。在反相比例运算电路的基础上增加几个输入支路便构成了反相加法运算电路。在理想条件下，由于Σ点为“虚地”，三路输入电压彼此隔离，各自独立地经输入电阻转换为电流，进行代数和运算，即当任一输入 $U_{ik}=0$ 时，则在其输入电阻 R_k 上没有压降，故不影响其他信号的比例求和运算。

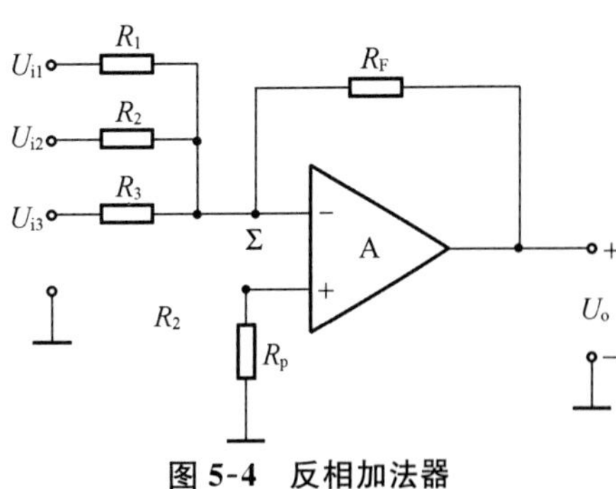

图 5-4　反相加法器

总输出电压为：

$$U_o=-\left(\frac{R_F}{R_1}U_{i1}+\frac{R_F}{R_2}U_{i2}+\frac{R_F}{R_3}U_{i3}\right)$$

其中，$R_P=R_1/\!/R_2/\!/R_3/\!/R_F$。当 $R_1=R_2=R_3=R_F$ 时，

$$U_o=-(U_{i1}+U_{i2}+U_{i3})$$

4) 减法运算电路

电路如图 5-5 所示。当 $R_2=R_1$,$R_3=R_F$ 时,可由叠加原理得:

$$U_o=(U_{i2}-U_{i1})\frac{R_F}{R_1}$$

当取 $R_1=R_2=R_3=R_F$ 时,$U_o=U_{i2}-U_{i1}$。实现了减法运算。常用于将差动输入转换为单端输出,广泛地用来放大具有强烈共模干扰的微弱信号。要实现精确的减法运算,必须严格选配电阻 R_1、R_2、R_3、R_F。此外,U_{i2} 使运放两个输入端上存在共模电压 $U_-\approx U_+=U_{i2}\frac{R_3}{R_2+R_3}$,在运放 K_{CMR} 为有限值的情况下,将产生输出运算误差电压,所以必须采用高 K_{CMR} 的运放以提高电路的运算精度。

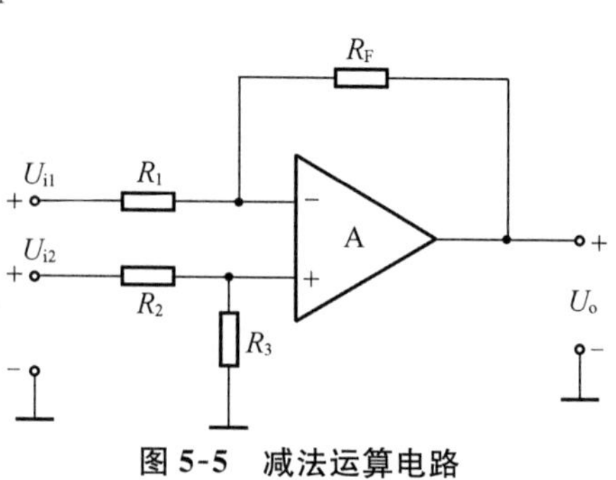

图 5-5 减法运算电路

5) 单电源供电的交流放大器

在仅需放大交流信号的应用场合(如音频信号的前置级或激励级),为简化供电电路,常采用单电源供电,以电阻分压方法将同相端偏置在 $\frac{1}{2}V_{CC}\left(\text{或负电源}\frac{1}{2}V_{EE}\right)$,使运放反相端和输出端的静态电位与同相端相同。交流信号经隔直电容实现传输。

(1) 单电源反相比例交流放大器

电路如图 5-6 所示。该电路为直流全负反馈,用以稳定静态工作点。由于静态时运放输出端为 $\frac{1}{2}V_{CC}$,从而获得最大的动态范围($U_{op\text{-}p}\approx V_{CC}$),其电压放大倍数与双电源供电的反相放大器一样,即 $\dot{A}_{uf}=-R_F/R_1$。当 $R_1=R_F$ 时,$\dot{A}_{uf}=-1$,即为交流反相器。

(2) 单电源同相比例交流放大器

电路如图 5-7 所示。分析方法同上。

其电压放大倍数为:

$$A_{uf}=1+\frac{R_F}{R_1}$$

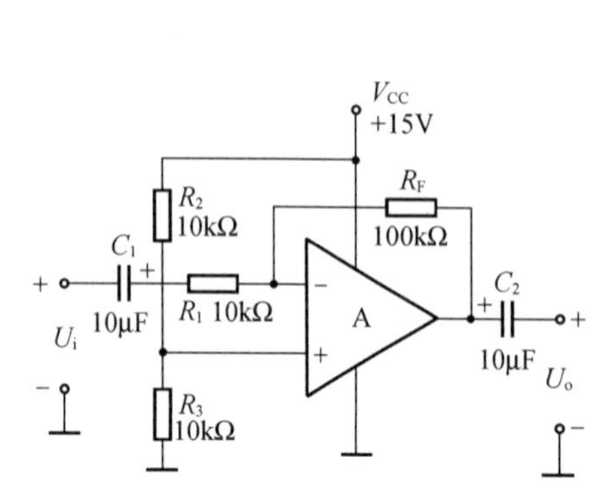

图 5-6 反相比例交流放大器

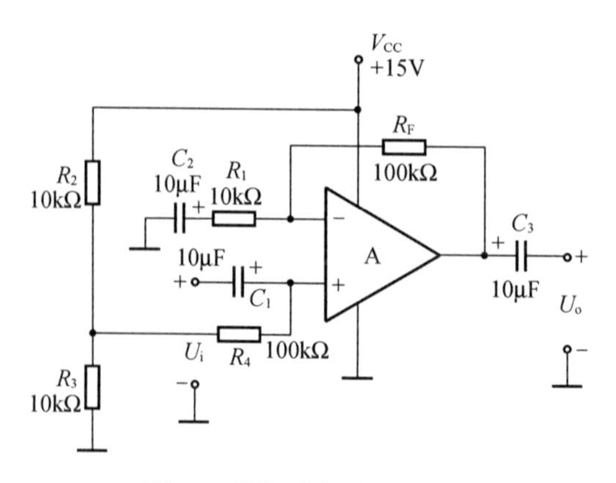

图 5-7 同相比例交流放大器

5.3　实验内容

1）反相输入比例运算电路

（1）按照所设计的电路接线，弄清运放的电源端、调零端、输入端和输出端。在有些情况下，还须按手册要求接入补偿电路。

（2）在输入接地的情况下，进行调零，并用示波器观察输出端是否存在自激振荡。如有，对于设有外接补偿的运放应调整补偿电容，或检查电路是否工作在闭环状态，直至消除自激方可进行实验。

（3）输入直流信号 U_i 分别为 0.5 V、0.2 V、−0.2 V、−0.5 V，用万用表测量对应于不同 U_i 时的 U_o 值，列表计算 A_{vf}，并与理论值比较。

（4）输入 1 kHz 的正弦信号，在输出不失真的情况下，测量 $|A_{uf}|$、R_{if}、R_{of} 及 f_{BW}（$R_1=10\ \text{k}\Omega$、$R_L=100\ \text{k}\Omega$）。

2）同相输入比例运算电路

实验内容与步骤同反相比例运算电路。

3）加法和减法运算电路

（1）按图 5-4 和图 5-5 接线，并选择适当的电源电压及相关电阻值，在±0.5 V 范围内任选取二组不同的 U_{i1}、U_{i2}、U_{i3} 直流信号电压，测量相应的 U_o 值并与理论计算值进行比较。

（2）设计电路满足运算关系 $U_o=-2U_{i1}+3U_{i2}$，U_{i1} 接入 1 kHz、1 V 的方波信号，U_{i2} 接入 5 kHz、0.1 V 的正弦信号，用示波器观察输出电压 U_o 的波形，画出波形图并与理论值比较。然后缓慢调整输入信号 U_{i1} 及 U_{i2} 的幅值，观测运放反相端及同相端 U_-、U_+ 的波形，了解“虚短”存在的条件并作出解释。

4）单电源交流放大器

（1）设计一个单电源交流放大器，输入 $f=1$ kHz、$U_{im}=1$ V 的正弦信号，要求 $\dot{A}_{uf}=-4$。观察波形并进行分析。

（2）改变信号频率，测量 f_L、f_H 并确定放大器的带宽 f_{BW}。

5）能对输入交流信号的大小及其直流电平分别独立调节的模拟运算电路。

设计要求：

（1）能使正弦输入电压（$f_i=1$ kHz、$U_i=0.5$ V）的直流电平，在−5 V～+5 V 之间平滑调节；

（2）能对正弦输入电压的交流幅值在（0.5～10）倍范围内平滑调节，且此两项调节功能互相独立。

实验参考电路如图 5-8 所示。

分析电路工作原理，并实现上述设计要求。

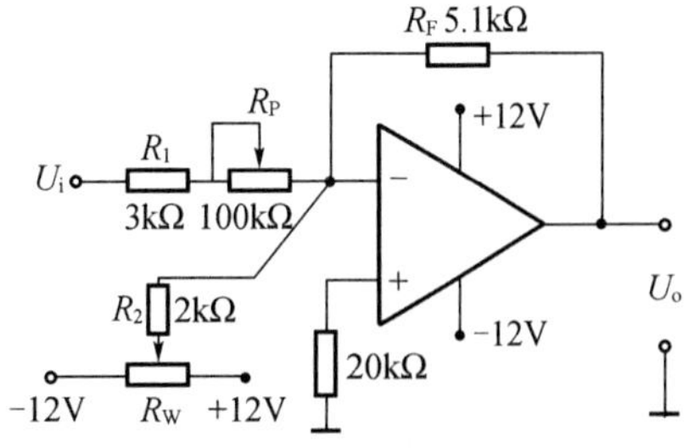

图 5-8　幅值和直流电平可独立调节的实验电路

5.4　预习要求

（1）复习集成运放有关模拟运算应用方面的内容，弄清各电路的工作原理。

（2）设计反相比例运算电路，要求 $|A_{uf}|=10$，$R_i\geqslant10\ \text{k}\Omega$。确定各元件值并标注在实验

电路上。

(3) 设计一模拟运算电路,满足关系式:

$$U_o = -2U_{i1} + 3U_{i2}$$

其中,U_{i1}、U_{i2}为直流输入电压。

(4) 设计一单电源交流放大器,取 $V_{CC}=15$ V,要求$\dot{A}_{uf}=-4$。

(5) 在预习报告中计算好有关内容的理论值,便于在实测中进行比较。并自拟实验数据表格。

5.5 实验报告要求

(1) 写出所做实验电路的设计步骤,画出电路,并标注元件参数值。

(2) 整理实验数据并与理论值进行比较、讨论。

(3) 用坐标纸画出实验中观察的波形。并进行分析讨论。

5.6 思考题

(1) 理想运算放大器具有哪些特点?

(2) 单电源运放用来放大交流信号时,电路结构上应满足哪些要求? 若改用单一负电源供电,电路应作如何改动?

(3) 运放用作模拟运算电路时,“虚短”、“虚断”能永远满足吗? 试问:在什么条件下“虚短”、“虚断”将不再存在?

5.7 实验仪器与器材

(1) 二踪示波器	YB4320 型	1 台
(2) 函数发生器	YB1638 型	1 台
(3) 直流稳压电源	DF1701S1 型	1 台
(4) 交流电压表	SX2172 型	1 台
(5) 模拟实验箱		1 台
(6) 万用表		1 只
(7) μA741 运放等		若干

实验 6 积分和电流、电压转换电路

6.1 实验目的

(1) 了解运放在信号积分和电流、电压转换方面的应用电路及参数的影响;

(2) 掌握积分电路和电流、电压转换电路的设计、调试方法。

6.2 实验原理

1) 基本积分运算电路

在图 6-1 所示的基本积分电路中,由“虚地”和“虚断”原理并忽略偏置电流 I_B 可得:

$$i=\frac{u_i}{R}=i_c$$

所以，$u_o=-\frac{1}{C}\int i_c\mathrm{d}t=-\frac{1}{RC}\int u_i\mathrm{d}t^*$。

即输出电压与输入电压成积分关系。为使偏置电流引起的失调电压最小，应取 $R_P=R/\!/R_f$。

R_f 称分流电阻，用于稳定直流增益，以避免直流失调电压在积分周期内积累导致运放饱和，一般取 $R_f=10R$。

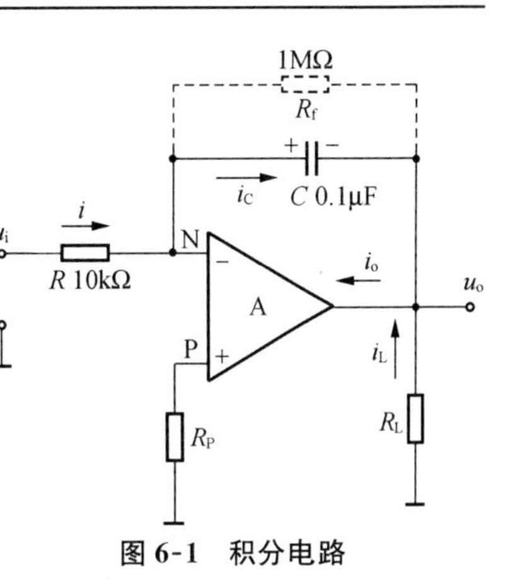

图 6-1　积分电路

对于 * 式应注意以下几点：

(1) 该式仅对 $f>f_c=\frac{1}{2\pi R_fC}$的输入信号才是有效的。而对于 $f<f_c$ 的输入信号，图 6-1 仅近似为反相比例运算电路，即$\frac{u_o}{u_i}=-\frac{R_f}{R}$。

(2) 任何原因使运放反相输入端偏离“虚地”时，都将引起积分运算误差。

(3) 运放的输出电压和输出电流都应限制在其最大值以内，即必须满足下列关系式：

$$|u_{omax}|=\left|-\frac{1}{RC}\int u_i\mathrm{d}t\right|\leqslant U_{om}$$

$$\text{及 } i_L+i_c\leqslant I_{om}$$

(4) 为减小输入失调电流及其温漂在积分电容上引起误差输出（即积分漂移），建议采用以下措施：

① 选用失调及漂移小的运放；

② 选用漏电小的积分电容，如聚苯乙烯电容；

③ 当积分时间较长，宜选用 FET 输入级的运放或斩波稳零运放。

下面分别讨论不同类型的输入信号作用下积分电路的输出响应：

(1) 正弦输入

设输入为 $u_i=U_{im}\sin\omega t$，不难得到积分输出电压：

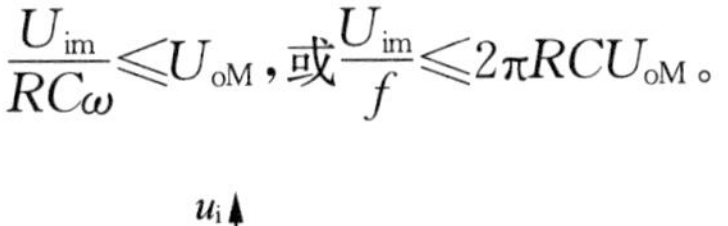

$$u_o=-\frac{1}{RC}\int U_{im}\sin\omega t\,\mathrm{d}t=\frac{U_{im}}{RC\omega}\cos\omega t。$$

工作波形如图 6-2 所示。

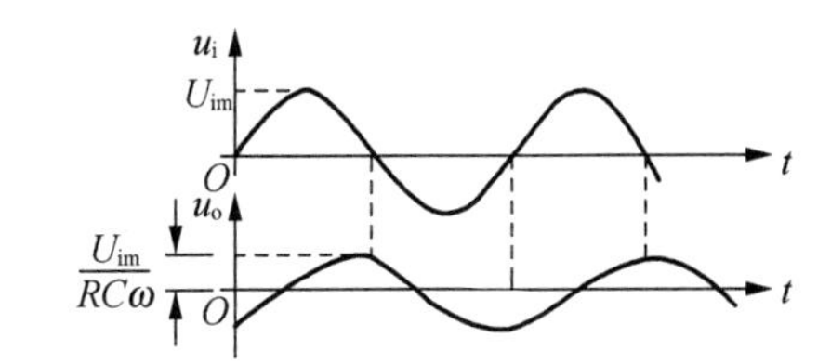

图 6-2　输入为正弦电压时的积分输出

为不超过运放最大输出电压 U_{oM}，要求 $|U_{oM}|=\frac{U_{im}}{RC\omega}\leqslant U_{oM}$，或$\frac{U_{im}}{f}\leqslant 2\pi RCU_{oM}$。

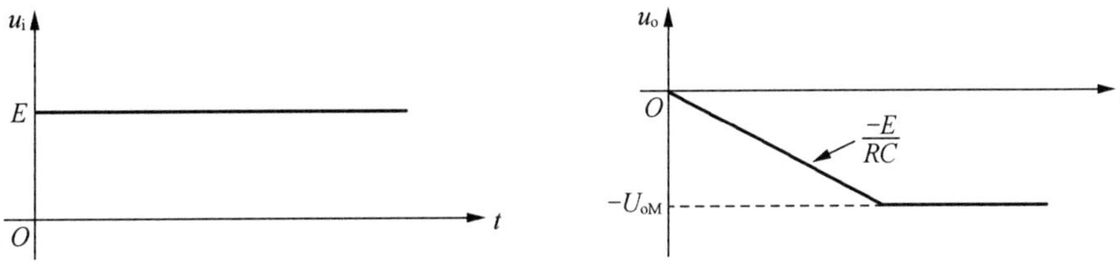

图 6-3　输入为阶跃电压时的积分输出波形

可见，对于一定幅值的正弦输入信号，其频率越低，应取的 RC 的乘积也应越大；当 RC 的乘积确定后，R 值取大有利于提高输入电阻，但 R 加大必使 C 值减小，这将加剧积分漂移；反之，R 取小，C 太大又有漏电和体积方面的问题。一般取 $C \leqslant 1\ \mu F$。

（2）阶跃输入

设输入为：

$$u_i = \begin{cases} 0 & t<0 \\ E & t\geqslant 0 \end{cases}$$

则积分输出为：

$$u_o = -\frac{E}{RC}t \qquad t\geqslant 0$$

故要求 $RC \geqslant \frac{E}{U_{oM}}t$，其工作波形如图 6-3 所示。

（3）方波输入

当输入为方波电压时，其积分输出为如图 6-4 所示的三角波。注意 R_f 越大，输出三角波的线性越好，但稳定性差，建议取 $R_f = 1\ M\Omega$，$R = 10\ k\Omega$、$C = 0.1\ \mu F$。为得到图 6-4 所示的三角波输出，同样必须受运放 U_{oM} 及 I_{oM} 的限制。

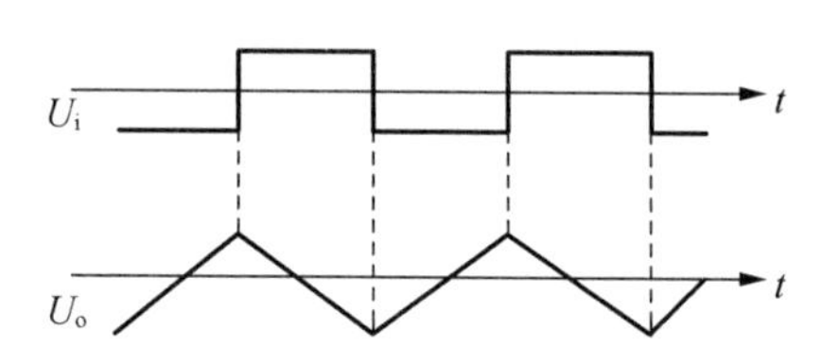

图 6-4　输入为方波时的输出波形

2）其他形式的积分运算电路

（1）求和积分运算电路

电路如图 6-5 所示。

由“虚地”、“虚断”和叠加原理可得：

$$u_o = -\frac{1}{C}\int\left(\frac{u_{i1}}{R_1} + \frac{u_{i2}}{R_2} + \frac{u_{i3}}{R_3}\right)dt$$

当 $R_1 = R_2 = R_3 = R$ 时，

$$u_o = -\frac{1}{RC}\int(u_{i1} + u_{i2} + u_{i3})dt$$

图 6-5 中，$R_P = R_1 /\!/ R_2 /\!/ R_3$。

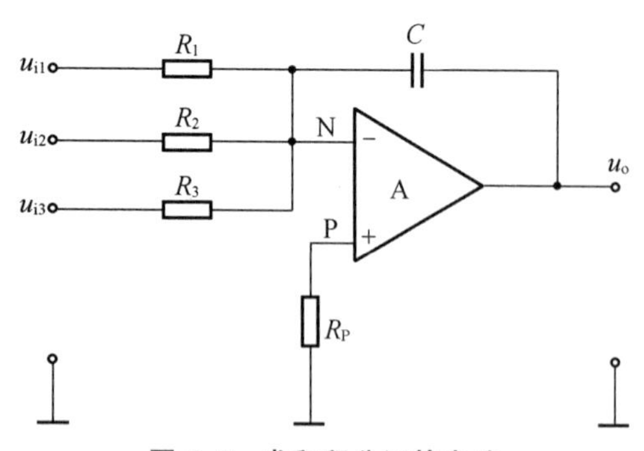

图 6-5　求和积分运算电路

（2）差动输入积分运算电路

电路如图 6-6 所示：

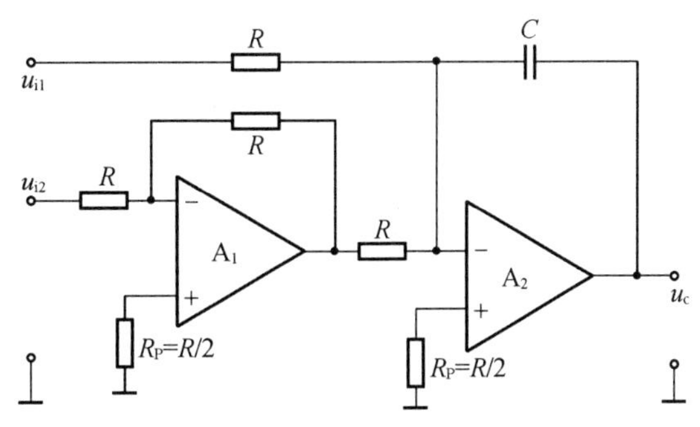

图 6-6　差动输入积分运算电路

不难得到输出电压：
$$u_o = \frac{1}{RC}\int (u_{i2} - u_{i1})\mathrm{d}t$$

当 $u_{i1} = 0$ 时，$u_o = \frac{1}{RC}\int u_{i2}\mathrm{d}t$。

即为同相积分电路。

3) 电压/电流转换电路

当长距离传送模拟电压信号时，由于通常存在信号源内阻、传送电缆电阻及受信端输入阻抗，它们对于信号源电压的分压效应，会使受信端电压误差增大。为了高精度地传送电压信号，通常将电压信号先变换为电流信号，即变换为恒流源进行传送，由于此时电路中传送的电流相等，故不会在线路阻抗上产生误差电压。

基本电压、电流转换电路有以下两种：

(1) 反相型电压/电流转换电路(见图 6-7)

待转换的信号电压 U_i 经过电阻 R_1 接到运放的反相端，负载 R_L 接在运放的输出端与反相端之间。由于运放的反相输入端存在“虚地”及净输入端存在“虚断”，故 $I_L = I_1 = \frac{U_i}{R_1}$。

可见，负载 R_L 上的电流 I_L 正比于输入电压 U_i。同时，这一转换电路属于电流并联负反馈电路，其闭环跨导放大倍数 $1/R_1$ 即为转换电路的转换系数。

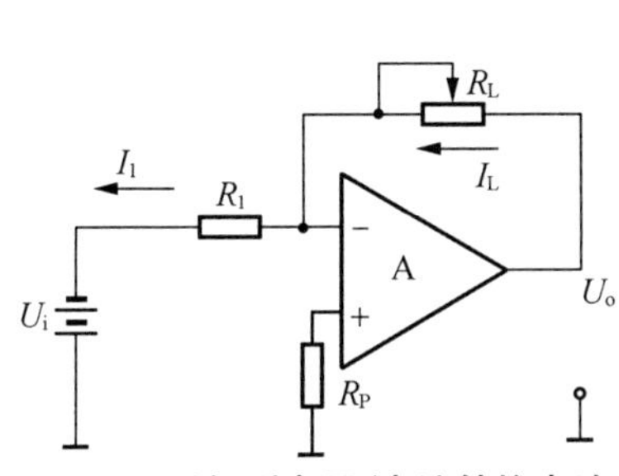

图 6-7　反相型电压/电流转换电路

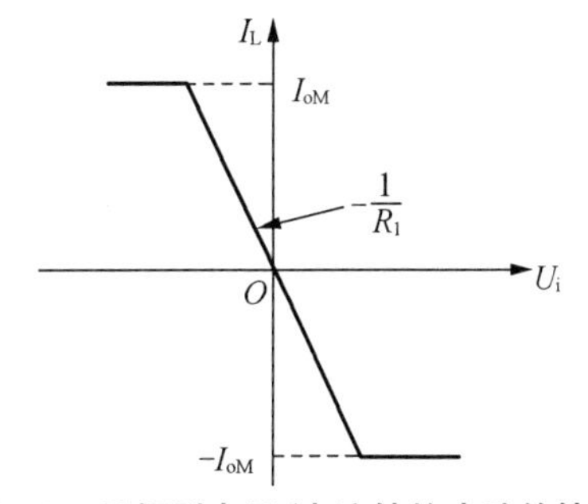

图 6-8　反相型电压/电流转换电路的转换特性

这一电路的转换特性如图 6-8 所示。

必须指出，为实现线性电压/电流转换，应该满足：
$$I_L \leqslant I_{oM}$$

及
$$U_o = I_L R_L \leqslant U_{oM}$$

即
$$U_i \leqslant \frac{U_{oM}}{R_L} R_1$$

(2) 同相型电压/电流转换电路(见图 6-9)

由"虚短"和"虚断"原理知:

$$I_L = \frac{U_i}{R_1}$$

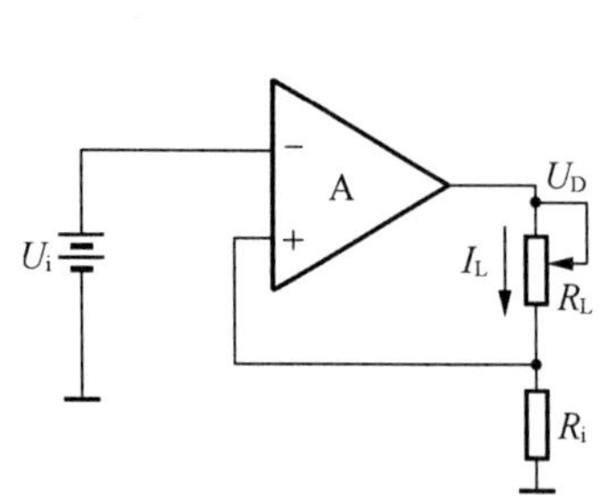

图 6-9　同相型电压/电流转换电器

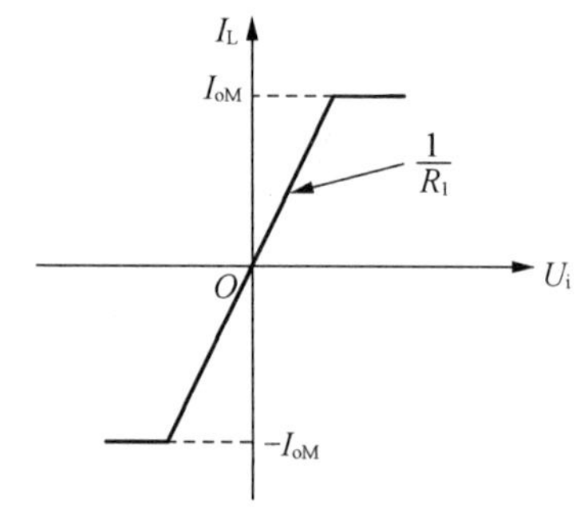

图 6-10　同相型电压/电流转换电路的转换特性

其转换特性见图 6-10。该电路属于电流串联负反馈电路,电路的输入电阻极高,其闭环跨导增益 $1/R_1$ 即为电路的转换系数。

同样,为实现线性电压/电流转换,必须满足:

$$I_L \leqslant I_{oM}$$

及
$$U_o = I_L(R_L + R_1) \leqslant U_{oM}$$

4) 电流/电压转换电路

当使用电流变换型传感器(如硅光电池)的场合,将传感器输出的信号(电流的变化)转换成电压信号来处理是极为方便的。这一类电路就是电流/电压转换电路(见图 6-11)。显然,转换输出电压为:

$$U_o = I_o R_f$$

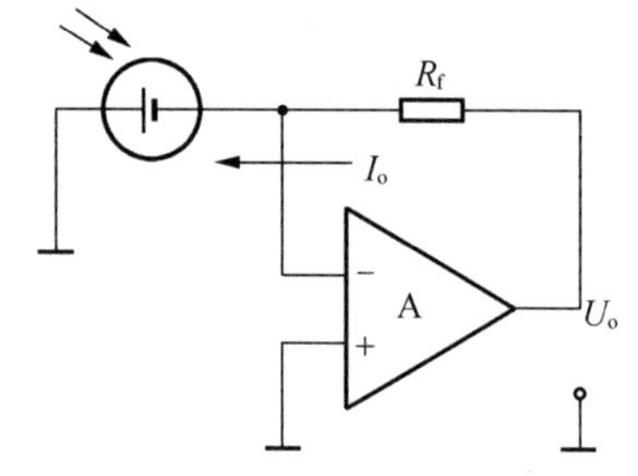

图 6-11　电流/电压转换电路

它正比于信号电流 I_o,当需要将微小的电流(如 μA 级)转换为电压时,必须选用具有极小输入偏置电流、极小输入失调电流及极高输入阻抗的运放(如 MOSFET 或 JFET 输入型的运放),同时,在实际电路装配中,必须采取措施,尽量减小运放输入端的漏电流。

6.3　实验内容

(1) 试用 μA741 设计一个满足下列要求的基本积分电路:输入为 $U_{ip\text{-}p}=1$ V、$f=10$ kHz 的方波(占空比为 50%)。设计 R、C 值、测量积分输出电压波形;改变 f 值观察 u_o 波形变化,并找出当 f 接近什么值的时候,电路近似一个反相比例运算电路。

设计基础:

输出电压　$u_o = -\dfrac{1}{RC}\displaystyle\int_0^t u_i \mathrm{d}t$

当 $f < f_c$ 时,电路近似为一反相比例运算电路,其电压增益为 $-R_f/R$。

$f > f_c$ 时,电路起积分器作用。

为使由输入偏置电流引起的输出失调减至最小，应取 $R_P=R/\!/R_f$；建议取 $R_f=10R$。

(2) 用 μA741 组成一个同相型电压/电流转换电路，并完成表 6-1 中所列数据的测量。推荐实验电路如图 6-12 所示。

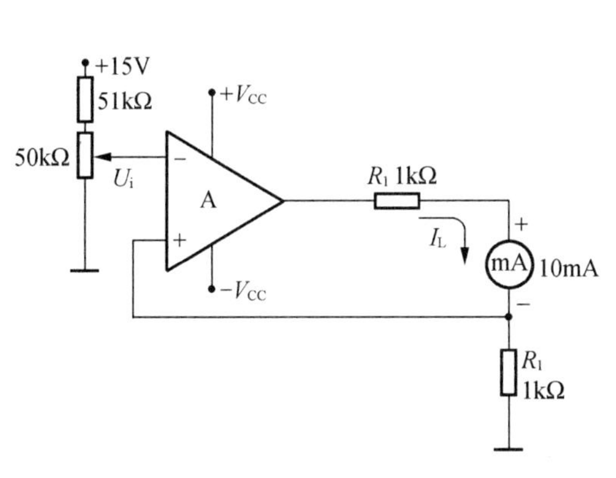

图 6-12　实验参考电路

(±V_{CC}取±15 V 及±6 V，对这两种情况分别观测)

表 6-1　电压/电流转换数据

U_i	R_L	I_L(测量值)	I_L(计算值)
0.5 V	1 kΩ		
	10 kΩ		
	20 kΩ		
	27 kΩ		
	33 kΩ		
1.0 V	470 kΩ		
	1 kΩ		
	3.3 kΩ		
	4.7 kΩ		
	10 kΩ		
	12 kΩ		
3.0 V	470 kΩ		
	1 kΩ		
	3.3 kΩ		
	4.7 kΩ		

6.4　预习要求

熟悉由运放组成的基本积分电路和电压/电流变换电路的工作原理，设计满足实验内容要求的有关电路，并估算电路参数。

6.5　实验报告要求

(1) 将积分电路的实验测量值(波形的幅度、周期等)与理论计算值进行比较，并讨论之。

(2) 完成同相型电压/电流转换电路测量值的数据表格。绘出转换特性；观测在同一输入电压 U_i 下，R_L 存在一个满足线性转换关系的上限值；观测运放的电源电压值(或 U_{oM}值)如何限制电路的转换特性及负载电阻 R_L 的上限值。

6.6　思考题

(1) 在图 6-1 所示基本积分电路中，为了减小积分误差，对运放的开环增益、输入电阻、输入偏置电流及输入失调电流有什么要求？

(2) 根据什么来判断图 6-1 电路属于积分电路还是反相比例运算电路？

(3) 在图 6-9 所示电压/电流转换电路中，设 $U_{oM}\approx V_{CC}=6$ V，且 $U_i=1$ V、$R_1=1$ kΩ，试求满足线性转换所允许的 R_{Lmax}小于等于多少？

(4) 反相型电压/电流转换电路如图 6-13 所示。试分析其工作原理。设 $V_{CC}=10$ V、$U_i=1$ V、$R_1=1$ kΩ，试求满足线路转换，可允许的 $R_{Lmax}\leqslant$？(±V_{CC}取±15 V)

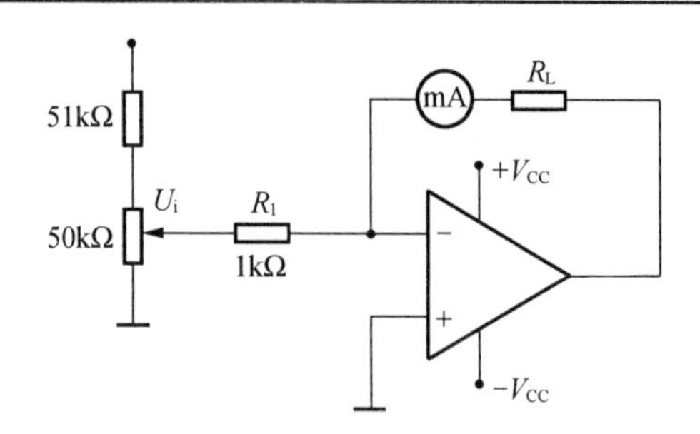

图 6-13　反相型电压/电流转换电路

6.7　实验仪器与器材

(1) 二踪示波器	YB4320 型	1 台
(2) 函数发生器	YB1638 型	1 台
(3) 直流稳压电源	DF1701S1 型	1 台
(4) 交流电压表	SX2172 型	1 台
(5) 模拟实验箱		1 台
(6) 万用表		1 只
(7) μA741 运放等		若干

实验 7　RC 有源滤波器(虚拟实验)

7.1　实验目的

(1) 通过实验进一步理解 RC 滤波器以及由运放组成的 RC 有源滤波器的工作原理;
(2) 通过实验熟练掌握二阶 RC 有源滤波器的工程设计方法;
(3) 通过实验掌握滤波器基本参数的测量方法;
(4) 了解电阻、电容和 Q 值对滤波器性能的影响;
(5) 通过实验进一步熟悉 Electronics Multisim 高级分析命令的使用方法。

7.2　实验原理

滤波器是最通用的模拟电路单元之一,几乎在所有的电路系统中都用到它。以我们常用的电视和广播为例,当我们调台的时候,至少用到了 3 个滤波器,稍微高档一点的可能用到了五个以上。其实"调台"在电路中的意思是使对应频率的信号通过(我们要想接收的频道),而把其他频率的信号隔离或抑制,如图 7-1 所示。通常在 200 Hz(调频广播)或 6.5 MHz(电视)范围内对相邻调频电台或电视台会有 80 dB 的抑制度。

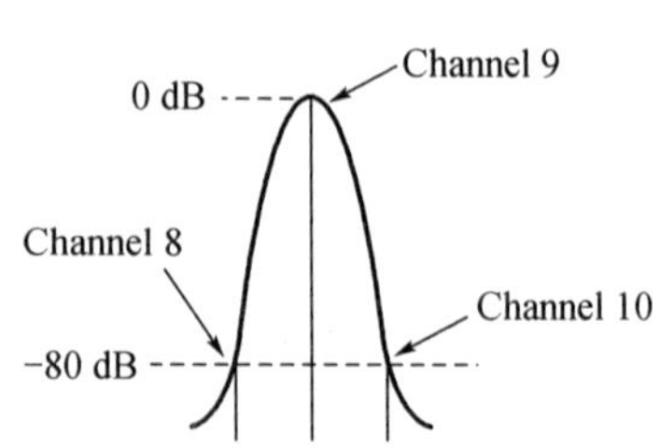

图 7-1　选频特性

滤波器根据幅频特性或相频特性的不同可分为低通滤波器、高通滤波器、带通滤波器和带阻滤波器。其各自的幅频特性如图 7-2 所示，其中$\dot{A}_{up}$为最大通带增益。

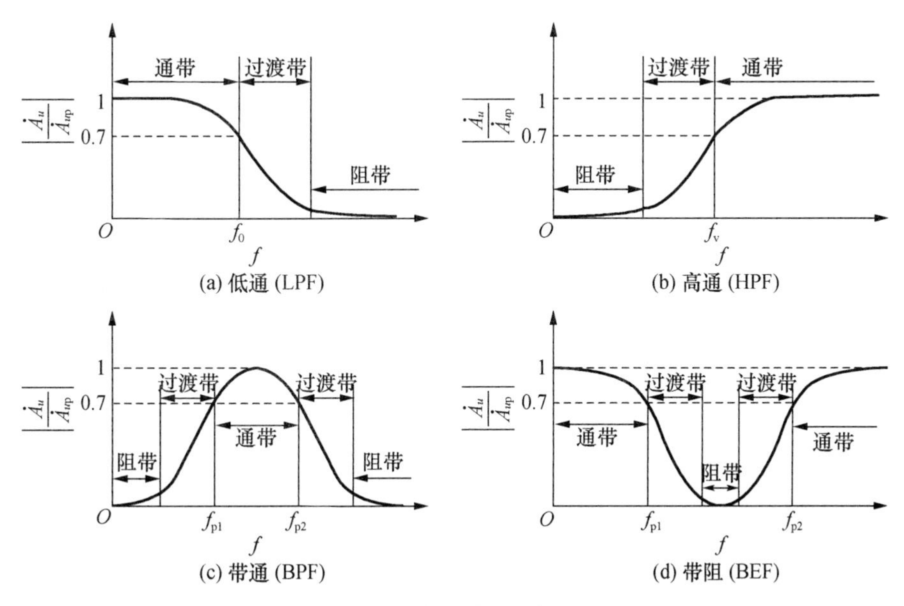

图 7-2　各类滤波器幅频特性

按截止频率附近的幅频特性和相频特性的不同，滤波电路有可分为巴特沃兹(Butterworth)滤波器，切比雪夫(Chebyshev)滤波器和椭圆(Elliptic)滤波器。其各自的幅频特性如图 7-3 所示。其中巴特沃兹滤波器在通带内响应最为平坦；切比雪夫滤波器在通带内的响应在一定范围内有起伏，但带外衰减速率较大；椭圆滤波器在通带内和止带内的响应都在一定范围内有起伏，可是具有最大的带外衰减速率。本实验中仅讨论巴特沃兹滤波器。

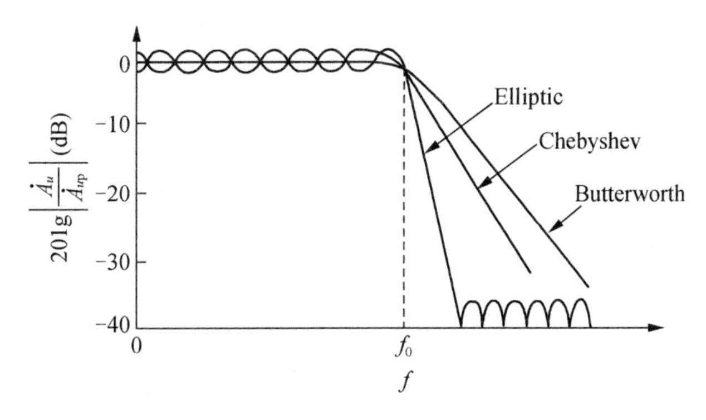

图 7-3　巴特沃兹、切比雪夫和椭圆滤波器的幅频特性

滤波器是否采用有源器件又可分为无源滤波器和有源滤波器。无源滤波器电路简单，但对通带信号也有一定的衰减，因此电路性能较差；用运放与少量的 RC 元件组成的有源滤波器具有体积小、性能好、可放大信号、调整方便等优点，但因受运放本身有限带宽的限制，目前仅适用于低频范围。

低通滤波器

巴特沃斯低通滤波器的幅频特性为：

$$|A_u(\mathrm{j}\omega)|=\frac{A_{uo}}{\sqrt{1+\left(\frac{\omega}{\omega_c}\right)^{2n}}},\qquad n=1,2,3,\cdots \tag{1}$$

也可写成：

$$\left|\frac{A_u(\mathrm{j}\omega)}{A_{uo}}\right|=\frac{1}{\sqrt{1+\left(\frac{\omega}{\omega_c}\right)^{2n}}} \tag{2}$$

其中，A_{uo}为通带内的电压放大倍数，ω_c为截止角频率，n称为滤波器的阶。从(2)式中可知，当$\omega=0$时，(2)式有最大值1；$\omega=\omega_c$时，(2)式等于0.707，即A_u衰减了3 dB；n取得越大，随着ω的增加，滤波器的输出电压衰减越快，滤波器的幅频特性越接近于理想特性。当$\omega\gg\omega_c$时，

$$\left|\frac{A_u(\mathrm{j}\omega)}{A_{uo}}\right|\approx\frac{1}{\left(\frac{\omega}{\omega_c}\right)^{n}} \tag{3}$$

两边取对数，得：

$$20\lg\left|\frac{A_u(\mathrm{j}\omega)}{A_{uo}}\right|\approx-20n\lg\frac{\omega}{\omega_c} \tag{4}$$

此时阻带衰减速率为：$-20n$dB/10倍频或$-6n$dB/倍频，该式称为衰减估算式。表7-1列出了归一化的、n为1～8阶的巴特沃斯低通滤波器传递函数的分母多项式。其中，$s_L=\frac{s}{\omega_c}$，ω_c是低通滤波器的截止频率。

表7-1　归一化的巴特沃斯低通滤波器传递函数的分母多项式

n	归一化的巴特沃斯低通滤波器传递函数的分母多项式
1	s_L+1
2	$s_L^2+\sqrt{2}s_L+1$
3	$(s_L^2+s_L+1)\cdot(s_L+1)$
4	$(s_L^2+0.765\,37s_L+1)\cdot(s_L^2+1.847\,76s_L+1)$
5	$(s_L^2+0.618\,07s_L+1)\cdot(s_L^2+1.618\,03s_L+1)\cdot(s_L+1)$
6	$(s_L^2+0.517\,64s_L+1)\cdot(s_L^2+\sqrt{2}s_L+1)\cdot(s_L^2+1.931\,85s_L+1)$
7	$(s_L^2+0.445\,04s_L+1)\cdot(s_L^2+1.246\,98s_L+1)\cdot(s_L^2+1.801\,94s_L+1)\cdot(s_L+1)$
8	$(s_L^2+0.390\,18s_L+1)\cdot(s_L^2+1.111\,14s_L+1)\cdot(s_L^2+1.662\,94s_L+1)\cdot(s_L^2+1.961\,57s_L+1)$

对于一阶低通滤波器，其传递函数：$A_u(s)=\frac{A_{uo}\omega_c}{s+\omega_c}$　　(5)

归一化的传递函数：$A_u(s_L)=\frac{A_{uo}}{s_L+1}$　　(6)

对于二阶低通滤波器，其传递函数：$A_u(s)=\frac{A_{uo}\omega_c^2}{s^2+\frac{\omega_c}{Q}s+\omega_c^2}$　　(7)

归一化后的传递函数：$A_u(s_L)=\frac{A_{uo}}{s_L^2+\frac{1}{Q}s_L+1}$　　(8)

由表 7-1 可以看出，任何高阶滤波器都可由一阶和二阶滤波器级联而成。对于 n 为偶数的高阶滤波器，可以由 $\frac{n}{2}$ 节二阶滤波器级联而成；而 n 为奇数的高阶滤波器可以由 $\frac{n-1}{2}$ 节二阶滤波器和一节一阶滤波器级联而成，因此一阶滤波器和二阶滤波器是高阶滤波器的基础。

常用的有源二阶滤波电路有压控电压源二阶滤波电路和无限增益多路负反馈二阶滤波电路。

(1) 压控电压源二阶低通滤波电路

运算放大器为同相接法，滤波器的输入阻抗很高，输出阻抗很低，滤波器相当于一个电压源。其优点是：电路性能稳定，增益容易调节。电路如图 7-4 所示。其传输函数为：

$$A_u(s)=\frac{A_{uo}\frac{1}{C_1C_2R_1R_2}}{s^2+\left(\frac{1}{R_1C_1}+\frac{1}{R_2C_1}+(1-A_{uo})\frac{1}{R_2C_2}\right)s+\frac{1}{C_1C_2R_1R_2}}=\frac{A_{uo}\omega_c^2}{s^2+\frac{\omega_c}{Q}s+\omega_c^2}$$

其归一化的传输函数：$A_u(s_L)=\dfrac{A_{uo}}{s_L^2+\frac{1}{Q}s_L+1}$

其中：$s_L=\dfrac{s}{\omega_c}$，Q 为品质因数。

通带内的电压放大倍数：　　$A_{uo}=1+\dfrac{R_4}{R_3}$

滤波器的截止角频率：$\omega_c=\dfrac{1}{\sqrt{R_1R_2C_1C_2}}=2\pi f_c$

$$\frac{\omega_c}{Q}=\frac{1}{R_1C_1}+\frac{1}{R_2C_1}+(1-A_{uo})\frac{1}{R_2C_2}$$

为了减少输入偏置电流及其漂移对电路的影响，应使：

$$R_1+R_2=R_3//R_4$$

将上述方程与 $A_{uo}=1+\dfrac{R_4}{R_3}$ 联立求解，可得：

$$R_4=A_f(R_1+R_2)$$

$$R_3=\frac{R_4}{A_f-1}$$

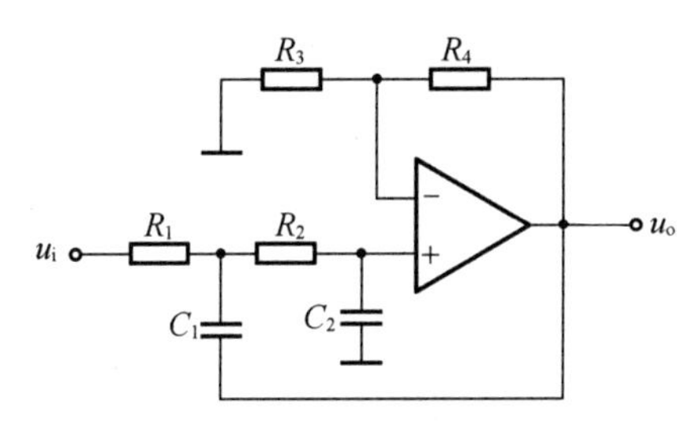

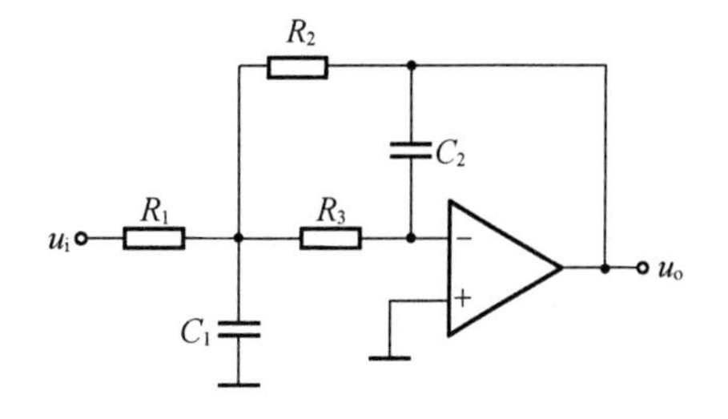

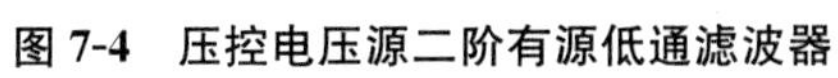
图 7-4　压控电压源二阶有源低通滤波器　　**图 7-5　无限增益多路负反馈二阶低通滤波电路**

(2) 无限增益多路负反馈二阶低通滤波电路

运算放大器为反相接法，由于放大器的开环增益无限大，反相输入端可视为虚地，输出端通过电容和电阻形成两条反馈支路。其优点是：输出电压与输入电压的相位相反，元件较少，但增益调节不方便。电路如图 7-5 所示，其传输函数为：

$$A_u(s)=\frac{-\dfrac{1}{C_1C_2R_1R_2}}{s^2+\dfrac{1}{C_1}\left(\dfrac{1}{R_1}+\dfrac{1}{R_2}+\dfrac{1}{R_3}\right)s+\dfrac{1}{C_1C_2R_2R_3}}=\frac{A_{uo}\omega_c^2}{s^2+\dfrac{\omega_c}{Q}s+\omega_c^2}$$

其归一化的传输函数：
$$A_u(s_L)=\frac{A_{uo}}{s_L^2+\dfrac{1}{Q}s_L+1}$$

其中：$s_L=\dfrac{s}{\omega_c}$；Q 为品质因数；

通带内的电压放大倍数 $A_{uo}=-\dfrac{R_2}{R_1}$；

滤波器的截止角频率 $\omega_c=\dfrac{1}{\sqrt{R_2R_3C_1C_2}}=2\pi f_c$。

有源高通滤波器

(1) 压控电压源二阶高通滤波器

电路如图 7-6 所示，其传输函数为：

$$A_u(s)=\frac{A_{uo}s^2}{s^2+\left(\dfrac{1}{R_2C_1}+\dfrac{1}{R_2C_2}+(1-A_{uo})\dfrac{1}{R_1C_1}\right)s+\dfrac{1}{C_1C_2R_1R_2}}=\frac{A_{uo}s^2}{s^2+\dfrac{\omega_c}{Q}s+\omega_c^2}$$

归一化的传输函数：$A_u(s_L)=\dfrac{A_{uo}}{s_L^2+\dfrac{1}{Q}s_L+1}$

其中：$s_L=\dfrac{\omega_c}{s}$；Q 为品质因数；

通带增益 $A_{uo}=1+\dfrac{R_4}{R_3}$；

截止角频率 $\omega_c=\dfrac{1}{\sqrt{R_1R_2C_1C_2}}=2\pi f_c$，$\dfrac{\omega_c}{Q}=\dfrac{1}{R_2C_1}+\dfrac{1}{R_2C_2}+(1-A_{uo})\dfrac{1}{R_1C_1}$。

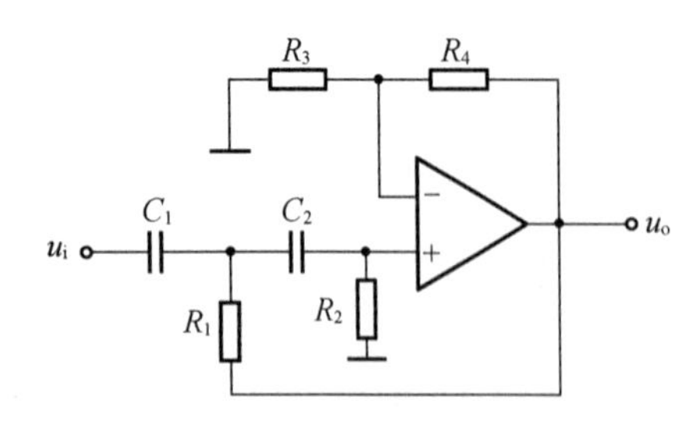

图 7-6 压控电压源二阶高通滤波器

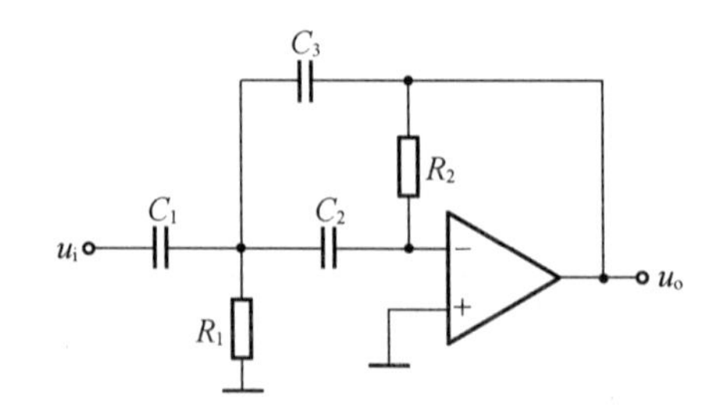

图 7-7 无限增益多路负反馈二阶高通滤波器

(2) 无限增益多路负反馈二阶高通滤波器

电路如图 7-7 所示，该电路的传输函数为：

$$A_u(s)=\frac{-\dfrac{C_1}{C_2}s^2}{s^2+\dfrac{1}{R_2}\left(\dfrac{C_1}{C_2C_3}+\dfrac{1}{C_3}+\dfrac{1}{C_2}\right)+\dfrac{1}{C_2C_3R_1R_2}}=\frac{A_{uo}s^2}{s^2+\dfrac{\omega_c}{Q}s+\omega_c^2}$$

归一化的传输函数：$A_u(s_L)=\dfrac{A_{uo}}{s_L^2+\dfrac{1}{Q}s_L+1}$

其中：$s_L=\dfrac{\omega_c}{s}$；通带增益 $A_{uo}=-\dfrac{C_1}{C_3}$；

截止角频率$\omega_c=\dfrac{1}{\sqrt{R_1R_2C_3C_2}}=2\pi f_c$，$\dfrac{\omega_c}{Q}=\dfrac{1}{R_2}\left(\dfrac{C_1}{C_2C_3}+\dfrac{1}{C_2}+\dfrac{1}{C_3}\right)$。

带通滤波器

(1) 压控电压源二阶带通滤波器

电路如图 7-8 所示，电路的传输函数为：

$$A_u(s)=\frac{\dfrac{A_f}{R_1C}s}{s^2+\dfrac{1}{C}\left(\dfrac{2}{R_3}+\dfrac{1}{R_1}+\dfrac{1}{R_2}(1-A_f)\right)s+\dfrac{1}{R_3C^2}\left(\dfrac{1}{R_1}+\dfrac{1}{R_2}\right)}=\frac{A_{uo}\dfrac{\omega_0}{Q}s}{s^2+\dfrac{\omega_0}{Q}s+\omega_0^2}$$

式中：$\omega_0=\sqrt{\omega_1\omega_2}$是带通滤波器的中心角频率，$\omega_1$、$\omega_2$ 分别为带通滤波器的高、低截止角频率；

中心角频率 $\omega_0=\sqrt{\dfrac{1}{R_3C^2}\left(\dfrac{1}{R_1}+\dfrac{1}{R_2}\right)}$，$\dfrac{\omega_0}{Q}=\dfrac{1}{C}\left(\dfrac{2}{R_3}+\dfrac{1}{R_1}+\dfrac{1}{R_2}(1-A_f)\right)$。

中心角频率 ω_0 处的电压放大倍数：

$$A_{uo}=\frac{A_f}{R_1\left[\dfrac{1}{R_1}+\dfrac{1}{R_2}(1-A_f)+\dfrac{1}{R_3}\right]}$$

式中：$A_f=1+\dfrac{R_5}{R_4}$。

通带带宽：$f_{BW}=\omega_2-\omega_1$ 或 $\Delta f=f_2-f_1$

$$f_{BW}=\frac{\omega_0}{Q}=\frac{1}{C}\left(\frac{2}{R_3}+\frac{1}{R_1}+\frac{1}{R_2}(1-A_f)\right)$$

$$Q=\frac{\omega_0}{f_{BW}}=\frac{f_0}{\Delta f}\qquad (f_{BW}\ll\omega_0\text{时})$$

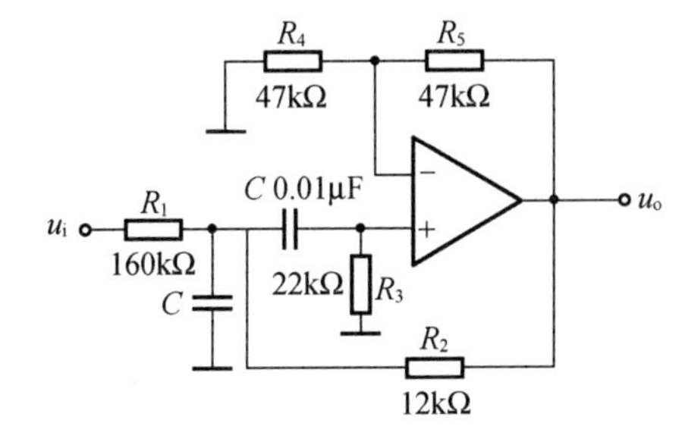

图 7-8　压控电压源二阶带通滤波器

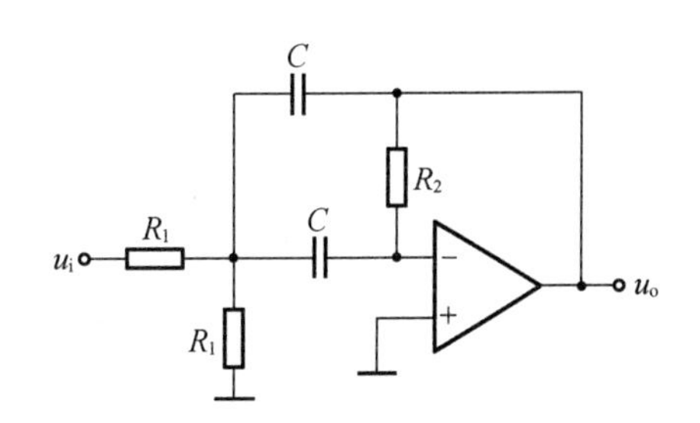

图 7-9　无限增益多路负反馈有源二阶带通滤波器

(2) 无限增益多路负反馈二阶带通滤波器

电路如图 7-9 所示，电路的传输函数：

$$A_u(s)=\frac{-\frac{1}{R_1C}s}{s^2+\frac{2}{R_3C}s+\frac{1}{C^2R_3}\left(\frac{1}{R_1}+\frac{1}{R_2}\right)}=\frac{A_{u0}\frac{\omega_0}{Q}s}{s^2+\frac{\omega_0}{Q}s+\omega_0^2}$$

式中：$\omega_0=\sqrt{\omega_1\omega_2}$ 为带通滤波器的中心角频率，ω_1、ω_2 分别为带通滤波器的高、低截止角频率；

中心角频率 $\omega_0=\sqrt{\frac{1}{R_3C^2}\left(\frac{1}{R_1}+\frac{1}{R_2}\right)}$。

通带中心角频率 ω_0 处的电压放大倍数：$A_{u0}=-\frac{R_3}{2R_1}$

$$\frac{\omega_0}{Q}=\frac{2}{CR_3}$$

品质因数：$Q=\frac{\omega_0}{f_{BW}}=\frac{f_0}{\Delta f}$（$f_{BW}\ll\omega_0$时）。

带阻滤波器

(1) 压控电压源二阶带阻滤波器

电路如图 7-10 所示。电路的传输函数：

$$A_u(s)=\frac{A_f\left(s^2+\frac{1}{C^2R_1R_2}\right)}{s^2+\frac{2}{R_2C}s+\frac{1}{R_1R_2C^2}}=\frac{A_{u0}(\omega_0^2+s^2)}{s^2+\frac{\omega_0}{Q}s+\omega_0^2}$$

其中：通带电压放大倍数：$A_f=A_{uo}=1$，

$$\frac{1}{R_3}=\frac{1}{R_1}+\frac{1}{R_2}。$$

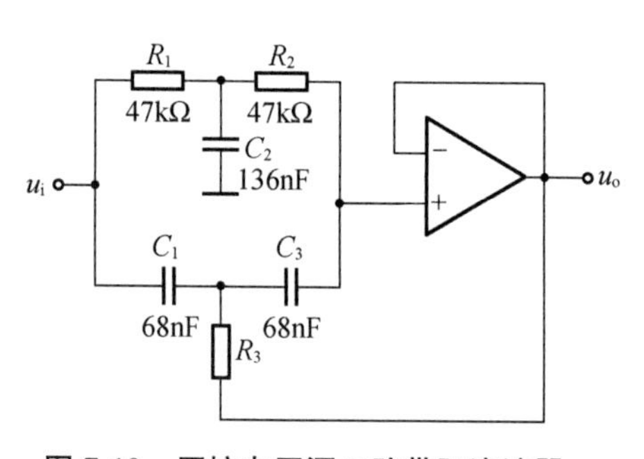

图 7-10　压控电压源二阶带阻滤波器

阻带中心处的角频率：$\omega_0=\sqrt{\frac{1}{R_1R_2C^2}}=2\pi f_0$，

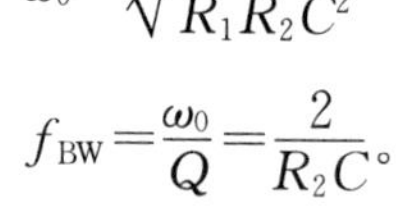

$$f_{BW}=\frac{\omega_0}{Q}=\frac{2}{R_2C}。$$

品质因数：$Q=\frac{1}{2}\sqrt{\frac{R_2}{R_1}}\ R_1R_2$。

(2)无限增益多路负反馈二阶带阻滤波器该电路由二阶带通滤波器和一个加法器 u_o 组成，如图7-11所示。电路的传输函数为：

$$A_u(s)=\frac{-\frac{R_6}{R_4}\left[s^2+\frac{1}{C^2R_3}\left(\frac{1}{R_1}+\frac{1}{R_2}\right)\right]}{s^2+\frac{2}{R_3C}s+\frac{1}{R_3C^2}\left(\frac{1}{R_1}+\frac{1}{R_2}\right)}R_3$$

$$=\frac{A_{u0}(\omega_0^2+s^2)}{s^2+\frac{\omega_0}{Q}s+\omega_0^2}$$

其中，$R_3R_4=2R_1R_5$；

通带电压放大倍数 $A_{uo}=-\frac{R_6}{R_4}=-\frac{R_3R_6}{2R_1R_5}$；

阻带中心角频率 $\omega_0=\sqrt{\frac{1}{R_3C^2}\left(\frac{1}{R_1}+\frac{1}{R_2}\right)}$；

阻带带宽：$f_{BW}=\frac{\omega_0}{Q}=\frac{2}{R_3C}$。

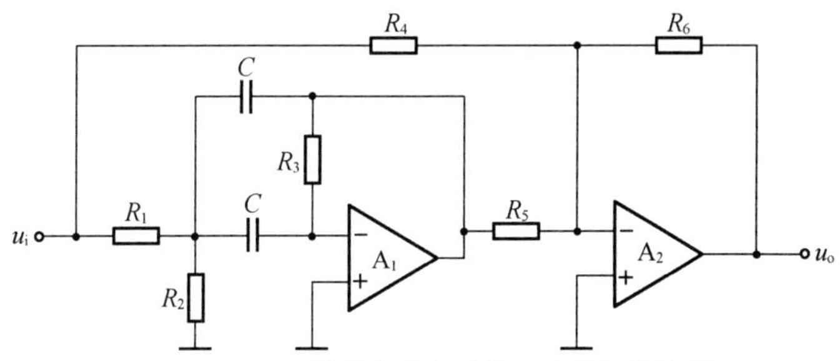

图 7-11　无限增益多路负反馈二阶带阻滤波器

滤波器设计实例

有源滤波器的设计，就是根据所给定的指标要求，确定滤波器的阶数 n，选择具体的电路形式，算出电路中各元件的具体数值，安装电路和调试，使设计的滤波器满足指标要求，具体步骤如下：

（1）根据阻带衰减速率要求，确定滤波器的阶数 n。

（2）选择具体的电路形式。

（3）根据电路的传递函数和表 1 归一化滤波器传递函数的分母多项式，建立起系数的方程组。

（4）解方程组求出电路中元件的具体数值。

（5）安装电路并进行调试，使电路的性能满足指标要求。

【例】　要求设计一个有源低通滤波器，指标为：

截止频率 $f_C=1$ kHz，

通带电压放大倍数：$A_{uo}=2$，

在 $f=10f_c$ 时，要求幅度衰减大于 30 dB。

设计步骤

（1）由衰减估算式：$-20n$dB/10 倍频，算出 $n=2$。

（2）选择图 7-4 电路作为低通滤波器的电路形式。

该电路的传递函数：$A_u(s)=\dfrac{A_{uo}\omega_c^2}{s^2+\frac{\omega_c}{Q}s+\omega_c^2}$　　(9)

其归一化函数：$A_u(s_L)=\dfrac{A_{uo}}{s_L^2+\frac{1}{Q}s_L+1}$　　(10)

将上式分母与表 7-1 归一化传递函数的分母多项式比较得：$\frac{1}{Q}=\sqrt{2}$

通带内的电压放大倍数：$A_{uo}=A_f=1+\frac{R_4}{R_3}=2$　　(11)

滤波器的截止角频率：$\omega_c=\dfrac{1}{\sqrt{R_1R_2C_1C_2}}=2\pi f_c=2\pi\times10^3$　　(12)

$$\frac{\omega_c}{Q}=\frac{1}{R_1C_1}+\frac{1}{R_2C_1}+(1-A_{uo})\frac{1}{R_2C_2}=2\pi\times10^3\times\sqrt{2}\qquad(13)$$

$$R_1+R_2=R_3//R_4\qquad(14)$$

在上面四个式子中共有六个未知数，三个已知量，因此有许多元件组可满足给定特性的要求，这就需要先确定某些元件的值，元件的取值有几种：

① 当 $A_f=1$ 时，先取 $R_1=R_2=R$，然后再计算 C_1 和 C_2。

② 当 $A_f\neq1$ 时，取 $R_1=R_2=R,C_1=C_2=C$。

③ 先取 $C_1=C_2=C$，然后再计算 R_1 和 R_2。此时 C 必须满足：$C_1=C_2=C=\dfrac{10}{f_c}$ (μF)。

④ 先取 C_1，接着按比例算出 $C_2=KC_1$，然后再算出 R_1 和 R_2 的值。

其中，K 必须满足条件：$K\leqslant A_f-1+\dfrac{1}{4Q^2}$。

对于本例，由于 $A_f=2$，因此先确定电容 $C_1=C_2$ 的值，即取：

$C_1=C_2=C=\dfrac{10}{f_0}(\mu F)=\dfrac{10}{10^3}(\mu F)=0.01\ \mu F$，

将 $C_1=C_2=C$ 代入式(12)和式(13)，可分别求得：

$$R_1=\frac{Q}{\omega_cC}=\frac{1}{2\pi\times10^3\times\sqrt{2}\times0.01\times10^{16}}=11.26\ k\Omega$$

$$R_2=\frac{1}{Q\omega_cC}=\frac{\sqrt{2}}{2\pi\times10^3\times0.01\times10^{-6}}=22.52\ k\Omega$$

$$R_4=A_f(R_1+R_2)=2\times(11.26+22.52)\times10^3=67.56\ k\Omega$$

$$R_3=\frac{R_4}{A_f-1}=\frac{67.56\times10^3}{2-1}=67.56\ k\Omega$$

7.3　实验内容

1) 低通滤波器

(1) 自行设计一低通滤波器，截止频率 $f_0=2$ kHz，Q 值为 0.7，$f\gg f_0$ 处的衰减速率不低于 30 dB/10 倍频。

(2) 根据设计元件值，在 Multisim 中画出电路，其中运算放大器采用 LM741，该运算放大器存放在模拟器件库(Analog ICS)中。先选择一个五端运放(5-Terminal Opamp)拖到电路图中，再双点该运放，弹出如图 7-12 所示界面。在左边(Library)一列中选择 LM7xx，再在右边一列(Model)中选择 LM741。该运放的偏置电压为±12 V，通过在电路中增加两个电池组实现。

(3) 选择 Analysis 菜单下的 AC Frequency Analysis 菜单项弹出如图 7-13 所示窗口。将 Start frequency 设为 1Hz，End frequency 设为 10kHz，Sweep type 设为 Decade(即幅频特性的横坐标是对数坐标)，Number of points 设为 1000(即电路仿真时每 10 倍频取 1 000 个采样点)，Vertical scale 设为 Decibel(即幅频特性的纵坐标是分贝)，将电路输出端的节点号加到 Nodes for analysis 中。点击 Simulate 按钮进行频率特性分析。

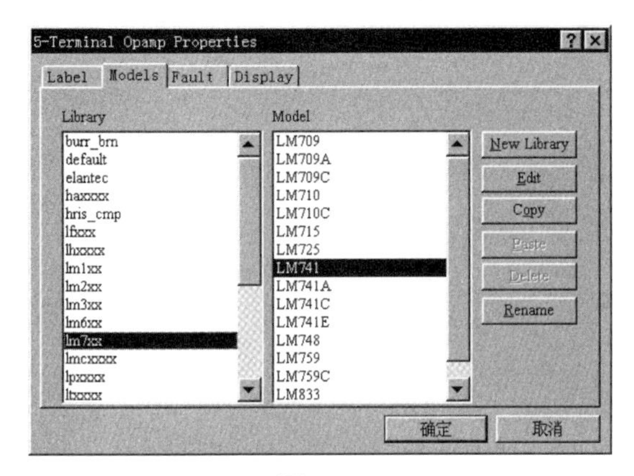

图 7-12

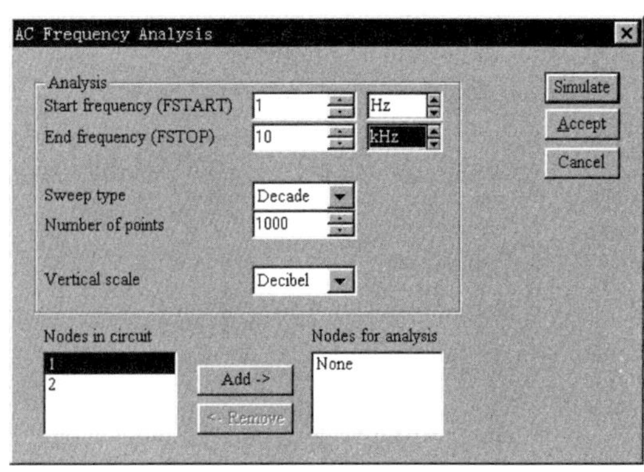

图 7-13

(4) 从分析所得的幅频特性曲线中找出截止频率，检查是否符合设计指标要求，若不满足要求，调整元器件的值，到满足要求为止。

(5) 在幅频特性曲线读出 4 kHz 和 8 kHz 所对应的分贝数，检查是否满足 $f \gg f_0$ 处的衰减速率不低于 30 dB/10 倍频。

(6) 将电路中的 C_1 由输出端改为接地，重复前面的分析，比较两者的区别，并进行分析讨论。

(7) 观察 Q 值变化对幅频特性的影响，将滤波电容改为 $C_1 = 2C_1$，$C_2' = 0.5C_2$ 重复前面的分析，描下波形，观察两者的区别，并进行分析讨论。

(8) RC 值变化对的影响，改变 R_1、R_2 的电阻值使 $\frac{\Delta R}{R} = 0.1$，测 f_0 的变化是否符合 $\frac{\Delta f_0}{f_0} = \frac{\Delta R}{R}$。

2) 高通滤波器

设计一高通滤波器 $f_0 = 500$ Hz，$f = 0.5f_0$ 的幅度衰减不低于 12 dB 重复低通滤波器的有关内容。

3) 带通滤波器

(1) 按图 7-10 的电路原理图，在 Multisim 中画出带通滤波器电路。

(2) 测量其频率特性曲线，定出中心频率、上限频率、下限频率、带宽和 Q 值，并和理论值相比较。

(3) 将 R_S 改为 43 kΩ、51 kΩ，测量其带宽变化情况。

4) 二阶带阻滤波器

实验内容和带通滤波器相同。

7.4　预习要求

(1) 复习电子线路中有关有源滤波器的相关内容，掌握实验电路的基本工作原理。

(2) 根据实验内容要求，事先设计好个滤波电路，计算出 R、C 的值，并拟定调整步骤。

(3) 根据图 7-8 和图 7-10 计算出带通、带阻滤波器的中心频率、上限频率、下限频率、带宽和 Q 值，以便和实验值相比较。

(4) 复习 Multisim 软件的有关内容。

7.5 实验报告要求

(1) 画出实验内容中各滤波器的设计电路图,并标出元件值。

(2) 记录仿真结果,比较实测值和理论值,并加以分析讨论。

7.6 思考题

(1) 试分析集成运放有限的输入阻抗对滤波器性能是否有影响?

(2) BEF 和 BPF 是否像 HPF 和 LPF 一样具有对偶关系?若将 BPF 中起滤波作用的电阻与电容的位置互换,能得到 BEF 吗?

(3) 传感器加到精密放大电路的信号频率范围是 400 Hz±10 Hz,经放大后发现输出波形含有一定程度的噪声和 50 Hz 的干扰。试说明应引入什么形式的滤波电路以改善信噪比,并画出相应的电路原理图。

7.7 实验仪器

(1)	微机	PIV、内存 512 M 以上	1 台
(2)		Multisim 软件	1 套

实验 8 波形产生电路

8.1 实验目的

(1) 了解集成运算放大器在信号产生方面的应用;

(2) 掌握由集成运放构成正弦波发生器、方波发生器、矩形波发生器、三角波发生器、锯齿波发生器电路的设计和调试方法及振荡频率和输出幅度的测量方法。

8.2 实验原理

在工程实践中,广泛使用各种类型的信号发生器,从波形分类,有正弦波信号发生器和非正弦波信号发生器。从电路结构上看,它们是一种不需要外加输入信号而自行产生信号输出的电路。依照自激振荡的工作原理,采取正、负反馈相结合的方法,将一些线性和非线性的元件与集成运放进行不同组合,或进行波形变换,即能灵活地构成各具特色的信号波形发生电路。

1) 正弦波信号发生器

正弦波信号发生器电路如图 8-1 所示。图中 R_1、C_1、R_2、C_2 串并联选频网络构成正反馈支路,R_F、R_f 构成负反馈支路,电位器 R_W 用于调节负反馈深度以满足起振条件和改善波形,并利用二极管 2×2AP11 正向导通电阻的非线性来自动地调节电路的闭环放大倍数以稳定波形的幅值。即当振荡刚建立时,振幅较小,流过二极管的电流也小,其正向电阻大,负反馈减弱,保证了起振时振幅增大;但当振幅过大时,其正向电阻变小,负反馈加深,保证了振幅的稳定。二极管两端并联电阻 R_0 用于适当削弱二极管的非线性影响以改善波形的失真。

由分析可知，为了维持振荡输出，必须让 $1+R_F/R_f=3$。为了保证电路起振，应使 $1+R_F/R_f$ 略大于 3，即 R_F 略大于 R_f 的二倍。这可由 R_W 进行调整。

当 $R_1=R_2=R$，$C_1=C_2=C$ 时，电路振荡频率为：

$$f=\frac{1}{2\pi RC}$$

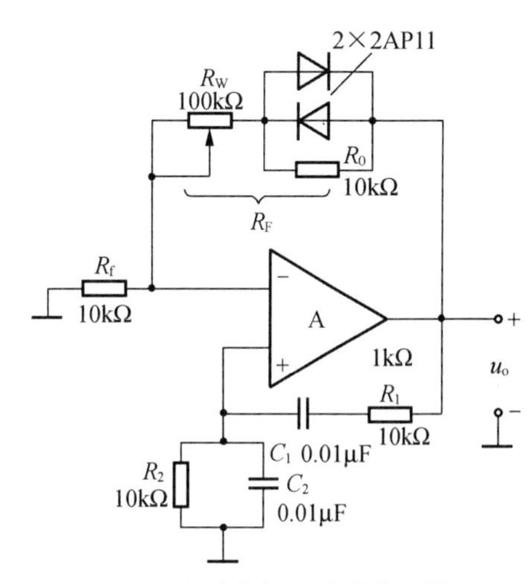

图 8-1　文氏电桥正弦波发生器

R 的阻值与运放的输入电阻 r_i、输出电阻 r_o 应满足以下关系：$r_i \gg R \gg r_o$；为了减小偏置电流的影响，应尽量满足 $R=R_F /\!/ R_f$。在工程设计中，往往在确定了 C 值以后，由上式计算出电阻 R 值，并采用同轴电位器调试，以满足输出频率要求。为了提高电路的温度稳定性，二极管应尽量选用硅管，其特性参数尽可能一致以保证输出波形正负半波对称的要求。在振荡频率较高的应用场合，应选用 GBP 较高的集成运放。

2）方波信号发生器

一个由运放组成的简单方波发生器电路如图8-2所示。由于存在 R_2、R_1 组成的正反馈，故运放的输出 u'_o，只能取 U_{oM} 或 $-U_{oM}$，即电路的输出 U_o 只能取 U_Z 或 $-U_Z$，U_o 极性的正负决定着电容 C 上是充电或放电。

图 8-2　方波发生器

输出电压幅度由双向稳压管 2DW7 限幅所决定，并保证了输出方波正负幅值的对称性，R_0 为稳压管的限流电阻。由 u_+、u_- 比较的结果可决定输出电压 u_o 的取值，即 $u_->u_+$，$u_o=-U_Z$；$u_-<u_+$ 时，$u_o=U_Z$。这样周而复始地比较便在输出端产生方波。由分析知，该方波的周期为：

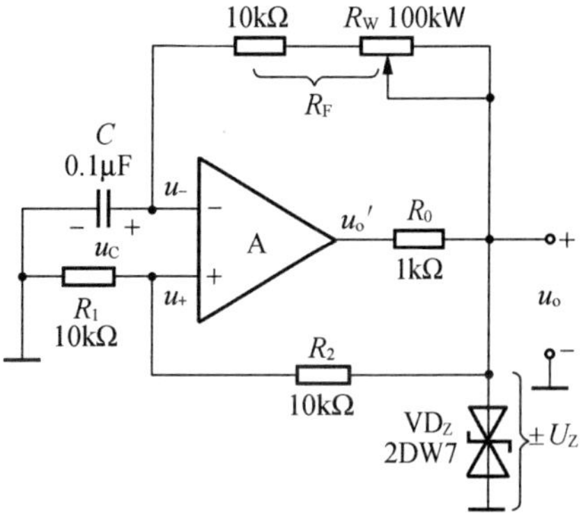

$$T=2R_FC\ln\left(1+\frac{2R_1}{R_2}\right)$$

而 $f=\frac{1}{T}$。

可见，方波频率不仅与负反馈回路 R_FC 有关，还与正反馈回路 R_1、R_2 的比值有关，调节 R_W 即能调整方波信号的频率。图 8-3 为电容 C 对地电压 u_C 和输出端电压 u_o 的波形图。

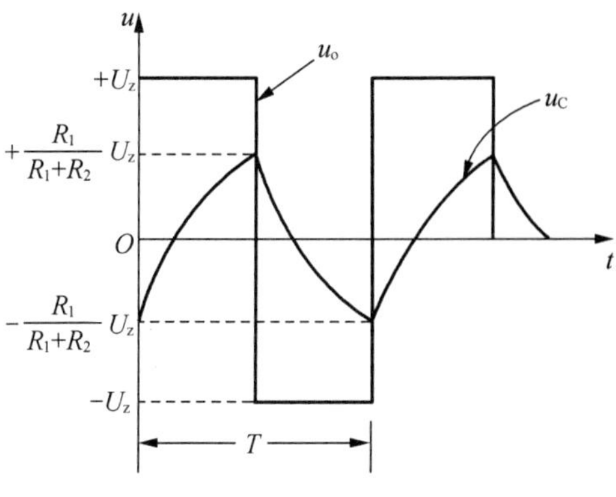

图 8-3　波形图

由于运放共模输入电压范围 U_{icmax} 的限制，在确定正反馈支路 R_1、R_2 取值时，应保证 $u_+ \leqslant U_{icmax}$。

3）占空比可变的矩形波信号发生器

在方波发生器电路的基础上，改变 $R_F C$ 支路的充放电时间常数，即为占空比可变的矩形波发生器电路。如图 8-4 所示。

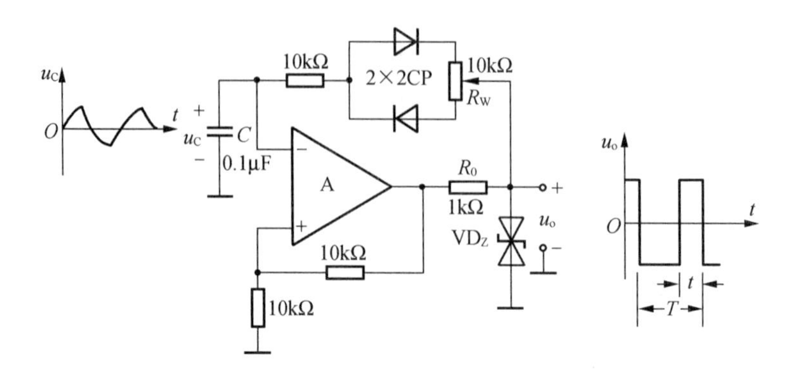

图 8-4　占空比可变的矩形波发生器

当 R_W 的滑动点向上移动时，充电时间常数将大于放电时间常数，输出方波的占空比变大，反之变小。占空比 $D=\frac{t}{T}$。

应当注意的是，要得到窄脉冲输出，必须选用转换速率很高的运算放大器。

4）三角波信号发生器

将一方波信号接至积分器的输入端，则可从积分器的输出端获得三角波。电路图和波形图如图 8-5 所示。

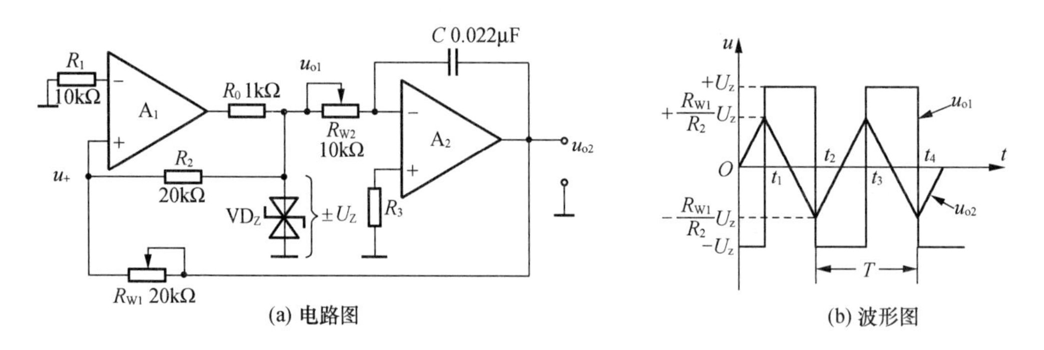

图 8-5　三角波发生器

图中 A_1 构成一个滞回比较器，其反相端经 R_1 接地，同相端电位 u_+ 由 u_{o1} 和 u_{o2} 共同决定，即

$$u_+=u_{o1}\frac{R_{W1}}{R_2+R_{W1}}+u_{o2}\frac{R_2}{R_2+R_{W1}}$$

当 $u_+>0$，$u_{o1}=+U_Z$；当 $u_+<0$，$u_{o1}=-U_Z$。

A_2 构成反相积分器。假设电源接通时，$u_{o1}=-U_Z$，u_{o2} 线性增加，当 $u_{o2}=R_{W1}U_Z/R_2$ 时，

$$u_+=-U_Z\frac{R_{W1}}{R_2+R_W}+\frac{R_2}{R_2+R_{W1}}\left(\frac{R_{W1}}{R_2}U_Z\right)=0$$

A_1 的输出翻转，$u_{o1}=+U_Z$。同样，当 $u_{o2}=-R_{W1}U_Z/R_2$ 时，$u_{o1}=-U_Z$，这样不断地反复，便可得到方波 u_{o1} 和三角波 u_{o2}。其三角波峰值和周期为：

$$U_{o2m}=\frac{R_{W1}}{R_2}U_Z$$

$$T=4\frac{R_{W1}}{R_2}R_{W2}C$$

可见调节 R_{W1}、R_{W2}、R_2、C 均可改变振荡频率，本实验电路通过调整 R_{W1} 改变三角波的幅度，调整 R_{W2} 改变积分到一定的电压所需的时间，即改变周期。

5）锯齿波信号发生器

在三角波发生器电路的基础上，于 R_{W2} 两端并联一个二极管 VD 与电阻 R_4 的串联支路，使正、反两个方向的积分时间常数不等。便可组成锯齿波发生器。电路及波形如图 8-6 所示。

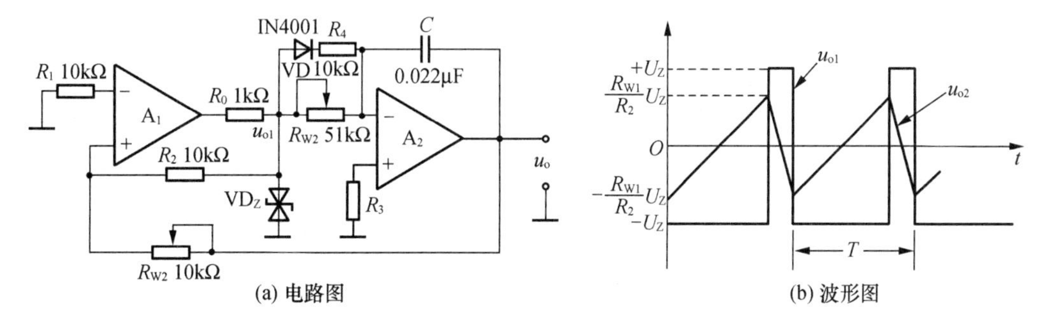

(a) 电路图　　(b) 波形图

图 8-6　锯齿波发生器

该电路的基本原理和分析方法与图 8-5 基本相同。其区别在于当 u_{o1} 为负时，二极管 VD 不导通，A_2 正方向积分时间常数为 $R_{w2}C$，当 u_{o1} 为正时，VD 导通，A_2 反方向积分的时间常数为 $(R_4 /\!/ R_{W2})C$，即正向积分时间常数大，u_{o2} 上升慢，形成锯齿波正程，反向积分时间常数小，u_{o2} 下降快，形成锯齿波回程。可见在运放 A_2 的输出端取得锯齿波 u_{o2}。

由于运放组成的锯齿波发生器所产生的锯齿波具有很高的线性度，是一般恒流源充电电路所不能及的，故在工程设计中得到广泛应用。

6）阶梯波信号发生器

电路如图 8-7 所示。它实际上是将方波序列转变为阶梯波的电路。由于 VD_1、VD_2 的单向导电性，保证了电荷单方向传递给反馈电容 C_3。当方波发生器输出的方波电压 u_{o1} 为 $-U_Z$ 时，VD_1 导通（导通电压为 U_D），VD_2 截止。C_2 通过 VD_1 放电直到 $u_{C2}=-(U_Z-U_D)$；当方波发生器输出的方波电压 u_{o1} 为 $+U_Z$ 时，VD_2 导通（导通电压为 U_D），VD_1 截止，则 C_2 上的电压将被充到 $u_{C2}=+(U_Z-U_D)$。因此，在一个周期中，C_2 上的电荷变化量应为 $\Delta Q=2C_2(U_Z-U_D)$。这也是一个周期中传递给 C_3 上的电荷量。这样，在一个周期中，C_3 两端的电压增量为：

$$\Delta u_{C3}=\frac{\Delta Q}{C_3}=\frac{2C_2}{C_3}(U_Z-U_D)$$

由于二极管保证了电荷只能单向传输，所以每一个阶梯的电压幅度均为 Δu_{C3}，保持时间与方波的周期相等。这样，每当方波经过一个周期，输出波形就变化一个阶梯 Δu_{C3}。设经过 n 个周期后，u_{C3} 达到双基二极管峰点电压 U_P（即 $n\Delta u_{C3}=U_P$）时，双基极二极管 e-b_1 之间导通，u_{C3} 经 e-b_1 向 R_6 电阻放电，使 u_{C3} 复位为零。又开始下一个循环。在忽略复位时间

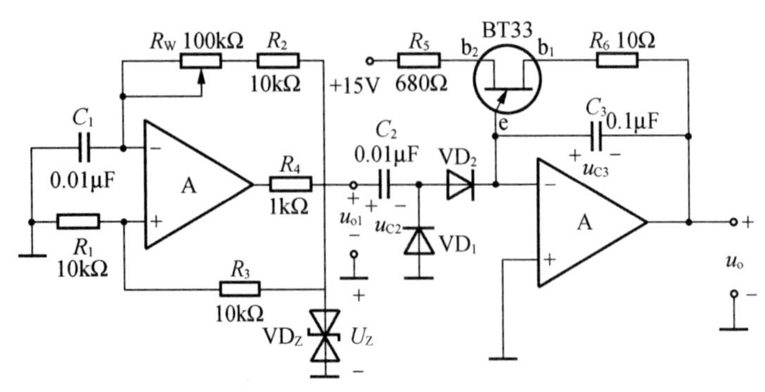

图 8-7　阶梯波电压发生器

时，阶梯波电压的周期近似为：

$$T_Z = nT \approx \frac{C_3 U_P}{2C_2(U_Z - U_D)}$$

式中，T 为方波周期。由此可知，在 U_P 和 U_Z 被确定后，阶梯波的级数 n 将由 C_2 和 C_3 的大小决定。为了得到一定的级数，一般取 $C_3=(5\sim10)C_2$。

设计提示：

用集成运放设计一个方波-三角波发生器，满足以下技术指标：

振荡频率范围为 1～2 kHz；

三角波振幅调节范围为 2～4 V；

集成运放选用 μA741 或 LM324 等。

(1) 电路形式选择图 8-5。采用了积分电路，方波-三角波发生器的性能有较大的提高，三角波线性好，同时其振荡频率和振幅便于调节。方波和三角波的峰值为：

$$U_{o1m} = U_Z$$

$$U_{o2m} = \frac{R_{W1}}{R_2} U_Z$$

方波和三角波的振荡频率相同，即

$$f_0 = \frac{R_2}{4R_{W1}R_{W2}C}$$

(2) 元件参数的确定

稳压管的选择：其作用是限制和确定方波的幅值，并要求保证其对称性和稳定性。选用 2DW7 硅双向稳压管。由稳压管参数确定 R_0 值。

(2DW7：$P_Z=0.2$ W，$I_{ZM}=30$ mA，$U_Z=5.8\sim6.0$ V，$I_Z=10$ mA，$R_Z\leqslant15\ \Omega$)

R_{W1}、R_2 的确定：其作用是提供一个随输出电压变化的基准电压，并决定三角波的振幅。

$$R_{W1} = \frac{R_2}{U_Z} U_{o2m}$$

可取 $R_{W1}=10$ kΩ 电位器，再计算 R_2 值。

积分元件 R_{W2} 和 C 值的确定：当 R_{W1}、R_2 的值确定后，再确定电容 C 值，由 f_0 公式确定 R_{W2} 值，选用相当阻值的电位器，为了减小积分漂移，C 值尽可能选大一些，但一般积分电容不宜超过 1 μF，否则电容器的泄漏电阻使漏电增大。R_3 为静态平衡电阻，用于补偿偏置电流所产生的失调，一般取 R_{W2} 的值。为了防止积分漂移所造成的饱和或截止现象，实验中可在积分电容 C 两端并联泄放电阻 R_F，一般取 $R_F > 10R_{W2}$。

(3) 集成运算放大器的选择：A_1 作为比较器，其转换速率应满足电路频率要求，在方波频率较高时，宜选用 S_R 高的运放，A_2 作为积分器宜选用失调及漂移小的运放。

(4) 调试：目的是使电路输出电压幅值和信号频率均满足设计要求。可以先改变积分电路参数，使输出信号频率达到设计指标要求，然后相应改变 R_{W1} 和 R_2 的比值使之达到设计指标要求，相互兼顾，多次反复调整，直到满足设计要求。

8.3　实验内容

1) 正弦波信号发生器

(1) 按图 8-1 所示电路装接电路，检查无误后接通电源，取 $\pm V_{CC} = \pm 10$ V。

(2) 用示波器观察输出电压 u_o，适当调整电位器 R_W 使电路产生振荡，输出为稳定的最大不失真的正弦波。

(3) 验证平衡条件。在输出波形最大、稳定且不失真的正弦波情况下，用交流电压表测量 u_o 和 u_+ 的值，计算反馈系数 $f_V = \dfrac{u_+}{u_o}$。

(4) 测量振荡频率

① 用示波器直接读出 u_o 的周期 T，并计算振荡频率 $f_0 = \dfrac{1}{T}$。

② 用李沙育图形法测出振荡频率。该法通常用于低频信号频率测量中。测量步骤如下：

a. 将被测信号接入示波器 y_1 通道；

b. 将函数发生器输出的正弦波送入示波器的 x 通道；

c. 示波器扫描速度开关 t/div 置于 x 轴外接(即 x-y 工作方式)；

d. 调整函数发生器的频率 f_x，在示波器屏幕上显示一椭圆，读取函数发生器所显示的频率即为被测信号的频率 f_0；

(5) 在 R_1、R_2 或 C_1、C_2 上并接同值电阻或电容，用示波器观察输出电压波形并测出相应频率，了解振荡频率调整方式。

(6) 调整 R_W(增大或减小)，观察振荡器停振，或波形振幅逐渐增大，直至波形失真的变化情况，并用交流电压表测量波形失真时的 u_+、u_- 电压值。

2) 方波信号发生器

(1) 用双踪示波器观察 u_o、u_- 的波形，并测量其电压峰-峰值，画出波形。

(2) 调节 $R_W(R_F)$，观察波形频率变化规律，分别测量 R_W 调至最大和最小时的方波频率 f_{min} 和 f_{max}，并与理论值比较。

3) 占空比可变的矩形波信号发生器

(1) 内容同 2(1)。

(2) 调节 R_W，观察波形宽度变化情况，分别测量 R_W 调至最大和最小时的矩形波的占空比。

4）三角波信号发生器

（1）设计一个由运放构成的方波-三角波发生器（参照设计提示及技术指标要求）。参考电路如图 8-5。写出设计步骤，并在图中标注元件编号和参数值。

（2）装接并调试电路，用双踪示波器观察 u_{o1}、u_{o2} 波形，调整 R_{W1} 观察幅值变化，调整 R_{W2} 观察频率变化。并定性画出 u_{o1}、u_{o2} 波形。

（3）测量三角波幅值范围和频率范围是否满足设计指标要求。

5）锯齿波信号发生器

（1）内容同 4(2)。

（2）调整 R_{W1}、R_{W2}，使 U_o 的幅值为 4 V，周期为 3 ms，画出 u_{o1}、u_{o2} 波形。

6）阶梯波信号发生器

（1）用晶体管特性图示仪测量双基极二极管发射极特性曲线，测出 U_P 和 U_V 值。

（2）用双踪示波器显示方波信号和阶梯波信号波形。

8.4 预习要求

（1）认真预习本实验内容，弄清各电路的工作原理及电路中各元件的作用。

（2）根据电路元件参数，预先计算有关电路的振荡频率（或周期），以便与测量值比较。

（3）按设计提示中给定的技术性能指标，设计一方波—三角波发生器（参考电路如图 8-5 所示）。要求有设计过程。确定各元件参数值。

（4）自拟实验数据表。

8.5 实验报告要求

（1）整理实验数据，并与理论值比较，进行分析讨论。

（2）用方格纸描绘实验中观察到的各信号波形，并在波形上标注其幅值和周期值及相应参数值（如矩形波需标明脉宽 t）。

8.6 思考题

（1）在波形产生各电路中，相位补偿和失调量调零是否要考虑？

（2）试推导方波发生器振荡频率公式。

8.7 实验仪器与器材

（1）二踪示波器	YB4320 型	1 台
（2）交流电压表	XS2172 型	1 台
（3）双路直流稳压电源	DF1701S 型	1 台
（4）μA741 和 LM324		各 1 片

实验 9　具有滞回特性的电平检测器(施密特触发器)

9.1　实验目的

(1) 熟悉具有滞回特性的电平检测器的电路组成、工作原理及参数计算方法;

(2) 学会用电平检测器设计满足一定要求的实用电路。

9.2　实验原理

对于模拟信号电压进行幅度检测、鉴别,可用开环比较器或具有滞回特性的电平检测器两种电路。显然,后者由于其抗干扰性能好而更具有实用性。

具有滞回特性的电平检测器,按其电路结构或传输特性的不同,可分两类:滞回特性反相电平检测器(见图 9-1)和滞回特性同相电平检测器(见图 9-2)。

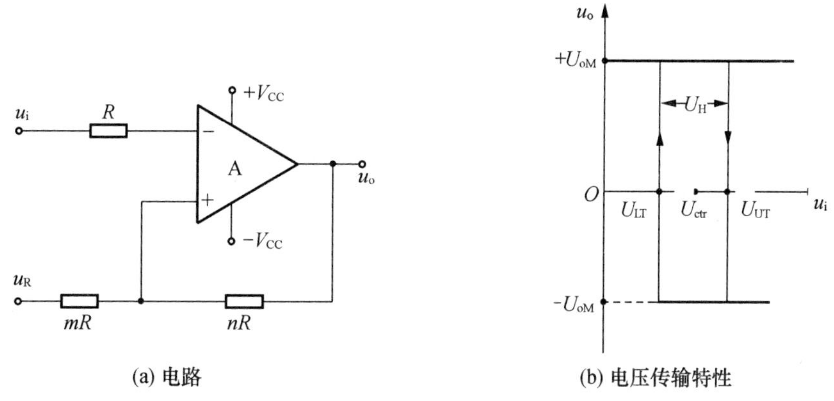

(a) 电路　　(b) 电压传输特性

图 9-1　具有滞回特性的反相电平检测器

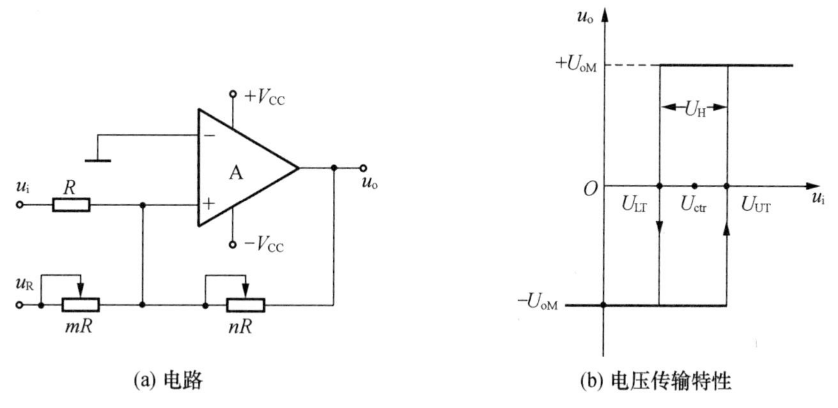

(a) 电路　　(b) 电压传输特性

图 9-2　具有滞回特性的同相电平检测器

(1) 对于图 9-1,不难得出:

上限阈值电平　$U_{UT}=U_R\dfrac{n}{n+1}+\dfrac{U_{oM}}{n+1}$

下限阈值电平 $U_{LT}=U_R\frac{n}{n+1}+\frac{-U_{oM}}{n+1}$

回差电压 $U_H=U_{UT}-U_{LT}=\frac{2U_{oM}}{n+1}$

中心电压 $U_{ctr}=\frac{U_{UT}+U_{LT}}{2}=U_R\frac{n}{n+1}$

可见这一电路的特点是：反馈电阻比 n 及参考电压 U_R 决定了 U_{UT}、U_{LT}、U_H 及 U_{ctr}；中心电压 U_{ctr} 及回差电压 U_H 不能独立调节。

(2) 对于图 9-2，同理可得出

上限阈值电压 $U_{UT}=\frac{U_{oM}}{n}-\frac{U_R}{m}$

下限阈值电压 $U_{LT}=-\frac{U_{oM}}{n}-\frac{U_R}{m}$

回差电压 $U_H=U_{UT}-U_{LT}=\frac{2U_{oM}}{n}$

中心电压 $U_{ctr}=\frac{U_{UT}+U_{LT}}{2}=-\frac{U_R}{m}$

可见，这一电路的特点是：中心电压 U_{ctr} 取决于 U_R 及 m；回差电压 U_H 取决于 U_{oM} 及 n。即 U_{ctr} 与 U_H 可以分别独立调节。

9.3 实验内容

试设计一个蓄电池充电控制电路（如图 9-3 虚线所示）。具体要求如下：

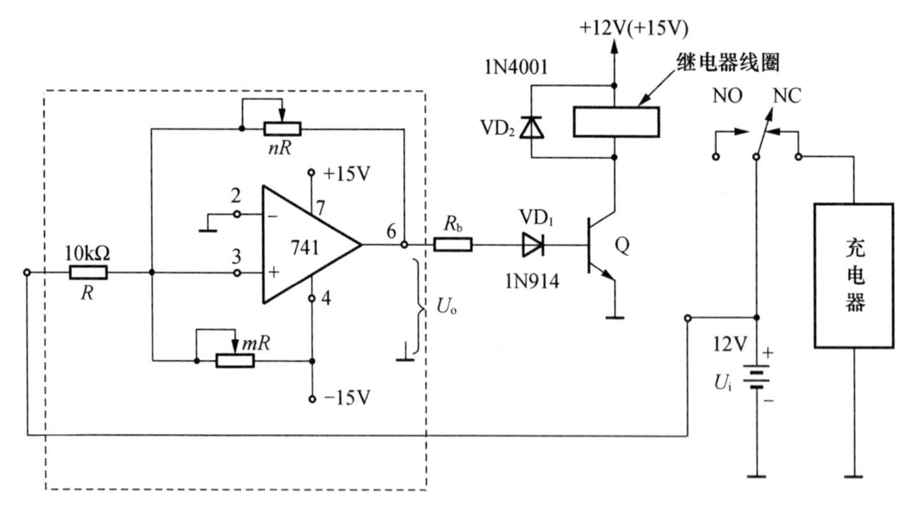

图 9-3 蓄电池充电控制电路

(1) 蓄电池额定电压为 12 V，当其电压下降至 10.5 V 时，继电器线圈断电，其常闭触点 NC 闭合，充电器对蓄电池充电；当蓄电池电压充至 13.5 V 时，继电器线圈得电，其常闭触点 NC 断开，切断充电器与蓄电池的联系。

(2) 选择合适的正弦输入电压，加至所设计的控制电路输入端，实测其输入、输出电压波形及电压传输特性。

建议电平检测器所用运放的电源电压$\pm V_{CC}=\pm 15$ V、参考电压$U_R=-15$ V、电阻R取10 kΩ。

9.4　预习要求

(1) 熟悉具有滞回特性的电平检测器电路结构、工作原理及其电压传输特性。

(2) 设计满足实验要求的控制电路、选择元件参数，拟定实验方案及步骤。

9.5　实验报告要求

(1) 画出实验电路图，整理设计过程及结果。

(2) 记录实验波形及电压传输特性并和理论计算值相比较。

(3) 回答第(6)项所提思考问题。

9.6　思考题

(1) 试推导具有滞回特性的同相输入电平检测器的U_{UT}、U_{LT}、U_{ctr}及U_H公式。

(2) 在本次实验电路中，驱动晶体三极管Q的基极电阻R_b阻值应如何确定？图中继电器线圈旁并联的二极管VD_2起什么作用？

(3) 若要求用绿色及红色LED来分别指示该电路工作于蓄电池正常放电及处于充电状态，请设计这一指示电路。

(4) 如果将实验内容要求的10.5 V改为11.5 V，13.5 V改为12.5 V。试问应如何改动电路参数？

实验9-1　窗口比较器

9-1.1　实验目的

(1) 熟悉由两个电平比较器组成的窗口比较器的电路组成、工作原理及参数计算方法。

(2) 学会用窗口比较器设计满足一定要求的实用电路。

9-1.2　实验原理

将具有不同参考电压U_{RH}和U_{RL}的同相电平比较器和反相电平比较器按(见图9-1-4(a))组合起来，便可构成一种窗口比较器电路，它可用来判断输入电压是否处于U_{RH}与U_{RL}之间。根据电平比较器的原理不难看出，图9-1-4(a)所示的窗口比较器，当输入电压U_i处于U_{RH}与U_{RL}之间时，输出电压U_o为低电平；而当$U_i<U_{RL}$或$U_i>U_{RH}$时输出U_o均为高电平。其电压传输特性如图9-1-4(b)所示。

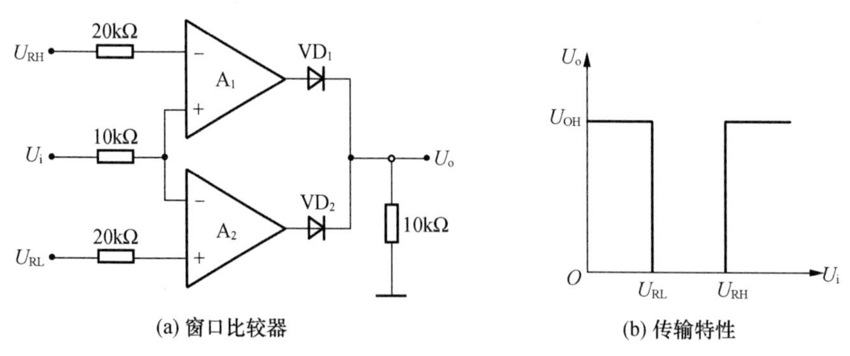

(a) 窗口比较器　　　(b) 传输特性

图 9-1-4　窗口比较器及其传输特性

通常组成窗口比较器应优先考虑选用集成电压比较器电路(如 LM311 等)。如果用运放作比较器时,由于其输出是从一个状态转变为另一个状态。故应选用高转换速率的运放(如 LM318,其转换速率达 70 V/μs)。

9-1.3　实验内容

试用电压比较器 LM311 设计一个窗口比较器电路,要求当输入电压 U_i 介于 $U_{RH}=+5$ V 和 $U_{RL}=-5$ V 之间时,输出电压 $U_o=U_{oH}=5$ V;而当 $U_i<U_{RL}$时或当 $U_i>U_{RH}$时,输出 $U_o=0$ V。

参考电路图 9-1-5 如下:试自行选择电阻 R_1、R_2、R_3 的阻值。

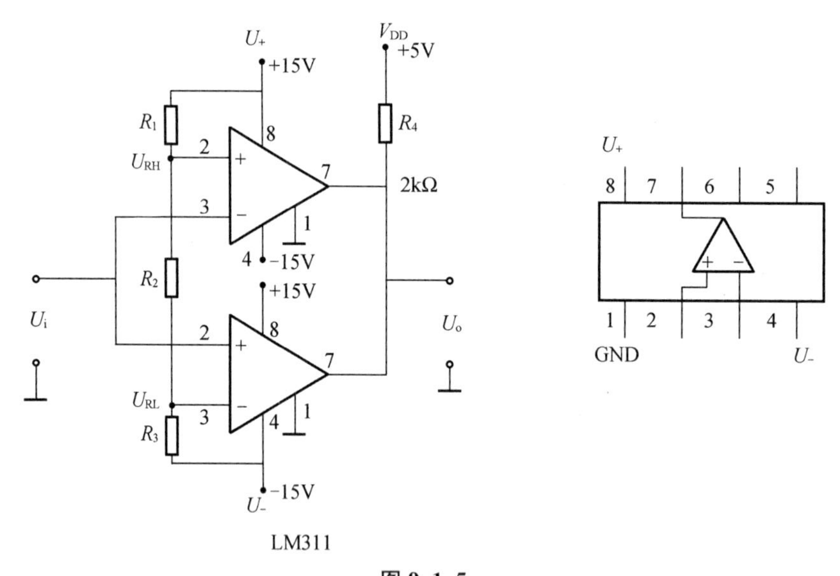

图 9-1-5

试用双踪示波器观测记录 U_o~U_i 波形(取 $U_i=10$ V 的 1 kHz 正弦电压);

观测记录该窗口比较器的电压传输特性。

并与理论计算值进行对照。

9-1.4　预习要求

(1) 回顾电平比较器的原理，熟悉窗口比较器的电路结构、工作原理及其电压传输特性。

(2) 设计满足实验要求的实验电路、并选择元器件参数，拟定实验步骤。

9-1.5　实验报告要求

(1) 整理实验线路图及测试数据、绘出工作波形及电压传输特性。

(2) 回答下列思考题。

9-1.6　思考题

(1) 选用运效作窗口比较器，为什么必须选择转换速率高的运放？

(2) 本实验中选用的电压比较器 LM311 其输出级为集电极开路结构，其上拉电阻 R_4 的阻值根据什么原则选取？

实验 10　精密整流电路

10.1　实验目的

(1) 了解精密半波整流电路及精密全波整流电路的电路组成、工作原理及参数估算；

(2) 学会设计、调试精密全波整流电路，观测输出、输入电压波形及电压传输特性。

10.2　实验原理

众所周知，利用二极管的单向导电性，可以组成半波及全波整流电路。但由于二极管存在正向导通压降、死区压降、非线性伏安特性及其温度漂移，故当用于对弱信号进行整流时，必将引起明显的误差，甚至无法正常整流。如果将二极管与运放结合起来，将二极管置于运放的负反馈回路中，则可将上述二极管的非线性及其温漂等影响降低至可以忽略的程度，从而实现对弱小信号的精密整流或线性整流。

图 10-1 给出了一个精密半波整流电路及其工作波形与电压传输特性。下面简述该电路的工作原理：

当输入 $u_i>0$ 时，$u'_o<0$，二极管 VD_1 导通、VD_2 截止，由于 N 点“虚地”，故 $u_o\approx0$（$u'_o\approx-0.6$ V）。

当输入 $u_i<0$ 时，$u'_o>0$，VD_2 导通、VD_1 截止，运放组成反相比例运算器，故 $u_o=-\dfrac{R_2}{R_1}u_i$，若 $R_1=R_2$，则 $u_o=-u_i$。其工作波形及电压传输特性如图 10-1(b)、(c)所示。电路的输出电压 u_o 可表示为：

$$u_o=\begin{cases}0 & u_i>0\\ -u_i & u_i<0\end{cases}$$

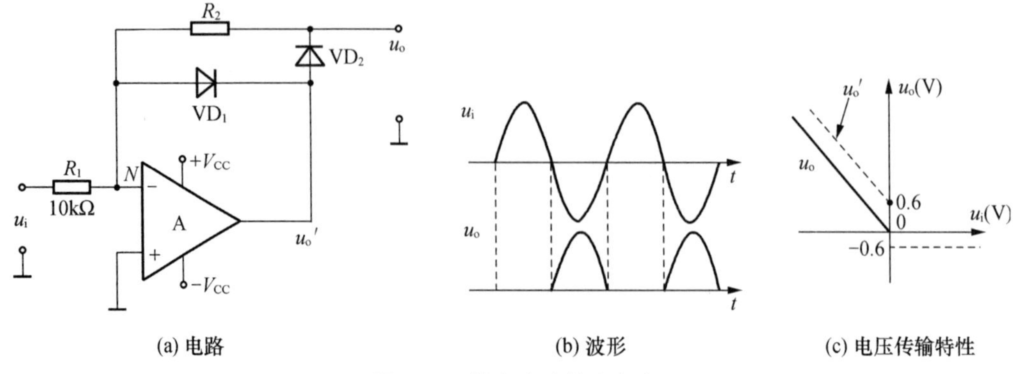

(a) 电路 (b) 波形 (c) 电压传输特性

图 10-1 精密半波整流电路

这里，只需极小的输入电压 u_i，即可有整流输出，例如，设运放的开环增益为 10^5，二极管的正向导通压降为 0.6 V，则只需输入为 $|u_i|=\frac{0.6\ \text{V}}{10^5}=6\ \mu\text{V}$ 以上，即有整流输出了。同理，二极管的伏安特性的非线性及温漂影响均被压缩了 10^5 倍。

图 10-2 给出一个具有高输入阻抗的精密全波整流电路及其工作波形与电压传输特性。

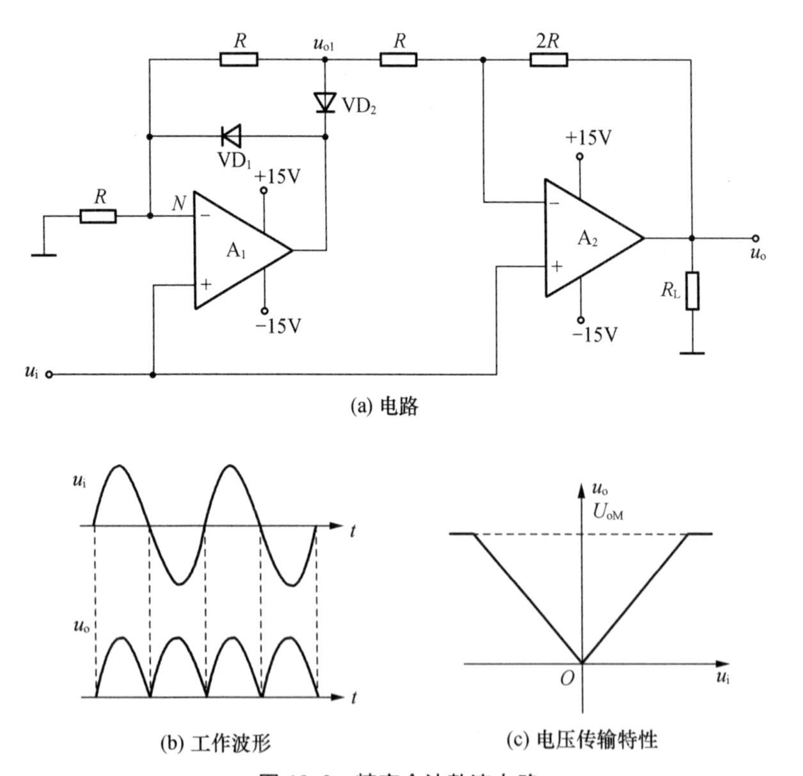

(a) 电路

(b) 工作波形 (c) 电压传输特性

图 10-2 精密全波整流电路

这一电路的工作原理如下：

当输入 $u_i>0$ 时，二极管 VD_1 导通、VD_2 截止，故 $u_{o1}=u_N=u_i$。运放 A_2 为差分输入放

大器由叠加原理知$u_o=\frac{-2R}{2R}u_i+\left(1+\frac{2R}{2R}\right)u_i=-u_i+2u_i=u_i$。

当输入 $u_i<0$ 时，二极管 VD_2 导通，VD_1 截止，此时，运放 A_1 为同相比例放大器，$\therefore u_{o1}=u_i\left(1+\frac{R}{R}\right)=2u_i$，同样由叠加原理可得运放 A_2 的输出为：

$u_o=u_{o1}\left(-\frac{2R}{R}\right)+u_i\left(1+\frac{2R}{R}\right)=-4u_i+3u_i=-u_i$，故最后可将输出电压表示为：

$$u_o=\begin{cases}u_i & u_i>0\\ -u_i & u_i<0\end{cases}$$

即

$$u_o=|u_i|$$

即输出电压为输入电压的绝对值，故此电路又称绝对值电路。

10.3　实验内容

根据图10-2精密全波整流电路，取$R=10\ \mathrm{k\Omega}$；输入正弦电压的频率 f_i 取100 Hz，幅度从1 mV～5 V调节，实测并记录电路的输出电压 u_o，并以二踪示波器观测其电压传输特性 $u_o\sim u_i$。调节输入电压的幅度，找出输出的最大值 u_{omax}。

10.4　预习要求

熟悉精密整流电路的组成、工作原理及其参数估算，考虑如何测量其电压传输特性。

10.5　实验报告要求

整理实验取得精密全波整流电路的工作波形及电压传输特性，并和理想精密全波整流特性相比较，指出误差并分析其原因。

10.6　思考题

(1) 若将图10-1电路中的两个二极管均反接，试问：电路的工作波形及电压传输特性将会如何变化？

(2) 精密整流电路中的运放工作在线性区还是非线性区？为什么？

(3) 图10-2所示电路为什么具有很高的输入电阻？

(4) 图10-3给出了一个具有可调增益的精密全波整流电路，试分析其工作原理，并证明当 $u_i>0$ 时，$u_o=u_i\frac{R_6}{R_5+R_6}\left(1+\frac{R_3}{R_4}\right)$；当 $u_i<0$ 时，$u_0=u_i\left(-\frac{R_2}{R_1}\right)$。同时请指出为使电路的增益>1及<1，这两种情况下，各阻值R应如何选择？

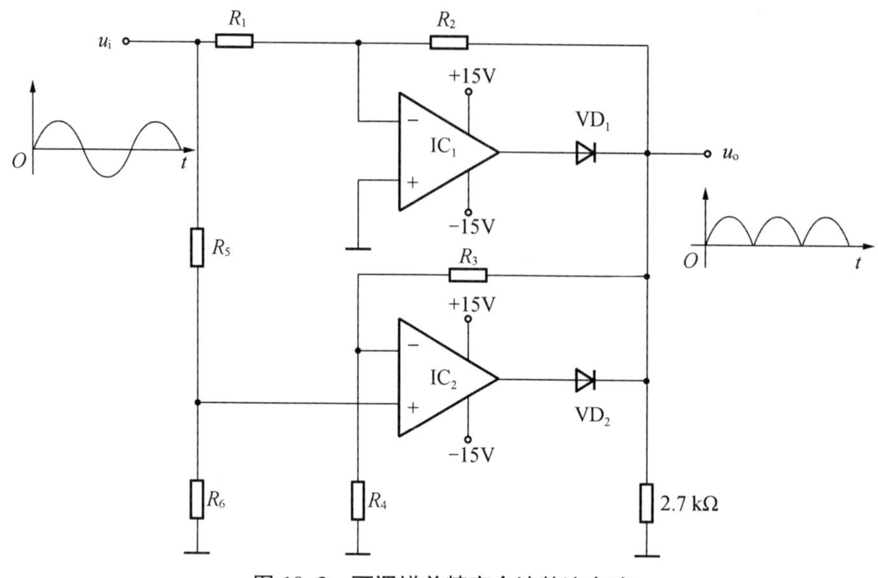

图 10-3　可调增益精密全波整流电路

10.7　实验仪器与器材

(1) 二踪示波器	YB4320 型	1 台
(2) 函数发生器	YB1638 型	1 台
(3) 直流稳压电源	DF1701S1 型	1 台
(4) 交流电压表	SX2172 型	1 台
(5) 模拟实验箱		1 台
(6) 万用表		1 只
(7) μA741 运放等		若干

实验 11　集成低频功率放大电路

11.1　实验目的

(1) 通过对低频集成功率放大电路的设计、安装和调试，掌握功率放大器的工作原理；
(2) 熟悉线性集成组件的正确选用和外围电路元件参数的选择方法；
(3) 掌握集成低频功率放大器特性指标的测量方法。

11.2　实验原理

在多级放大器中，一般包括电压放大级和功率放大级。电压放大级的主要任务在于不失真地提高输出信号幅度，其主要技术指标是电压放大倍数、输入电阻、输出电阻、频率响应等；而功率放大器作为电路的输出级其主要任务是在信号不失真或轻度失真的条件下提高输出功率，主要技术指标是输出功率、效率、非线性失真等。所以在设计和制作功率放大器时，应主要考虑以下几个问题：

(1) 输出功率尽可能地大；

(2) 效率要高，功放管一般工作在甲乙类或乙类工作状态；

(3) 非线性失真要小，应根据工程上不同的应用场合满足不同的要求；

(4) 热稳定性好，即解决好管子或组件的散热问题。

早期功率放大器主要由电子管、晶体管和电阻、电容等分立元件组成。随着电子技术的发展，目前许多功能电路已由功率集成电路组件所代替，以满足不同应用场合的需要，如音响设备的音频功率放大电路，电视机中的场扫描电路等。电路的一般形式选择甲乙类的射极输出器构成的互补(或准互补)对称电路，并常常采用自举电路以提高输出功率，在理想的条件下，OTL 电路的输出功率 P_o，电源供给功率 P_E，最大功率 η 分别为：

$$P_o=\frac{E_C^2}{8R_C}$$

$$P_E=\frac{1}{2\pi R_L}E_C^2$$

$$\eta=\frac{\pi}{4}$$

随着应用的扩大和集成工艺的改进，集成功率放大电路的发展十分迅速，它的种类很多，如 DG4100、DG4101、DG4102、DG4110、DG4112、LM386 等。其中 LM386 是目前应用较广的通用型集成功率放大电路，其特点是频响宽(可达数百千赫)、功耗低(常温下是 660 mW)、适用的电源电压范围宽(额定范围为 4～16 V)。它广泛用于收音机、对讲机、随身听和录放机等音响设备中。在电源电压为 9 V，负载电阻为 8 Ω 时，最大输出功率为 1.3 W；电源电压为 16 V，负载电阻为 16 Ω 时，最大输出功率为 1.6 W。该电路外接元件少，使用时不需加散热片。

图 11-1 是其原理电路图，它由输入级、中间级和输出级组成。其中输入级是由 VT_1、VT_2、VT_3 和 VT_4 组成的复合管差动放大电路，VT_5、VT_6 是镜像恒流源电路，它作为差放电路的有源负载，以实现双端输出变单端输出将信号送到中间级 VT_7，它是带恒流源负载

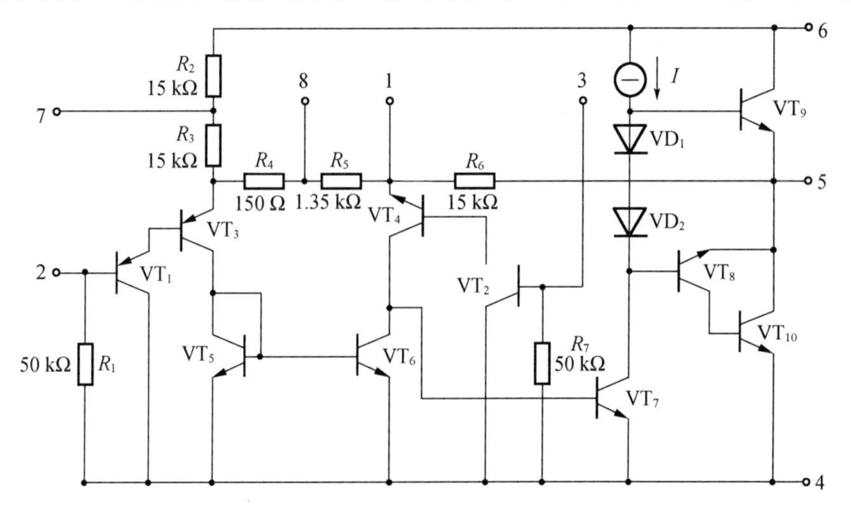

图 11-1　LM386 电原理图

的共射电路；输出级是由 VT_8、VT_9 和 VT_{10} 组成的准互补功率放大电路，其输出端 5 通过 R_6 组成的电压串联交、直流负反馈，以稳定电路的静态工作点和改善放大器的性能。LM386 有 8 个引脚，其中 2 是反相输入端、3 是同相输入端、5 是输出端、1 和 8 是增益设定端，6 脚是 V_{CC} 端，4 脚是接地端，图 11-2 是其接脚图。

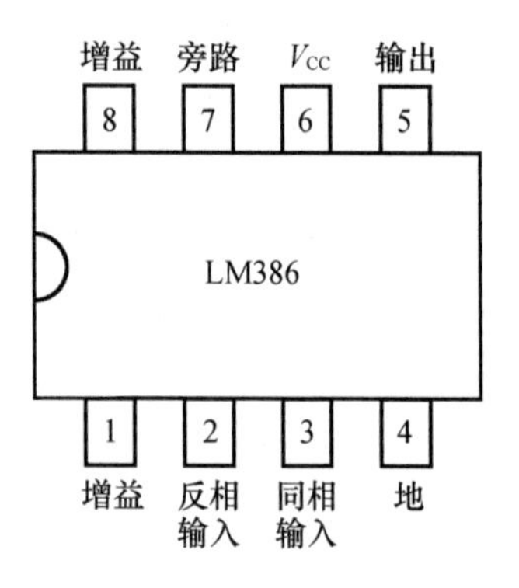

图 11-2　LM386 接脚图

电路的增益设定是通过在 1、8 端之间接不同大小的电阻和电容，以改变交流负反馈系数来实现的。电路增益 A_u 与反馈电阻 R_6、电阻 (R_4+R_5) 之间有以下关系，当电路输入差模信号时，电阻 (R_4+R_5) 的中点是交流地电位，因而交流负反馈系数为 $F_{uu}=\dfrac{(R_4+R_5)/2}{(R_4+R_5)/2+R_6}=\dfrac{R_4+R_5}{R_4+R_5+2R_6}$，电路可认为工作在深度负反馈状态，故有 $A_u\approx\dfrac{1}{F_{uu}}=1+\dfrac{2R_6}{R_4+R_5}$。由图 11-1 可知，$R_6=15\ \text{k}\Omega$，而 (R_4+R_5) 的大小取决于 1、8 端之间所接电阻的大小。所以，当 1、8 断开时，等效电阻为 $(R_4+R_5)=1.5\ \text{k}\Omega$，则电路增益约为 20；若 1、8 端之间接 10 μF 的电容器时，等效电阻为 0.15 kΩ，则电路增益约为 200；如果接入 1.2 kΩ 电阻器与 10 μF 电容器的串联电路，可计算得到电路增益约为 50。通过调节可变电阻 R_p 大小可以使电路增益在 20～200 之间变化。

图 11-3 所示是集成功率放大器 LM386 的接线图。图中 R_p、C_2 如上所述是用来调节电路增益的；R_1 和 C_4 组成容性负载，抵消扬声器部分的感性负载，以防止在信号突变时，扬声器上呈现较高的瞬时电压而遭损坏，且可改善音质；C_3 为单电源供电时所需的隔值电容；C_5 是电源退耦电容，用以消除自激振荡。

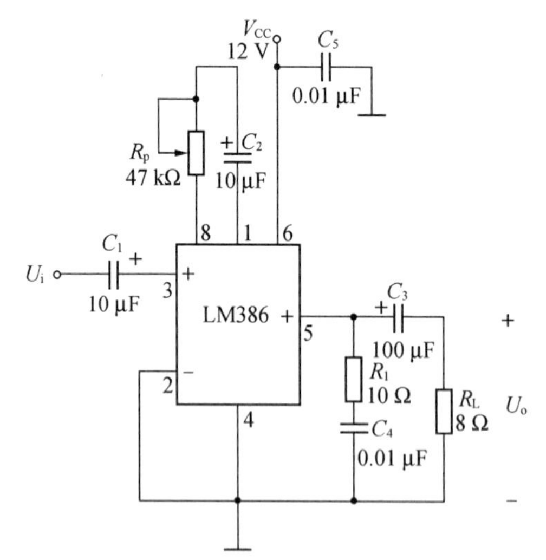

图 11-3　由 LM386 构成功率放大器接线图

11.3　实验内容

(1) 将 LM386 插在面包板上接线；调整 $V_{CC}=12$ V；

(2) 列数据表格测量静态工作点

用万用表测量集成组件 VT_6、VT_5 引脚对地电压，在第 6 脚串入电流表测量静态电流 I_o 填入表 11-1 并对照内部电路分析测试数据的正确性；

表 11-1

V_{CC}	I_o	VT_5 脚
12 V		

(3) 测量功率放大器的性能指标

用 8 Ω 喇叭(或 2 W 功率电阻)作为负载 R_L，对电路进行调整与测试，测试前，首先用示波器观察输出电压波形，逐渐增大输入信号 U_i 观察波形无自激振荡方可进行以下测量。

① 将 LM386 的 1、8 脚开路时，调整输入信号 $U_i=40$ mV 有效值，$f=1$ kHz，测量输出电压 U_o 及 I_o，填入表 11-2，计算输出功率及效率。且用示波器观察输入电压 U_i、输出电压 U_o 的波形及相位。

② 将 LM386 的 1、8 脚间接 R_p、C_2，先将输入电压 U_i 用毫伏表调整到 20 mV，再将毫伏表接入输出电压端，调整 R_p 使输出电压等于 1V(注意：此时函数发生器输出旋钮保持不变)。观察输出波形(不失真)并测量出 I_o，填入表 11-2，计算输出功率及效率。

表 11-2

脚 1、8 间	开路	接 R_pC_2	接 10 μF	
U_i(mV)	40	20		
U_o(V)		1 V		
$A_u=U_o/U_i$				
I_o(mA)				
P(W)				
η				

③ 测量最大不失真输出功率 P_{omax}

调整输入电压 U_i，用示波器观察输出电压波形 U_o 使输出最大不失真，测出此时的 U_i、U_{omax}、I_o。计算 P_{omax}、η。

$P_{omax}=U_{omax}^2/R_L$(U_{omax}为最大不失真输出正弦信号的有效值)

$\eta=P_{omax}(V_{CC}I_o)$

④ 测量谐波失真度 THD。

11.4　注意事项

(1) 由于低频功率放大器处于大信号工作状态，在接线中元件分布排线走向不合理极易产生自激振荡或放大器工作不稳定，严重时甚至无法正常工作导致无法测量，所以在观察波形时无自激振荡方可进行测量。若出现高频自激，可适当加大补偿电容，或合理布局调整元件分布位置消除自激；走线不能迂回交叉，输入输出回路应远离，避免前后级信号交叉耦合。电源接地端应和输出回路的负载接地端靠在一起，各级电路“一点接地”；引线应尽量粗而短，充分利用元件引脚线，不用或少用“过渡线”。

(2) 选择喇叭功率应符合输出功率要求，试听时要控制音响度，防止烧坏喇叭。

(3) 万用表测量电流后应恢复到电压量程，测试棒也应同时恢复到原来测量电压的位置。

（4）试听过程中信号源（如录放机）输出引线切勿短路。

11.5　预习要求

（1）复习功率放大器的工作原理，按技术指标要求估算外电路各参数值，画出实验电路并标注元件编号和元件参数值。

（2）按要求自行设计实验电路布线图，并标注元件编号和元件参数值。

（3）根据 LM386 内部电路和 V_{CC} 电压值，计算各引脚的直流电位，列表以便与实测值进行比较分析。

（4）预习附录中失真度测试仪的工作原理和测量方法。

11.6　实验报告要求

（1）自拟实验数据表格，列出测量数据并进行计算，分析结果。

（2）对实验过程中出现的现象（波形、数据）和调测过程进行分析和讨论。

11.7　思考题

（1）如何消除电路中的交越失真，本电路中采取了何种措施？

（2）在图 11-1 中，如果没有 VD_1、VD_2（即 VT_8、VT_9 的基极直接相连），则输出波形是怎样的？

（3）如实验结果得到效率大于 78.5%，正确吗？

（3）简述图 10-3 中 R_p、C_2 的作用；

（4）简述图 10-3 中 R_1、C_4 的作用。

11.8　实验仪器与器材

（1）二踪示波器	YB4320 型	1 台
（2）函数发生器	YB1638 型	1 台
（3）直流稳压电源	DF1701S	1 台
（4）交流电压表	SX2172 型	1 台
（5）失真度测试仪	BS1 型	1 台
（6）LM386		1 片及电阻电容若干
（7）8 Ω/2 W 喇叭		1 只
（8）收录机		1 台

实验 12　集成稳压电源

12.1　实验目的

（1）通过实验进一步掌握整流与稳压电路的工作原理；

（2）学会电源电路的设计与调试方法；

(3) 熟悉集成稳压器的特点，会合理选择使用。

12.2　实验原理

随着集成电路特别是大规模集成电路的迅速发展，由分立元件构成的稳压电源逐渐为集成稳压电源所替代。目前电子设备中大量采用的输出电压固定的或可调的三端集成稳压器，如CW7800系列、CW7900系列、CW117/217/317及CW137/237/337系列等，具有外形结构简单、保持功能齐全、外接元件少、系列化程度好、安装调试简便等特点。由于只有输入、输出和公共端(或调整端)三个引线端子，故称之为三端集成稳压电源电路。在额定负载电流情况下，只要稳压器输入端电压高于其所要求的输出电压值的2～5 V，即使电网电压发生波动，其输出直流电压仍保持稳定。

小功率稳压电源由电源变压器、整流、滤波和稳压电路四部分组成。电源变压器是将交流电网220 V的电压变为所需要的电压值，通过整流电路将交流电压变成直流脉动电压，由滤波电路滤除纹波得到平滑的直流电压。由于该电压会随着电网电压波动、负载和温度的变化而变化，所以需接稳压电路，以维持输出直流电压的稳定。集成稳压器就是起着稳定电压的作用。当外加适当大小的散热片且整流器能够提供足够的输入电流时，稳压器可提供相应的输出电流，若散热条件不够时，集成稳压器中的热开关电路起保护作用。

1) 集成三端稳压器的分类

集成三端稳压器种类较多，这里仅介绍常用的几种以供实验中选用。

(1) 三端固定正输出稳压器

CW7800系列，通常有金属外壳封装和塑料外壳封装两种，其外形结构详见附录。按其输出最大电流划分(在足够的散热条件情况下)：CW78L00 100 mA；CW78M00 500 mA；CW7800 1.5A。按其输出固定正电压划分：7805、7806、7808、7810、7812、7815、7818、7824。例如CW78L05输出电压U_o=5 V，输出最大电流I_{oM}=100 mA。

(2) 三端固定负输出稳压器

CW7900系列。同样按输出最大电流划分为CW79L00、CW79M00、CW7900，按其输出固定负电压划分为7905、7906、7908、7910、7912、7915、7918、7924。

(3) 三端可调正输出稳压器

CW117/217/317系列，按最大输出电流划分，如CW317L 100 mA；CW317M 0.5 A；CW317 1.5A。通过改变调整端对地外接电阻的阻值即可调整输出正电压在1.25～37 V范围内变化(输入输出压差$U_i-U_o\leqslant 40$ V)。

(4) 三端可调负输出稳压器

CW137/237/337系列，可调整输出电压在−1.25～−37 V范围内变化。

2) 工作原理

CW7800系列、CW7900系列输出电压为一系列固定值，而很多特定应用场合要求的电压不为固定值。此外该系列实际输出电压与设计中心值也存在偏差。如CW7805输出电压标称值为5 V，而实际输出值在4.75～5.25 V之间，其稳压性能指标不很高。三端可调稳压器除具备三端固定输出稳压器的优点外，可以灵活地调节，在较大的电压范围内可获得任意值，输出电压精度高，适应面广，在电性能方面也有较大提高。有关CW7800等系列的集成稳压器读者可参阅有关资料，这里仅以 CW317 稳压器为例来分析其原理。CW317 内部电路框图如图 12-1 所示。其基本组成与 CW7800 系列类似，由基准电压、比较放大、调整管及保护电路、恒流源偏置及其启动电路组成，不同之处在于其内部电路采用了悬浮式结构，即内部电路均并接在输入 U_i 和输出 U_o 端之间，所有静态电流都汇聚到输出端，因而不需要另设接地点，只要满足 $U_i-U_o=(2\sim5)\text{V}$，电路即能正常工作，改变外接电阻 R_2 值，可以输出 1.25～37 V 的稳定电压，该电路基准电压 $U_{REF}=1.25$ V，其输出电压应满足下列关系式：

$$U_o=1.25\times\left(1+\frac{R_2}{R_1}\right)(\text{V})$$

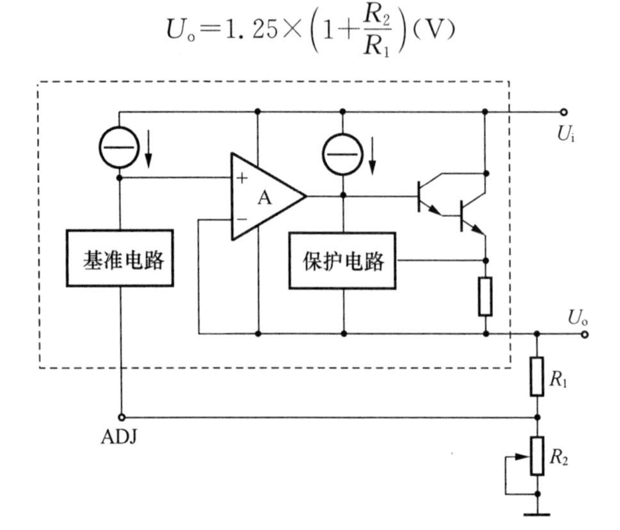

图 12-1 CW317 的基本结构框图(虚线内)及应用电路

可见，若将 ADJ 端接地(即 $R_2=0$)，电路为 1.25 V 的基准源。以下结合其内部电路进一步介绍其工作原理。图 12-2 为其内部电路。

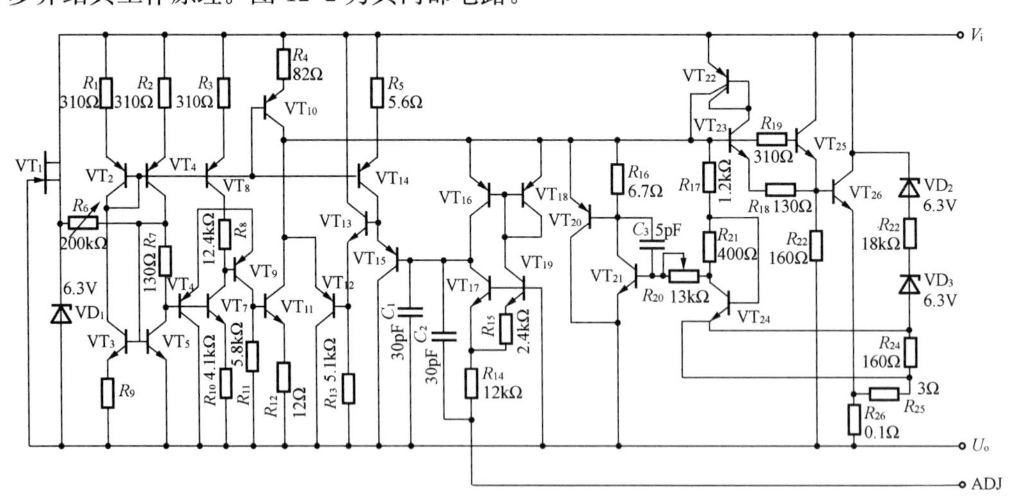

图 12-2 CW317 三端可调稳压器内部电路

(1) 恒流源及其启动电路

VT_4、VT_8、VT_{10}、VT_{14}是恒流源电路，VT_2 是其偏置，$VT_2\sim VT_5$ 又构成相互连锁的自偏置电路，工作状态极为稳定。VT_1、VD_1 和 R_6 组成启动电路，以启动恒流源工作。当加入一定值的 U_i 后，经恒流管 VT_1 使 VD_1 导通建立一定的稳压值，启动电流经电阻 R_6 注入

VT_3、VT_5 管的基极使之导通，从而整个电路被启动。由于 VT_1 为恒流管，R_6 阻值又较大，所以对非稳定的输入电压起到隔离作用。

(2) 基准电压源电路

由 $VT_{16} \sim VT_{19}$ 和 R_{14}、R_{15}、C_2 等元件组成带隙基准电压源电路，其中 VT_{17}、VT_{19} 是核心元件(利用半导体材料的能带间隙电压(1.205 V)为基础而设计的低电压基准源，用于对基准电压要求很高的场合，温度系数低，动态内阻小，噪声低，精度高)。电路设计和工艺上使具有正温度系数的电阻 R_{14}、R_{15} 与具有负温度系数的晶体管发射结互为补偿而得到基本不随温度变化的(零温度系数)基准电压 U_{REF}。即输出端 U_o 与调整端 ADJ 之间的电压值。

$$U_{REF} = U_{BE17} + U_{R14} = 1.25\ V$$

(3) 比较放大器电路

由 VT_{17} 误差电压放大级和 VT_{15}、VT_{13}、VT_{12} 多级跟随器组成。当稳压器输出电压 U_o 由于负载变化等原因而发生变化时，该变化量 ΔU_o 将和基准电压同时被加到 VT_{17} 基极，经放大后由多级跟随器去控制复合调整管的基极电流，从而改变调整管压降的变化，达到稳定输出电压的目的。

(4) 调整管及其保护电路

VT_{25}、VT_{26} 为达林顿复合调整管，维持输出恒定电压并向负载提供输出电流。为保证调整管安全正常工作，电路设置了限流保护，安全工作区保护和过热保护电路。

限流保护电路主要由 VT_{20}、VT_{21} 复合管承担。在正常稳压条件下，它的偏置电压受到复合调整管 b-e 结的钳位作用而近乎截止。当输出电流超过额定最大值时，取样电阻 R_{26} 上的压降将使其发射极电位降低而脱离截止区，分流了部分注入调整管的基极电流使输出电流限制在容许的最大值范围内。

安全工作区保护电路　VT_{20}、VT_{21} 还具有安全区保护作用。当调整管上的压差($U_i - U_o$)大于规定允许值时，稳压管 VD_2、VD_3 击穿，在 R_{24} 上得到的取样电压加在 VT_{24} 两发射极间，VT_{24} 为两发射结面积不相等的双发射极管，取样电压使面积大的发射结电位抬高，使 VT_{24} 集电极总电流减小，抬高了 VT_{21} 管的基极电位，导致 VT_{20}、VT_{21} 复合管限流作用提前，使调整管输出电流减小，保证调整管在规定压差下其功耗限制在安全工作区内。

过热保护电路　电路由 VT_6、VT_7、VT_9、VT_{11} 及 R_8、R_{10}、R_{11}、R_{12} 等元件组成。利用 VT_9、VT_{11} 的 b-e 结作为热敏元件，当器件温度升高时，U_{BE} 导通电压将降低(PN 结负温度系数)，当温度超过允许值时，VT_9、VT_{11} 导通，分流了调整管的基极电流，从而限制了调整管的功耗。

3) 实验参考电路

(1) 固定正输出稳压电源

电路如图 12-3 所示。

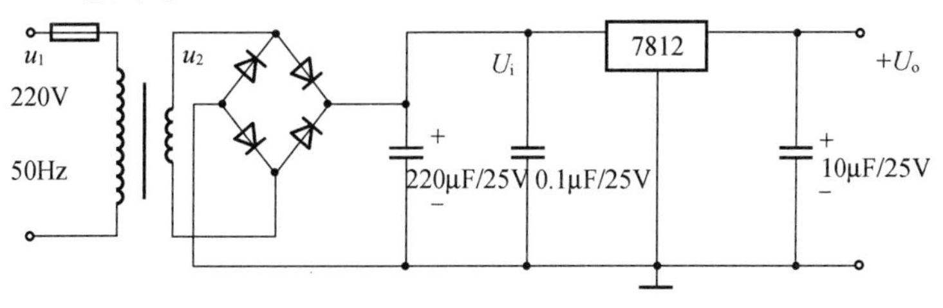

图 12-3　固定正输出稳压电源

(2) 固定负输出稳压电源

电路如图 12-4 所示。

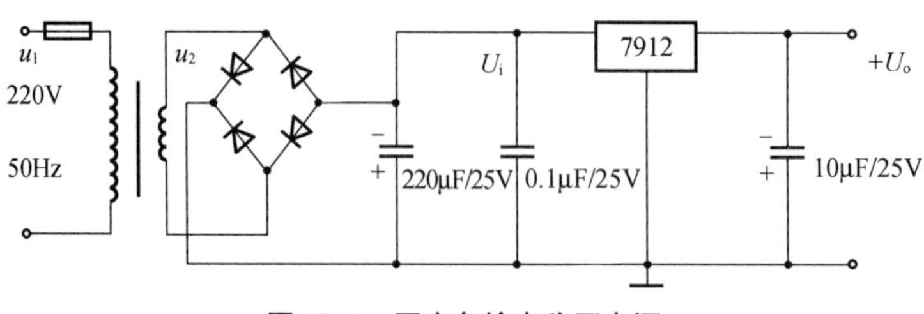

图 12-4　固定负输出稳压电源

(3) 三端正输出可调稳压电源

电路如图 12-5 所示。

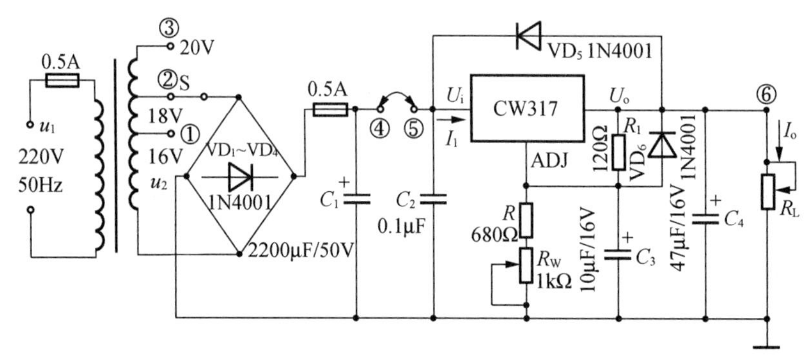

图 12-5　可调正输出稳压电路

为了保持输出电压的稳定性，要求流经 R_1 的电流小于 5 mA，R_1 的取值为 120～240 Ω 为宜。还必须注意：CW317 在不加散热器的情况下最大允许功耗为 2 W，在附加 200 mm×200 mm×3 mm 散热器后，其最大允许功耗可达 15 W。图中 VD_5、VD_6 为保护二极管，VD_5 用于防止输入短路而损坏 IC；VD_6 用来防止输出短路而损坏 IC；C_1、C_4 用于输入输出滤波；C_4 还兼有改善输出端的瞬态响应性能；C_2 用以吸收输入端的瞬态变化电压，具有抗干扰和消除自激作用；C_3 用以旁路电位器 R_W 两端的纹波电压以提高稳压电路的纹波抑制能力。

补充：若将图 12-5 可调正输出稳压电路中的 CW317 改为三端负输出稳压器 CW337，桥式整流电路二极管 VD_1—VD_4 及保护二极管 VD_5、VD_6 反接，电解电容 C_1、C_3、C_4 反接即可构成可调负输出稳压电路。

(4) 三端稳压器的扩展应用

在工程实践中，如需要获得各种非标准的稳压电源时，即获得一定的输出电压和输出电流，可直接利用现有三端稳压器件外加少量的电子元器件进行恰当的组合达到扩流扩压的目的。

① 二极管和稳压管电压提升电路

参考电路如图 12-6 所示。利用二极管或稳压管可将三端集成稳压器地电位向上浮动，达到提升输出电压的目的。此时三端稳压器即为浮置型稳压器。图 12-6(a)电路适合于三端稳压器件输出电压较小范围的提升，调试中可根据稳压器输出需要提升电压的大小来决定二极管的类型和串联二极管的个数，并确定二极管的整流电流应能满足电路的工作要求。图 12-6(b)适用于三端稳压器件输出电压较大范围的提升，设计中稳压管的稳定电压值应根据负载需要提升的电压大小来选择，并且其稳定电流要留有余量。

② 输出电压可调扩展电路

以 7805 为例，7805 最大输入电压为 33 V，其输入、输出压差在 2 V 左右。用 7805 组件构成输出电压可调扩展电路，电路参数如图 12-7 所示。调整可调电阻 R_2 即可调整输出电压。

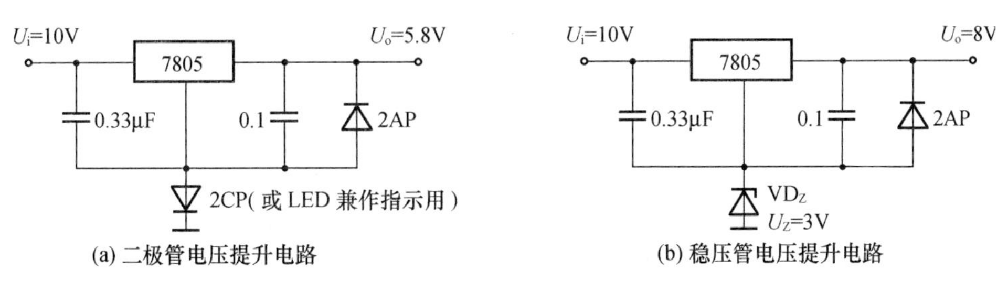

图 12-6　简易电压提升电路

$$U_o \approx U_{xy}(1+R_2/R_1)$$

其中，U_{xy} 为稳压器组件的标称稳压值 5 V。倘若要求输出较高的电压(如 U_o = 150 V)，必须在输入输出端外接一只二极管 VD(如图中虚线所示)，并提高 R_2 值以承受较高的电压，以防止电路启动时，瞬时高压冲击对稳压器件的损坏，同时不允许在空载情况下使用。

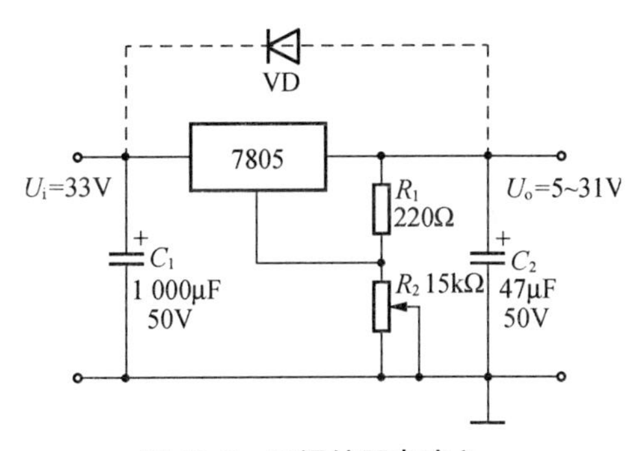

图 12-7　可调扩压电路之一

图 12-8 为另一电路形式的可调扩压电路，由于采用了运算放大器，克服了对稳压器静态电流的影响。

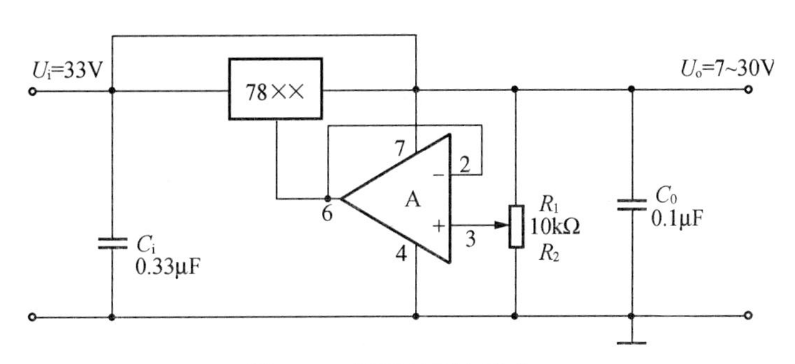

图 12-8　可调扩压电路之二

③ 扩大集成三端稳压器输出电流的电路

如上介绍的一般塑料封装的集成三端稳压器，其最大输出电流(1.5 A)实际上只能达到1.2 A以下，当需要较大输出电流时，可直接选用电流容量较大的稳压器件，也可采用大功率管扩流方法来提供大电流输出。图12-9所示电路可以将电流扩展到5 A(或3 A)。

图12-9(a)中若改接为硅PNP型功率管，电阻R需增大到0.82 Ω 2 W。在具体制作过程中，必须注意将管子、集成稳压器件安装在散热器上以免器件过热损坏。

(5) 简易开关稳压电源

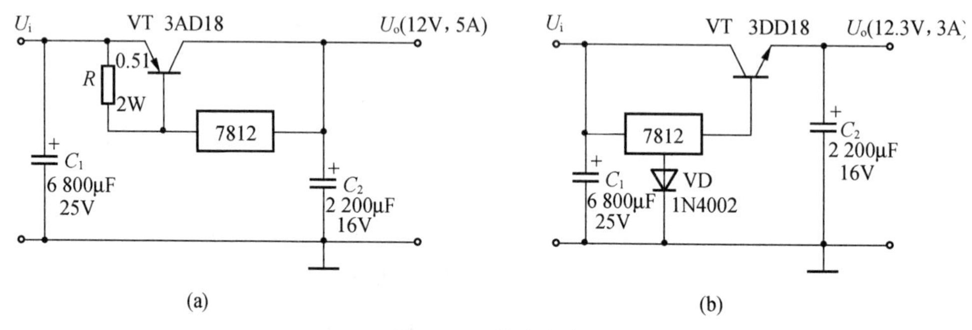

图12-9 扩流电路

串联反馈式稳压电路调整管工作在线性放大区，当负载电流较大时，调整管的集电极损耗相当大，电源效率低，开关电源克服了上述缺点，调整管工作在饱和导通和截止两种状态，由于管子饱和导通时管压降U_{ces}和截止时管子的漏电流I_{ceo}皆很小，管耗主要发生在状态转换时，电源效率可达到80%～90%，且体积小，重量轻。开关电源的主要缺点是输出电压中所含纹波比较大。

图12-10为简易开关稳压电源参考电路。集成运放μA741和VD_5、R替代了串联稳压电源中的比较放大电路而成为开关电源。当输出电压比基准电压12 V低2 mV时(μA741的反应灵敏度是2 mV)，运放输出高电压使VT_1、VT_2导通，以大电流给负载及滤波电容C_2、C_3补充电能，输出快速升至12 V，运放输出低电压(约2 V)使VT_1、VT_2截止，由电容C_2向负载提供电能，输出电压逐渐下降，周而复始，重复上述过程，电源持续处于开关状态，使输出电压稳定在12 V上。

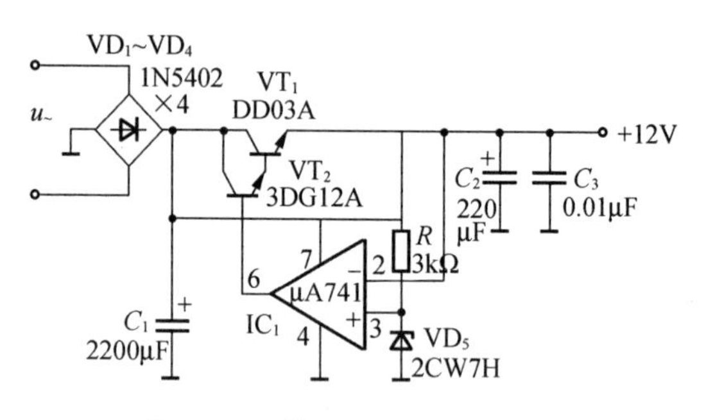

图12-10 简易开关稳压电源

串联型稳压电源当市电波动为170 V时，可能导致负载(如电视机等)不能正常工作，而开关型稳压电源在市电降为150 V时仍可正常工作。

图中VT_1最大安全导通电流I_{cm1}应大于负载平均工作电流的二倍，BU_{ceo}大于整流器最大输出电压的1.5倍。适当选择R，当整流器输出电压在规定范围变化时，使VD_5工作在额定稳压电流范围的数值内。

12.3　实验内容

(1) 测量图12-3或图12-4电路中U_2、U_i、U_o值，并用示波器观察各点波形，了解固定输出稳压器的工作原理和使用方法。

(2) 结合图12-5电路要求实现以下技术指标：

① 输出直流电压+12 V，并且在9～16 V(完成以下3～5内容)范围内连续可调；

② 负载电流I_0=0～400 mA；

③ 电压调整率S_U≤0.04%；

④ 电流调整率S_I≤0.1%；

⑤ 纹波抑制比S_{rip}≥80 dB；

⑥ 电网电压U_1=220 V±22 V。

(3) 观察整流滤波电路性能

在装接好的电路上断开U_i点，接入100 Ω 3 W电阻作为负载R_{L1}，用示波器观察波形，断开负载再看一次，画出波形，解释有何不同?

将R_{L1}再接入电路，分别将C_1接入和断开用示波器观察波形，并用交流电压表测量相应的纹波电压值，画出波形，记下测量数值分析C_1在电路中的作用。

(4) 观察稳压器电路性能

① 拆除R_{L1}，联结好U_i处断点，调节电位R_W，测量U_o的变化范围。

② 调节R_W使U_o=12 V，用万用表直流电流挡大量程串入负载回路中，缓慢调节负载电阻由大到小变化，观察过流保护动作过程，测量稳压器最大保护电流值I_{0max}。因集成组件未加散热器，所以此实验过程应快速完成。

③ 调节U_o=12 V，I_o=400 mA，测量稳压器压差(U_i-U_o)，是否在规定压差范围内。(正常值U_i-U_o=3 V)

(5) 稳压性能指标测试

① 电压调整率

又称稳压系数。它表征在一定环境温度下，负载保持不变而输入电压变化时(由电网电压变化所致)引起输出电压的相对变化量。以输出电压的相对变化量与输入电压的相对变化量的百分比来表示。即

$$S_U=\left.\frac{\Delta U_o/U_o}{\Delta U_i/U_i}\right|_{\Delta I_o=0,\Delta T=0}\times 100\%$$

测量S_U时，先调整稳压电路输出电压U_o=12 V，输出电流为400 mA，用数字万用表测量U_i、U_o，保持负载不变调整输入电压变化±10%(用自耦变压器接入电源变压器调节或采用带多路抽头的变压器改接抽头模拟电网电压变化调节)测U'_i、U'_o代入上式计算。

② 电流调整率

它表征在一定的环境温度下，稳压电路的输入电压不变而负载变化时，输出电压保持稳定的能力，常用负载电流I_O变化时，引起输出电压的相对变化来表示。

$$S_i=\left.\frac{\Delta U_o}{U_o}\right|_{\Delta U_i=0,\Delta T=0}\times 100\%$$

测量 S_i 时，首先调整 $U_o=12$ V，保持输入电压不变，改变其负载 R_L 使 I_o 在 100～400 mA 范围内变化，测量相应的 U_o 变化量即得。

③ 纹波系数 γ 和纹波抑制比 S_{rip}

纹波系数为交流纹波电压的有效值与直流电压之比。即

$$\gamma=\frac{U_{i\sim}}{U_i}\quad \gamma=\frac{U_{o\sim}}{U_o}$$

纹波抑制比为输入纹波电压与输出纹波电压之比，它反映了稳压器对交流纹波的抑制能力。即

$$S_{rip}=20\lg\frac{U_{i\sim}}{U_{o\sim}}$$

S_{rip}不仅取决于稳压器的稳压性能，还与整流滤流电路对交流纹波电压的滤波能力有关，故此滤波电容必须有足够大的容量。

用交流电压表或示波器可以测量 $U_{i\sim}$、$U_{o\sim}$ 值。

(6) 参照参考电路完成一个由三端稳压器件构成的扩流或扩压电路。

(7) 设计一个由图 12-5 电路构成的扩流电路。

提示：参考电路如图 12-11 所示。

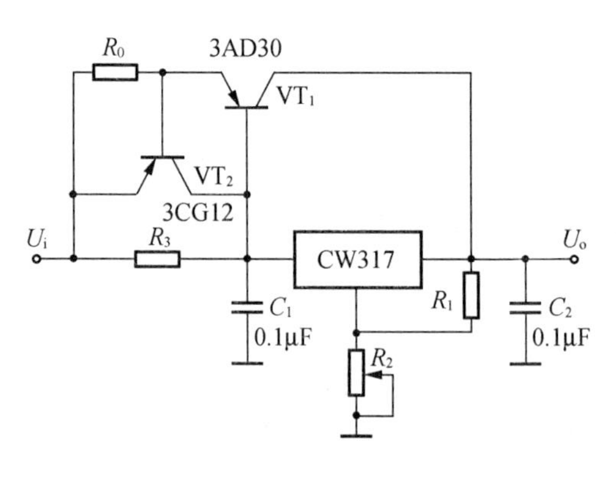

图 12-11 扩展输出电流应用电路

为了不使稳压器件的偏置电流 I_Q（5～10 mA）流过大功率管 VT_1，泄放电阻 R_3 的取值应满足 $R_3\leqslant\frac{U_{BE1}}{I_Q}$。$VT_2$ 为过流保护管，检测电阻 $R_o=\frac{U_{BE2}}{I_{omax}}$。$U_{BE2}$为 VT_2 管的开启电压为 0.4～0.5 V。I_{omax}取要求扩流后最大电流的1.2倍左右。

12.4 注意事项

(1) 实验前应仔细检查电源变压器工作是否正常接线是否正确。

(2) 电路中应及时装接符合规格的保险丝。

(3) 整流器输出，稳压器输出不可短路以免烧坏元器件。

(4) 使用万用表要及时变换量程不能用欧姆挡、电流挡测量电压，不用时置于交流电压最大量程。

12.5 预习要求

(1) 复习教材中有关稳压电源的工作原理及三端稳压器的使用方法。

(2) 预习稳压电源主要性能指标及其测量方法。

(3) 试计算确定实验内容 7 中的 R_0、R_3 的值。

12.6　实验报告要求

(1) 简述实验电路的工作原理，画出电路并标注元件编号和参数值。

(2) 自拟表格整理实验数据，与理论值进行比较分析讨论。

12.7　思考题

(1) 稳压电源电路为大电流工作，在布线时要注意那些问题？

(2) 如何测量整流器和稳压电源的输出电阻？

(3) 整流滤波电路输出电压 U_i 是否会随负载变化？为什么？

(4) 实验中使用集成稳压器应注意哪些问题？

(5) 对于 CW317M 器件，试采用一只 NPN 型大功率管实现扩流作用，画出其扩流电路图。

12.8　实验仪器与器材

(1) 二踪示波器	YB4320 型	1 台
(2) 交流毫伏表	SX2172 型	1 台
(3) 万用表	MF78 型	1 只
(4) 降压变压器(3W 中心抽头)		1 只
(5) 自耦变压器		1 台

实验 13　集成定时器应用

13.1　实验目的

通过集成定时器的几个典型应用电路的设计与实验，熟悉集成定时器的基本功能、主要参数及其本应用电路的设计与调试方法。

13.2　实验原理

555 集成定时器(又称时基集成电路)是一个模拟与数字混合集成电路，按其工艺可分双极型和 CMOS 型两类。常见封装为双列直插塑料封装形式，又分为单定时器和双定时器两种。其引脚功能如图 13-1 所示。

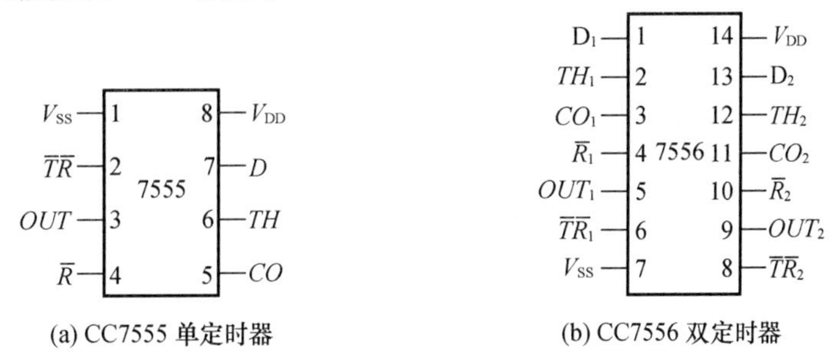

(a) CC7555 单定时器　(b) CC7556 双定时器

图 13-1　集成定时器电路引脚功能图

双极型单定时器型呈为 NE555，双极型双定时器型号为 NE556。CMOS 型单定时器和双定时器型号分别为 CC7555 和 CC7556。

无论双极型或是 CMOS 型定时器，其电路功能框图均相同。图 13-2 给出单定时器的功能框图。

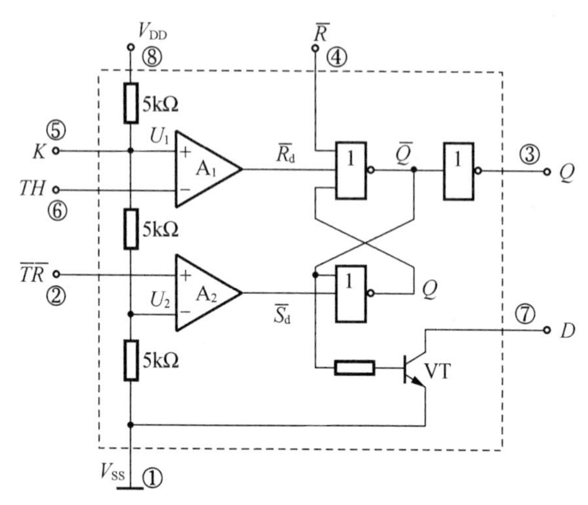

图 13-2　集成定时器电路框图

1）单定时器的电路框图组成

（1）电压比较器

两个相同的电压比较器 A_1 和 A_2，其中 A_1 的同相端接基准电压，反相端接外触发输入电压，称高触发端 TH。电压比较器 A_2 的反相端接基准电压，其同相端接外触发电压，称低触发端$\overline{TR}$。

（2）分压器

分压器由 3 个等值电阻 R 串联构成，它们将电源电压 V_{DD}-V_{SS}分压后分别对 A_1、A_2 提供基准电压。若 V_{SS}接地，则 A_1 的基准电压为$\frac{2}{3}V_{DD}$，A_2 的基准电压为$\frac{1}{3}V_{DD}$。同时，A_1 的基准电压端 5 脚也可以外接控制电压，此时，A_1 与 A_2 的基准电压将随外接控制电压而变化。当 5 脚不接外部控制电压时，通常宜将 5 脚对地接一小电容(如 0.01 μF)，以滤除高频干扰。

（3）基本 RS 触发器

它由交叉耦合的两个与非门组成。比较器 A_1 的输出作为基本 RS 触发器的复位输入$\overline{R}_d$，A_2 的输出作为基本 RS 触发器的置位输入 S_d。此外，还有一个直接复位控制端$\overline{R}$(4 脚)。

（4）放电开关管 VT

为完成外电路的充、放电及满足电平转移的需要，将放电开关管 T 接成漏极开路(CMOS 型)或集电极开路(双极型)形式，放电开关管 VT 的饱和或截止由基本 RS 触发器的$\overline{Q}$端电平高或低来控制。

（5）输出缓冲级

它由反相器构成，其作用是提高定时器的带负载能力并隔离负载对定时器的影响。

2）555 集成定时器的基本功能

（1）直接复位

只要直接复位端$\overline{R}$接低电平，则无论高触发端 TH、低触发端$\overline{TR}$及电路原态输出状态如何，定时器均输出 0，放电开关管 VT 允许饱和导通。

（2）置 0

当$\overline{R}$端接高电平，只要高触发端 TH 和低触发端$\overline{TR}$分别大于各自比较器的基准电压$\frac{2}{3}V_{DD}$和$\frac{1}{3}V_{DD}$，则定时器输出被置 0，放电开关管 VT 允许饱和导通。

（3）置 1

当直接复位端$\overline{R}$接高电平，只要高触发端 TH 和低触发端$\overline{TR}$分别低于各自比较器的基准电压$\frac{2}{3}V_{DD}$和$\frac{1}{3}V_{DD}$，则定时器输出被置 1，放电开关管 VT 截止。

（4）保护原态

当直接复位端$\overline{R}$接高电平，若 $TH<\frac{2}{3}V_{DD}$，且$\overline{TR}>\frac{1}{3}V_{DD}$。则定时器输出维持原态。上述功能可概括为表 13-1 所示。

表 13-1　集成定时器功能表

$\overline{R}$	TH	$\overline{TR}$	Q^{n+1}	VT	功能
0	×	×	0	导通	直接复位
1	$>\frac{2}{3}V_{DD}$	$>\frac{1}{3}V_{DD}$	0	导通	置 0
1	$<\frac{2}{3}V_{DD}$	$<\frac{1}{3}V_{DD}$	1	截止	置 1
1	$<\frac{2}{3}V_{DD}$	$>\frac{1}{3}V_{DD}$	Q^n	不变	保持

3）555 集成定时器的基本应用电路

555 定时器的应用非常之广，但最基本的应用（或者称其基本工作模式）只有 3 种：多谐振荡器、单稳态触发器和施密特触发器。下面介绍这 3 种基本应用电路及其工作波形和计算公式。

（1）多谐振荡器

多谐振荡器的电路及工作波形如图 13-3 所示。

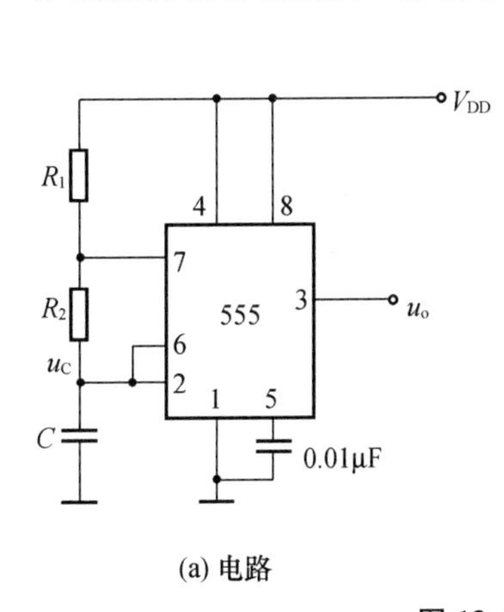

(a) 电路

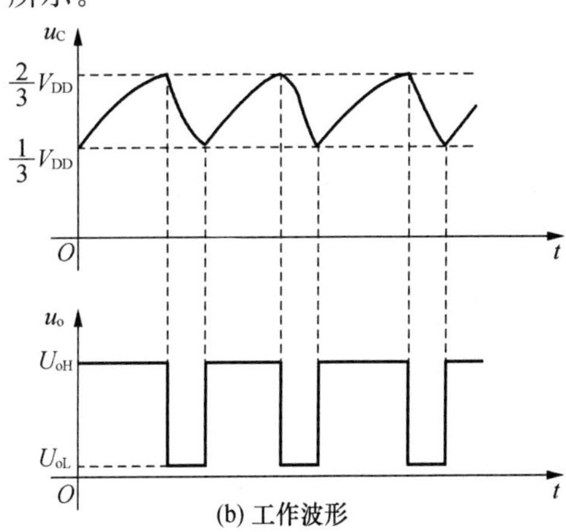

(b) 工作波形

图 13-3　多谐振荡器电路及工作波形

据分析可得多谐振荡器的下列指标：

充电时间常数　　$T_{PH} \approx 0.7(R_1+R_2)C$

放电时间常数　　$T_{PL} \approx 0.7R_2C$

振荡周期　　$T=T_{PH}+T_{PL} \approx 0.7(R_1+2R_2)C$

振荡频率　　$f=\dfrac{1}{T}=\dfrac{1.44}{(R_1+2R_2)C}$

输出方波的占空比　　$D=\dfrac{T_{PH}}{T}=\dfrac{R_1+R_2}{R_1+2R_2}$

（2）单稳态触发器

单稳态触发器的电路及工作波形如图 13-4 所示。

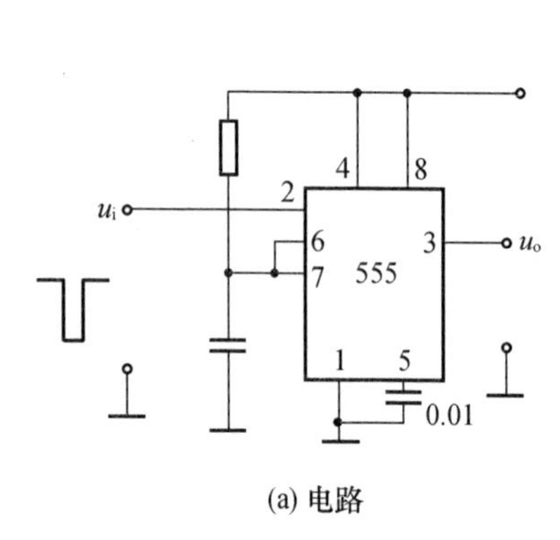

(a) 电路

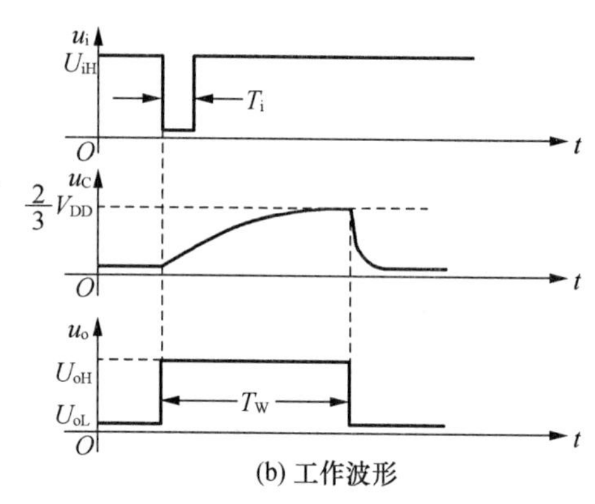

(b) 工作波形

图 13-4　单稳态触发器电路及工作波形

据分析，单稳太触发器的输出脉宽（即单稳定时时间）$T_W \approx 1.11RC$。

注意，在 T_W 时间内不能再次输入触发脉冲，即触发输入信号 u_i 的脉宽 T_i 应小于 T_W。

（3）施密特触发器

施密特触发器的电路、工作波形及电压传输特性如图 13-5 所示。

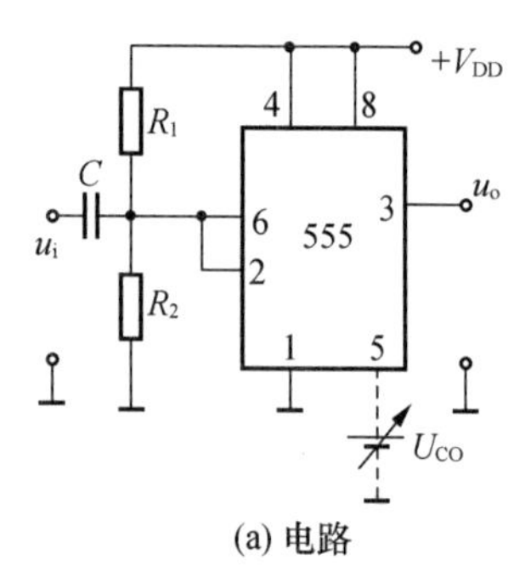

(a) 电路

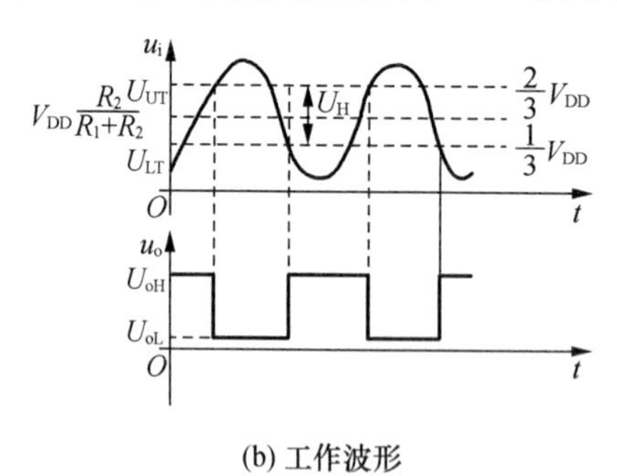

(b) 工作波形

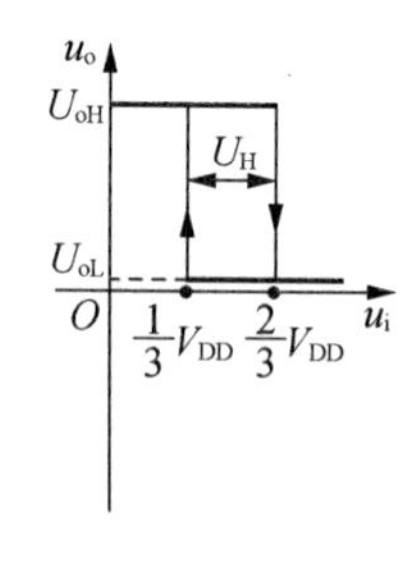

(c) 电压传输特性

图 13-5　施密特触发器电路、工作波形及电压传输特性

据分析知，其上限阈值电平 U_{UT} 和下限阈值电平 U_{LT} 分别为：

$$U_{UT}=\frac{2}{3}V_{DD}$$

$$U_{LT}=\frac{1}{3}V_{DD}$$

回差电压　　　　$U_H = U_{UT} - U_{LT} = \frac{1}{3} V_{DD}$

如果 5 脚外接控制电压 U_{Co}，则可通过改变 U_{Co} 调节施密特触发器的上、下限阈值电平及回差电压 U_H。

13.3　实验内容

(1) 用 555 定时器设计并实现一个间歇单音发生器。具体指标如下：

① 单音的频率约 360 Hz，其间歇周期约 0.7 s。(占空比不作要求)。

② 若要求间歇单音发生器的发音时间远大于休止时间，且保持间歇周期不变，试设计电路、选择参数并实现之。

③ 若要求电路产生滑音输出，即输出周期性信号，其音调的频率呈现由高到低的渐变形式，试设计电路并实现之。

提示：

① 间歇单音发生器可由两个多谐振荡器按图 13-6 构成，其中 IC_1 为低频方波振荡器，IC_2 为高频方波振荡器。将 IC_1 的方波输出接至 IC_2 的 $\overline{R}_2$ 端，从而控制 IC_2 的振荡与停振。IC_2 的输出经耦合电容 C 接 8 Ω 喇叭。

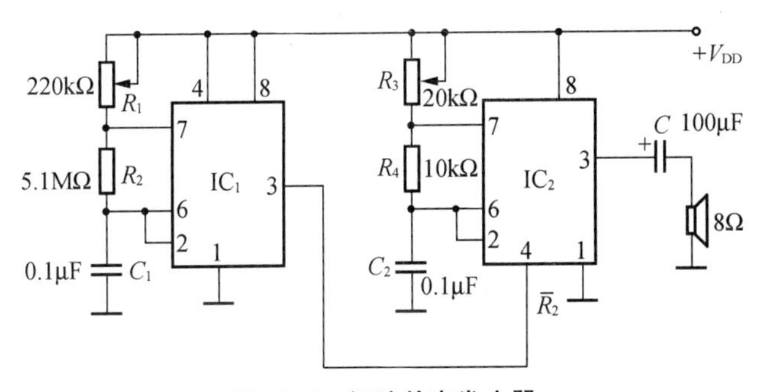

图 13-6　间歇单音发生器

② 为使间歇单音发生器的发音时间远大于休止时间，且保持间歇发音的周期不变，推荐将上图中的 IC_1 改为图 13-7 的形式。

③ 为使电路产生滑音输出，可将 IC_1 的低频方波输出经 RC 积分后，送至 IC_2 的外接基准电压控制端 CO_2 即可，推荐电路如图 13-8 所示。

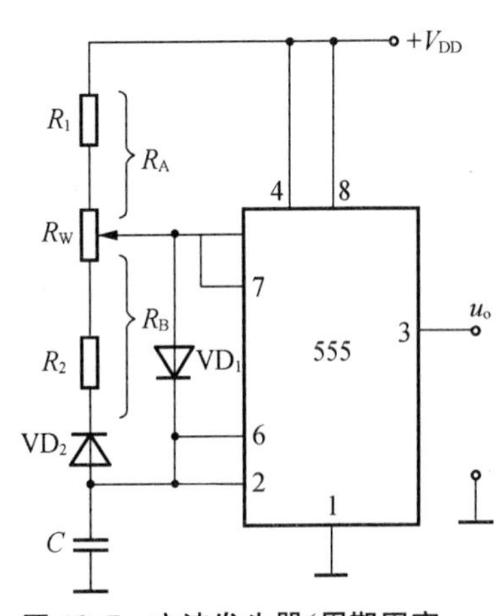

图 13-7　方波发生器(周期固定，占空比可调)

13.4　预习要求

(1) 熟悉 555 时基电路的引脚、电路组成、基本功能及三种基本应用电路。

(2) 按实验内容要求，设计电路、估算参数并画出理论工作波形。

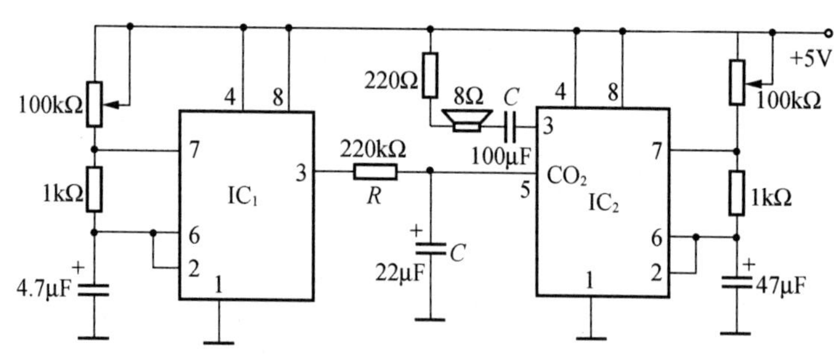

图 13-8　滑音输出电路

13.5　实验报告要求

(1) 实测间歇单音发生器的输出波形，记录单音频率间歇周期值并与理论计算值相比较，说明误差原因。

(2) 在所选参数下，实测实验内容 2 电路中低频方波的占空比调节范围，并与理论值相比较。

(3) 说明滑音发生器的电路工作原理。

13.6　思考题

(1) 图 13-3 所示多谐振荡器的输出方波，其占空比能达到 50％吗？若不能，请作改动使之能输出占空比为 50％的方波。

(2) 图 13-9 题(2)附图如下，其功能是：每点按一次按钮 SW，电路输出一串持续时间约为 50 ms、频率为某一定值的方波脉冲串。试画出点按一次 SW 时 4 脚的电压波形及对应的 3 脚输出波形，并计算 3 脚输出方波的频率值。

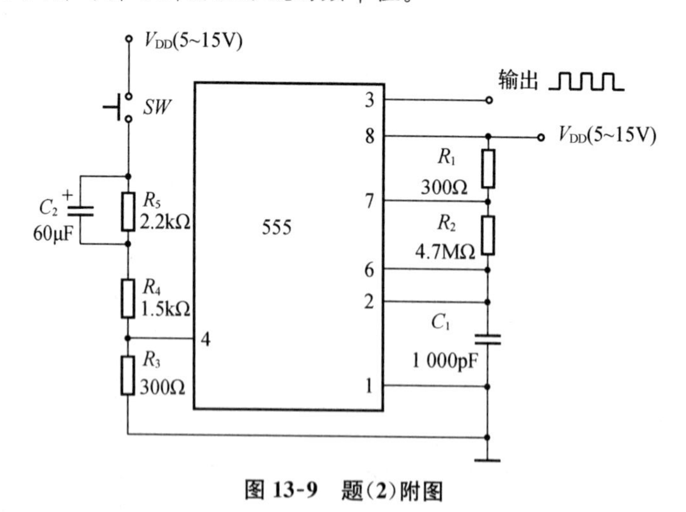

图 13-9　题(2)附图

(3) 如何用实验方法在示波器上直接观测图 13-5(c)的电压传输特性？

实验14　锁相频率合成器

14.1　实验目的

(1) 熟悉数字式频率合成器原理,掌握电路设计计算方法;

(2) 熟悉CMOS数字集成锁相环CD4046在频率合成器中的应用,掌握CD4046的环路设计计算方法;

(3) 掌握由中规模数字集成电路组成集成计数器的工作原理,和构成数字分频器的逻辑设计方法。

14.2　实验原理

1) 单环数字锁相频率合成器原理

如图14-1所示单环数字锁相频率合成器中,当环路锁定以后有如下关系:

$$f_N = f_R$$

即

$$f_0 = N f_R \tag{1}$$

显然,当 f_R 是一个由晶体振荡器产生的高稳定基准频率时,且 N 在一定范围内可变,那么 f_0 就是一系列稳定度和基准频率相当的输出频率,这一系统通常称之"频率合成器",由于本实验中仅采用一个锁相环路来实现,且采用数字分频器来改变输出频率,因此本系统又称"单环数字锁相频率合成器"。

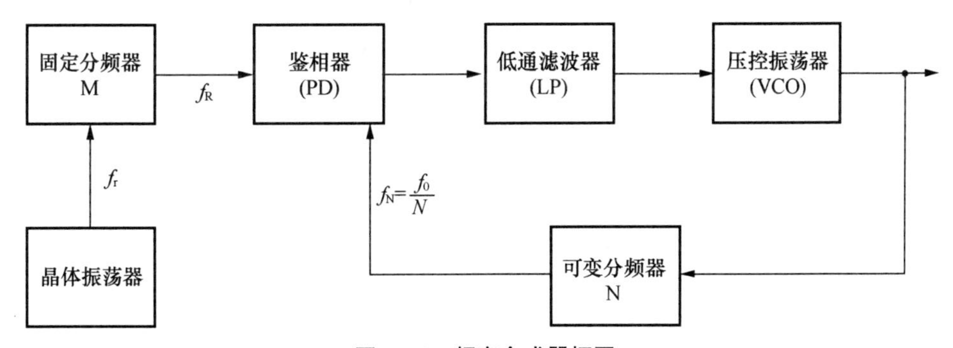

图14-1　频率合成器框图

图14-1中的鉴相器PD和压控振荡器VCO在CMOS集成锁相环电路CD4046芯片内(见图14-3)。可变分频器N和固定分频器M由中规模数字集成计数器(十进制或二进制)组成,环路滤波器LF则采用如图14-2中所示的无源比例积分滤波器,因此,本系统是一个二阶锁相环。

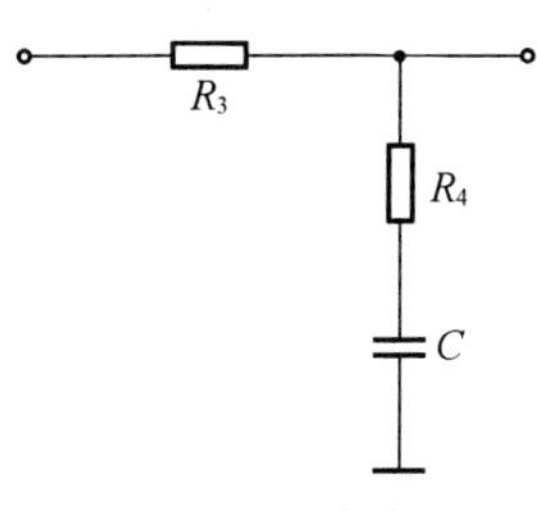

图14-2　环路滤波器

对于采用无源比例积分滤波器的二阶锁相环,其环路自然角频率 ω_m 和阻尼系数 ξ 有如下关系:

$$\omega_{\mathrm{m}}=\sqrt{\frac{A_{\mathrm{d}}A_0}{N(R_3+R_4)C}} \tag{2}$$

$$\xi=\frac{1}{2}\omega_{\mathrm{m}}\left(R_4C+\frac{N}{A_{\mathrm{d}}A_0}\right) \tag{3}$$

式中，A_{d} 为鉴相器的鉴相增益，其量纲为 V/rad，A_{O} 为 VCO 的压控灵敏度，其量纲为 Hz/V，N 为分频器的分频比，由式(1)得 $N=f_{\mathrm{o}}/f_{\mathrm{R}}$，当输出为一个频段 $f_{\mathrm{omin}}\sim f_{\mathrm{omax}}$ 时，为满足环路响应时音，设计计算 N 时，取 $N=f_{\mathrm{omin}}/f_{\mathrm{R}}$ 值，阻尼系数 ξ 的选择应从环路锁定过程来考虑，ξ 取小，振荡加剧，环路趋于稳定过程加大，ξ 取大，环路因过阻尼而趋于稳定过程缓慢。这两者都使环路锁定过程太长，通常在工程设计时取 ξ 的最佳值 $\xi=0.707$。环路自然角频率 ω_{m} 与环路三分贝带宽有关，考虑频率合成锁相环的窄带滤波特性的要求，一般取典型设计值 $\omega_{\mathrm{m}}=\frac{2\pi f_{\mathrm{R}}}{10}$。

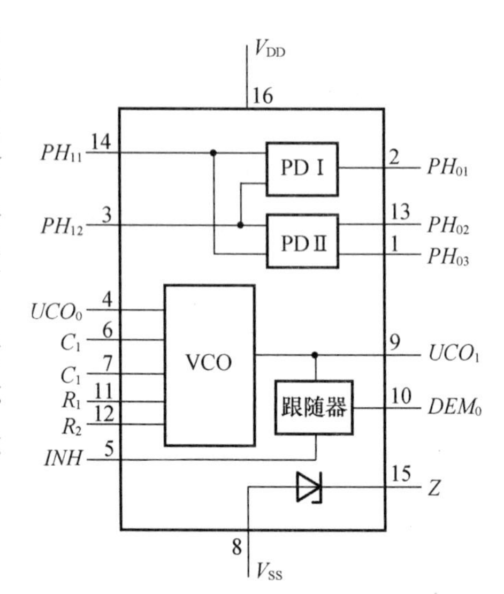

图 14-3　功能框图

2) CD4046 芯片功能简介

图 14-3 所示为 CD4046 的内部功能框图其引脚功能说明是表 14-1。芯片内包含有一个低功耗、高线性的 VCO，两个工作方式不同的鉴相器 PDⅠ和 PDⅡ。跟随器与 VCO 输入端相连是专门作 FM 解调输出之用的，此外还有一个 6 V 左右的齐纳稳压管。

表 14-1　CD4046 引脚功能说明

符　　号	端　　序	名　称　功　能
PH_{11}	14	相位比较器输入端(基准信号输入)
PH_{12}	3	相位比较器输入端(比较信号输入)
PH_{01}	2	PDⅠ输出端
PH_{02}	13	PDⅡ输出端
PH_{03}	1	输出端(相位脉冲输出)
UCO_1	9	压控振荡器输入端
UCO_0	4	压控振荡器输出端
INH	5	VCO 禁止端，1 有效
R_1	11	VCO 外接电阻 R_1
R_2	12	VCO 外接电阻 R_2
C_1	6,7	并接振荡电容 C_1
DEM_0	10	解调信号输出端

CD4046 的①脚为锁定指示，高电平表示环路锁定；⑤ 脚为 VCO 禁止端，高电平时 VCO 停振。

CD4046 芯片内的鉴相器 PDⅠ是一个数字逻辑异或门，由于 CMOS 门输出电平在 0～

V_{DD}之间变化，所以只要用简单的积分电路就可以取出平均电平。因而使锁相环路的捕捉范围加大。该鉴相器主要应用在调频波的解调电路中。PDⅡ是一个由边沿控制的数字比相器和互补 CMOS 输出结构组成的三态输出式鉴相器，由于数字比相器仅在 f_R 和 f_N 的上跳边沿起作用，因而该鉴相器能接收任意占空比的输入脉冲，即非常窄的脉冲。PDⅡ的工作过程可用图 14-4 所示波形图来表示。⑭脚 f_R 信号出现上跳变时，⑬脚也上跳输出高电平，③脚 f_N 信号出现上跳变时，⑬脚下跳输出低电平。显然当 f_R 超前 f_N 时，⑬脚输出脉宽为 φ 幅度为 V_{DD}的正脉冲，当 f_R 滞后 f_N 时，⑬脚输出脉宽为 $\varphi'(\varphi'=T-\varphi)$幅度为的正脉冲，$f_R$、$f_N$ 同时触发时，⑬脚呈现高阻状态。因此，PDⅡ可以使 f_R 和 f_N 严格同步，它常被应用在锁相频率合成器中。采用 PDⅡ的锁相环其锁定范围等于捕捉范围，与环路滤波器关系不大。

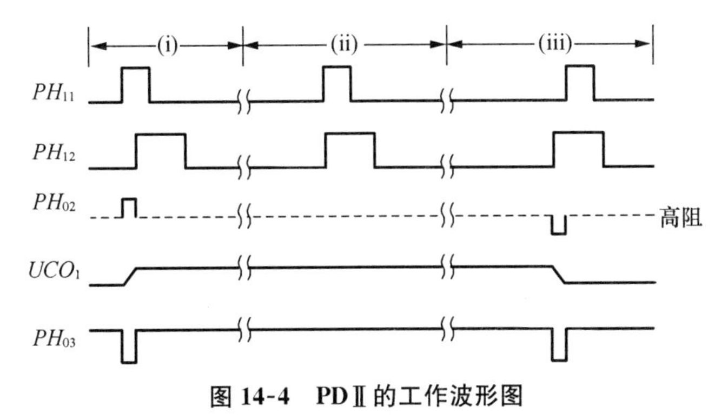

图 14-4　PDⅡ的工作波形图

PDⅡ的直流输出电压 U_D 应为⑬脚波形在一周期内的平均值，即

$$U_D = \frac{1}{2\pi}\int_0^{\varphi} V_{DD}\,\mathrm{d}\omega t = \frac{V_{DD}}{2\pi}\varphi$$

鉴相增益为：

$$A_d=\frac{\mathrm{d}U_d}{\mathrm{d}\varphi}=\frac{V_{DD}}{2\pi} \tag{4}$$

其量纲为 V/rad。

CD4046 芯片内的 VCO 是一个电流控制型振荡器，其振荡频率与控制电压 U_D 之间的关系可以用下式表示：

$$f_o=\frac{U_d-U_{GS}}{8R_1C_t}+\frac{V_{DD}-2U_{DS}}{8R_2C_t} \tag{5}$$

式中，U_{GS}为耗尽型 NMOS 三极管的源栅间导通压降，约 0.5 V 左右，U_{DS}为耗尽型 PMOS 三极管的漏源饱和压降，约为 1 V 左右，式(5)中的第二项为常数项，也就是 VCO 的最低振荡频率 f_{omin}，当 R_2 增大至⑫脚开路时，f_{omin}减小至零，式中第一项为 U_d 的函数，当 $R_1\geqslant10$ kΩ 时，f_o与 U_d 基本呈直线性关系。

VCO 振荡在最低频率 f_{omin}时，$U_d\approx0$，式(5)中的第一项可以忽略。f_{omin}和 C_t、R_2 的关系可用图 14-5 所示曲线表示。由图中可知，若已知 f_{omin}、V_{DD}，且确定 R_4 以后，就可以从图 14-5中曲线查得所需值。

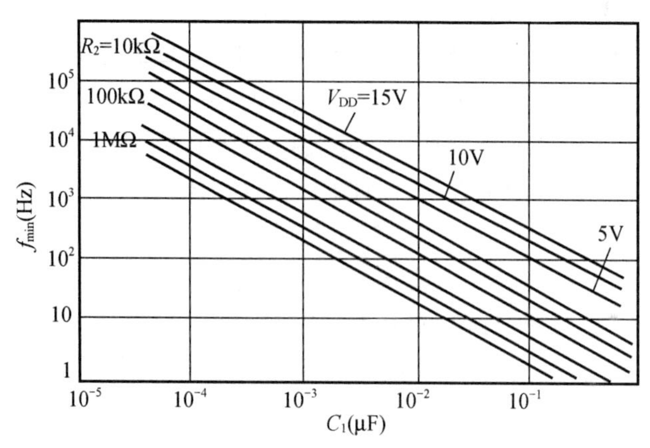

图 14-5　f_{omin}和 C_t、R_4 的关系

当 $U_d=V_{DD}$时，VCO 维持在最高振荡频率 f_{omax}

$$f_{omax}=\frac{V_{DD}-U_{GS}}{8R_1C_t}+f_{omin} \tag{6}$$

已知 f_{omax}、f_{omin}和 C_t 以后，就可以由式(6)中求得 R_1 值，实践中，为微调 f_o 的范围，R_1 往往采用一只固定电阻和一只可调电阻相串联。

VCO 的压控灵敏度 A_0 可由式(5)中推导出，即

$$A_0=\frac{df_o}{dU_d}=\frac{1}{8R_1C_t} \tag{7}$$

实践中还可以测出控制电压 U_d 的范围，用下式近似计算：

$$A_0=\frac{f_{omax}-f_{omin}}{U_{dmax}-U_{dmin}} \tag{8}$$

式中，U_{dmax}是 VCO 振荡在 f_{omax}的控制电压，U_{dmin}是 VCO 振荡在 f_{omin}处的控制电压。

3）基准频率 f_R 的产生和可变分频比 N 的计算

基准频率振荡器可采用门电路与标称石英晶体构成并联型晶体振荡器，如图 14-6 所示。图中晶体可等效为一个大电感，C_1、C_2、C_3 的串联值为回路电容。非门 A 和 R_1 组成反相放大器。因此该振荡器实际上是一个电容三点式振荡器，电容 C_3 可以微调晶振频率。通常对于 74 系列非门，若晶体标称频率 $f_r=4$ MHz，则 C_1、C_2 取 560～680 pF，C_3 取 30 pF 左右的微调电容，R_1、R_2 则常取 1～2 kΩ 左右。

图中非门 B 和 R_2 组成反相放大器，放大后的 f_r 信号经固定分频器 M 分频后，得到基准频率 f_R，显然固定分频比为：

$$M=\frac{f_r}{f_R} \tag{9}$$

固定分频器 M 可采用十进制或二进制计数器来实现。

知道 VCO 的频率范围 f_{omin}、f_{omax}和基准频率 f_R 以后，可变分频器 N 的可变范围 N_{min}～N_{max}可用下式计算：

$$N_{min}=\frac{f_{omin}}{f_R} \tag{10}$$

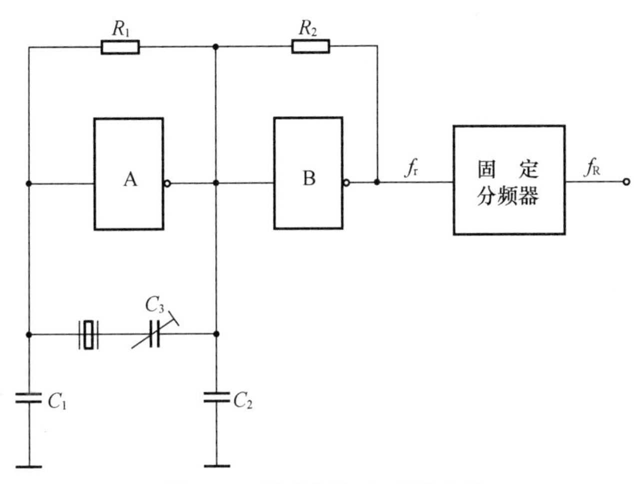

图 14-6　基准频率 f_R 产生电路

$$N_{max}=\frac{f_{omax}}{f_R} \tag{11}$$

$N_{min}\sim N_{max}$确定以后，采用可预置十进制或二进制计数器就可以很方便地设计成可变分频器。本实验中采用 74LS160 进行设计，当然 74LS 系列的 74LS161、74LS162、74LS163、74LS190、74LS192、74LS193 等以及 CD 系列的十进制或二进制计数器也可以用。

74LS160 是 4 位十进制直接清零计数器，它的内电路由 4 个 D 触发器和若干个门电路组成，且有计数、预置存数、禁止、异步和同步清除等功能。该计数器由于采用同时控制所有触发器的方法实现同步工作。因而当有计数使能输入和内部选通指令时，输出的变化就相互一致，消除了非同步计数所产生的计数输出尖脉冲。

74LS160 的引脚功能如图 14-7 中所示，图中的 CR 为清除端，CP 为时钟端，LD 为预置端，CT_r 和 CT_p 是使能端，D_0、D_1、D_2、D_3 是数据输入端，Q_1、Q_2、Q_3、Q_4 为输出端，Q_{CC}为进位输出端，工作波形图如图 14-8 中所示，CR、LD 是低电平有效，CT_r 和 CT_p 是高电平有效，时钟信号 CP 上跳沿更新计数状态，当预置信号 $LD=0$ 时，计数器并不立即被置在输入数据状态，而是在预置信号之后再出现时钟上跳变时，计数器才被预置在输入数据状态。因此利用预置信号 LD 和输入数据，就能很方便地构成模数小于 10 的任意进制计数器，其预置的输入数据为 $m=10-n$(加法计数应预置补数)。

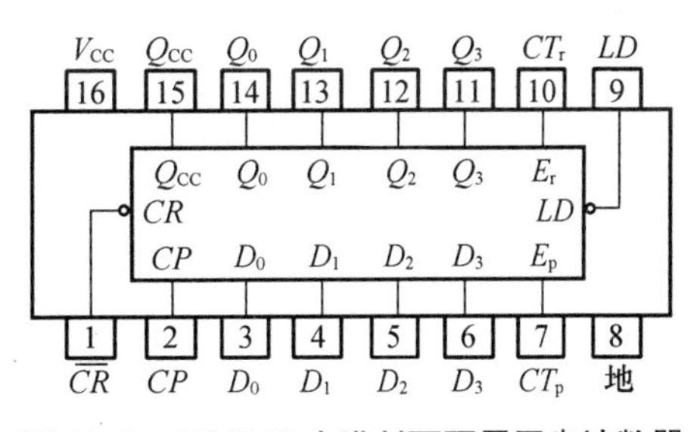

图 14-7　74LS160 十进制可预置同步计数器

当计数范围超过 10 时，可以采用两片以上联构成串行进位结构或并行进位结构计数器，串行进位结构计数器的计数脉冲从第一片 74LS160 的 CP 端输入，第二片的计数脉冲由第一片的进位脉冲信号 Q_{CC}提供，第三片的计数脉冲则由第二片的 Q_{CC}信号提供，依此类推。各片的数据端分别置在个位、十位、百位……的补数上。例如 $N=46$ 时，可采用两片 74LS160 组成计数器。第一片置在 $m_1=10-6=4$，第二片置在 $m_2=10-4=6$，即个位先按模 6 计数，十位按模 4 计数。个位计满 6 个脉冲就进位，作为十位的第 1 个计数脉冲，然后个位按模 10 计数，计 4 次给十位送 4 个计数脉冲，十位就送出一个脉冲，即计满。因此总计入 $4\times10+6=46$。两片的使能 CT_r 和 CT_p 端都接高电平，$CT_r=CT_p=1$，清零 CR 端也连在一起，利用 CR 线上的负脉冲同时清零，第二片（十位）的 Q_{CC} 输出就是整个计数器的输出脉冲。

并行进位结构式计数器的特点是时钟计数脉冲同时并行加在各位的 CP 端，而各位的预置数还是按所计数的各位补数预置，个位的 CT_r 和 CT_p 端接高电平，十位的 CT_r 和 CT_p 端接个位的进位输出 Q_{CC} 端，这种接法保证了只有在个位进位为高电平时，十位才能计数。若按 $N=46\sim99$ 计数，则十位的进位输出端 O_c 就是整个计数器的输出端，同时在此 O_c 端加非门输出反相以后送到各位的预置端作为 LD 信号。这样当计数器达到满量以后，各位的端为低电平，在下一个计数脉冲作用下，计数器回到起始计数状态，开始对新的周期循环计数，并行进位结构计数器的优点是工作速度较快。

4) 锁相环路设计

本频率合成器由 CD4046 内的鉴相器 PDⅡ、VCO 和外接环路滤波器 LF、可变分频器 N 等单元电路组成一个单环锁相环路。环路设计内容为：① 根据所要求的输出频率 f_o 的范围，确定 VCO 的定时元件 C_t、R_1、R_2 的数值，并计算压控灵敏度 A_0；② 根据 V_{DD} 计算 PDⅡ的鉴相增益 A_d；③ 根据所要求的 f_o 范围和步进频率间隔，计算 N_{min} 和 N_{max}；④ 根据 f_R 确定环路的 ω_m 和 ξ 值，并计算环路滤波器元件值。

环路滤波器采用如图 14-2 所示的无源比例积分滤波器时，在已知 A_0、A_d、N_{min} 等参数，并选定 ξ、ω_m 以后，就可以利用关系式(2)、式(3)计算滤波器元件 R_3、R_4、C 的取值。

环路阻尼系数 ξ 选取最佳值 $\xi=0.707$，环路自然角频率取典型设计值 $\omega_m=\dfrac{2\pi f_R}{10}$。

【例】 某单环锁相频率合成器的鉴相器和 VCO 采用 CD4046，输出频率 $f_o=200\sim299$ kHz，频率间隔为 1 kHz，电源电压为 5 V，计算环路参数和滤波器元件 R_3、R_4、C 值。

(1) VCO 的 C_t、R_1、R_2 和 A_o 的确定

因为 $f_{omin}=200$ kHz，查图 14-10 曲线得 $R_2=10\ \text{k}\Omega$，$C_t=100$ pF，由式(6)得：

$$R_3=\frac{V_{DD}-U_{GS}}{8C_t(f_{omax}-f_{omin})}=\frac{5-0.5}{8\times100\times10^{-12}\times(299-200)\times10^3}=51\ \text{k}\Omega$$

由式(7)得：

$$A_o=\frac{1}{8R_1C_t}=\frac{1}{8\times51\times10^3\times100\times10^{-12}}=24.5\times10^3\ \text{Hz/V}$$

(2) 计算 A_d

由式(4)代入 $V_{DD}=5$ V，计算得 $A_d=0.78$ V/rad。

(3) 计算 N_{min}

鉴相标频必须等于步进频率间隔，即 $f_R=1$ kHz，所以有：

$$N_{min}=\frac{f_{omin}}{f_R}=\frac{200\times10^3}{1\times10^3}=200$$

(4) 环路滤波器设计

$$\omega_m=\frac{2\pi f_R}{10}=\frac{2\pi\times1\times10^3}{10}=0.2\pi\times10^3\ \text{rad}$$

由关系式(2)、(3)可得:

$$\tau_2=\frac{2\xi}{\omega_m}-\frac{N_{min}}{A_o A_d} \tag{12}$$

$$\tau_1=\frac{A_o A_d}{\omega_m^2 N_{min}}-\tau_2 \tag{13}$$

式中,$\tau_1=R_3C$,$\tau_2=R_4C$。将 $\xi=0.707$,$\omega_m=0.2\pi\times10^3$ rad,$N_{min}=200$,$A_o=24.5\times10^3$ Hz/V 等值代入式(12)、式(13)得:

$$\tau_2=R_4C=0.585\ \text{ms}$$

$$\tau_1=R_3C=0.936\ \text{ms}$$

取 $C=0.22\ \mu$F,则可得:

$$R_3=\frac{\tau_1}{C}=4.24\ \text{k}\Omega$$

$$R_4=\frac{\tau_2}{C}=2.66\ \text{k}\Omega$$

取 $R_3=4.3\ \text{k}\Omega$,$R_4=2.7\ \text{k}\Omega$。

14.3　实验内容

(1) 利用 CD4046 芯片内的 PDⅡ 和 VCO 设计一个低频频率合成器。已知晶振频率 4 MHz,CD4046 的 $V_{DD}=5$ V,数字集成电路采用 74LS 系列的 74LS160 计数器和 74LS00 等,合成器具体指标如下:

① 输出频率范围 $f_o=2\sim99$ kHz 可变。

② 频率间隔 $\Delta f=f_R=1$ kHz。

③ 输出波形 $U_{op\text{-}p}\approx5$ V 的矩形波。

要求在实验报告上列出电路设计计算步骤,画出完整的频率合成器原理图,图中必须注明集成电路芯片型号和各元件数值,经指导教师审阅过后,方可进实验室做实验。

(2) 调试电路

检查接线无误以后,接通 5 V 电源,按下列步骤分别调试各部分电路。

① 用示波器检查晶振输出波形,适当调整 C_1、C_2 使晶振波形的占空比接近 50%,用数字频率计检查晶振频率,并适当微调电容 C_3,使输出频率为 4 MHz。

② 用示波器检查固定分频器 M 输出波形和频率 $f_R=1$ kHz,如发现波形、频率不对无或输出,则应检查接线是否正确。

③ 断开 CD4046 的⑨脚连线,直接送入 0～5 V 直流电压,观察 VCO④脚输出波形和频率是否满足所要求的频率范围。如有偏差,则可调节 R_3 中的电位器或电容 C_t。

④ 断开程序分频器预置端用导线直接置入预置数,检查 N 分频器工作情况,即输入为 f_o,则输出应为 $f_N=f_o/N$。

⑤ 在上述各部分电路都正常的条件下,闭合环路时,通常锁相环均能锁定,锁定指示发光二极管亮,如有失锁现象,可适当调节环路滤波器参数值。一般是调节 R_3 和 R_4 之比值。

14.4　预习要求

(1) 复习锁相环和频率合成器的工作原理;

（2）设计实验电路，并计算出各个元件的值。

14.5　实验报告要求

（1）列出设计计算步骤，画出完整的电路图（此条应在预习时就做完，并交指导教师审阅后，方可做实验）。

（2）自己拟定实验记录表格整理实验数据。

14.6　思考题

（1）锁相频率合成器的基本原理是什么？锁相环的锁定与否与哪些环路参数有关？为什么？

（2）为什么改变程序分频器的分频比能改变输出频率？

14.7　实验仪器与器材

（1）通用计数器	NFC100B 型	1 台
（2）二踪示波器	YB4320 型	1 台
（3）直流稳压电源	DF1731 型	1 台
（4）三用表	MF78 型	1 只

第3篇　高频电子线路实验

实验15　高频电子仪器的使用

15.1　实验目的

(1) 了解高频电子仪器的工作原理，学会对高频信号发生器的正确使用，并用示波器和高频毫伏表来观察、测量高频信号及有关参数；

(2) 学会用频率特性测试仪测量电路的幅频特性及参数；

(3) 学会设计 XFC-6 型标准信号发生器的阻抗匹配网络。

15.2　实验原理

1) 高频信号发生器

高频信号发生器的输出频率一般从 100 kHz～300 MHz，属于无线电波的射频频段，因此也称为射频信号发生器。它的主振电路都采用 LC 振荡电路。对这种信号发生器的基本要求是：输出幅度足够大、频率稳定度尽可能高、谐波含量小以及频率刻度准确等。高频信号发生器的参数有：电压、功率、频率、调制度（调频与调幅）以及失真系数等。因此高频信号发生器属于一种具有综合参数的仪器。

实验用的 XFC-6 型标准信号发生器可以产生 4～300 MHz 的正弦信号，当终端接有 75 Ω负载时，能产生从 0.05 μV～50 mV 且连续可调的输出电压，它具有 8 种调制方式，即内调幅、外调幅、内调频、外调频、内调幅同时内调频、内调幅同时外调频外调幅同时外调频以及外部的视频调幅。其面板图参见附录2的附图2-9。仪器的使用规程如下：

(1) 确定输出信号形式

也就是选择输出信号是载波还是上述8种调制方式中的任何一种，它是通过调节工作状态选择开关⑨来确定的。

(2) 频率调整

在以兆赫刻度的圆形频率刻度盘①上，调整所需的频率，并用度盘下方的波段选择开关③选择所需的频率范围。游标上两条细线重合对准的刻度即为频率读数。对于很小的相对频率变化的调整和测量，频率度盘具有和粗调机构分离的、直接与游标相连的微调装置②，它以 1:100 的蜗杆涡轮转动，且无回弹。游标乃是具有 100 分度的度盘，这些刻度刻在一个圆环上。

(3) 输出电压调整

调节控制旋扭④，使表针严格指在“1”的标记上。然后用刻有 0.5～5 μV 的细调衰减器⑥和 0.1～10^4 的十进制粗调衰减⑦，可连续改变输出电压。此二分压器读数的乘积就是以微伏为单位的输出电压。

如果输出端⑧接以 75 Ω 的终端阻抗，则这样调整所得的输出电压和读出的电压数值相等，在 100 MHz 以下可获得较好的匹配。当输出电缆终端末加 75 Ω 的负载时，终端的阻抗就是负载的输入阻抗（Z_i）。对于输入阻抗 $Z_i \neq 75\ \Omega$ 的负载，应采用一个由两只电阻构成的简单四端网络形式的，并与频率无关的阻抗变换器，接到负载前面，以获得适当的匹配。对于具有 $Z_i > 75\ \Omega$ 的阻抗应按图 15-2 连接，对于具有 $Z_i < 75\ \Omega$ 的阻抗应按图 15-3 连接。

用在信号发生器和阻抗匹配器之间的连接电缆不应再接终端负载电阻，但是这种阻抗变换的方法招致附加的压降，因此加到负载上的输入电压 U_2 经常小于信号发生器输出端的电压 U_1，对于图 15-2 所示的四端网络电阻的计算式为：

$$R_1 = \sqrt{Z_i(Z_i - 75)}, \quad R_2 = \sqrt{\frac{Z_i}{(Z_i - 75)}}$$

对于图 15-2 所示的四端网络其输入输出电压之比为：

$$k_v = \frac{U_1}{U_2} = \sqrt{\frac{Z_i - 75}{Z_i} + 1}$$

对于图 15-3 所示的四端网络电阻的计算式为：

$$R_1 = \sqrt{75 \times (75 - Z_i)}, \quad R_2 = Z_i \sqrt{\frac{75}{75 - Z_i}}$$

对于图 15-3 所示的四端网络其输入输出电压之比为：

$$k_v = \frac{U_1}{U_2} = \frac{\sqrt{75 \times (75 - Z_i)} + 75}{Z_i}$$

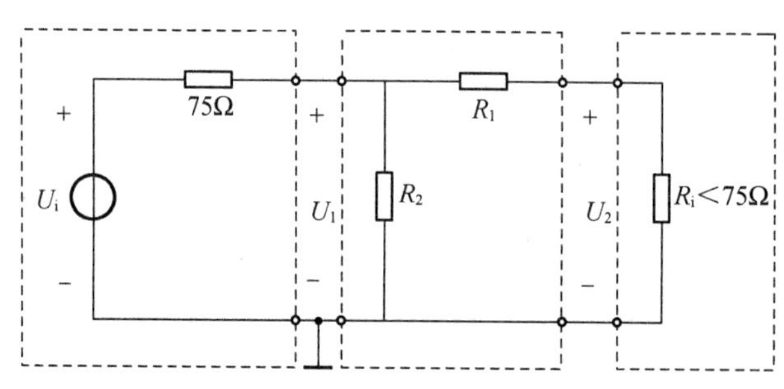

图 15-2　当 $Z_i > 75\ \Omega$ 时的阻抗变换

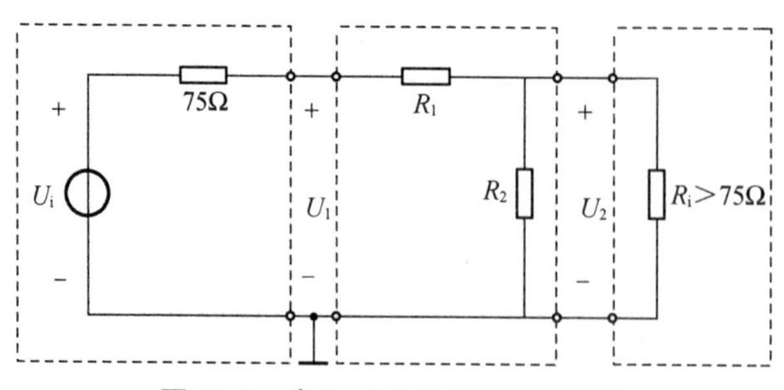

图 15-3　当 $Z_i < 75\ \Omega$ 时的阻抗变换

因此，用了这样一个连接在负载前面的阻抗变换器后，加到负载上的电压就不是从仪器上

读出的 U_1，而是 $U_2=\frac{U_1}{k_v}$。

注意事项：

不允许高于1 V的交流或直流电压从负载上加到信号发生器的输出端。而当需要一个小射频电压时(约小于1 mV)建议将阻抗变换器装在一个完全屏蔽的盒子里。

④ 调制度调整：

当输出信号为调制信号时，为了指示调制度，用电表⑬，其上有(0～80%)的刻度，为了指示频偏，电表也有(0～100 kHz)的频偏刻度，电表下方的控制旋扭⑫可以用来连续调节调幅度和频偏。然而这仅适用于单一调制的情况，对于双重调制，控制旋扭只能改变调幅度。在此调幅控制旋扭下方的开关⑪用于选择指示调幅度和频偏的两个量程。在"×0.1"位置时，电表的刻度对应于调幅度(0～8%)和频偏(0～10 kHz)。在"×1"位置时，电表的刻度对应于调幅度(0～80%)和频偏(0～100 kHz)。在这个量程开关右边的开关⑩，可选择调幅或调频。

2) 超高频毫伏表

超高频毫伏表是一种先检波后放大式的电压表。它是将待测电压首先转换为直流电流，然后再用直流放大器放大。检波器的频率响应决定了被测电压的频率范围。它把特殊的高频检波二极管置于探极，并减少连接线分布电容的影响，频率可达1 kHz。一般的直流放大器限制了检波放大式电压表的灵敏度，所以其采用调制式直流放大器，灵敏度可达mV级。

实验采用的DA22型超高频毫伏表可测量频率5 kHz～1 000 MHz，幅度200 μV～3 V的正弦信号电压，其输入阻抗在100 kHz时大于50 kΩ，在100 MHz时大于10 kΩ，输入电容小于2 pF。其使用方法如下：

(1) 调零

估计待测电压大小，选择好恰当的量程挡，将高频探头插入校正插孔，调零、校正选择开关置于调零位，调节调零电位器至零位。

(2) 校正

将调零、校正选择开关置于校准位，调节满度校正电位器使电表指示满刻度即可进行测量

(3) 注意事项

① 本仪器高频探头隔直流电容和检波二极管相当脆弱，探针受力不宜太大，使用探头需小心轻放。

② 使用小量程时，必须反复调整，特别再加上大信号以后，要有较长的时间才能恢复。小信号测量时尽可能不移动探头和电缆，并应在热平衡条件下测量。

3) 频率特性测试仪

频率特性的测量是用实验的方法获得系统的频率特性，目前常用的测量方法有静态测量法和动态测量法两种。

静态测量法是在保证信号源幅度不变的条件下，取一系列不同的频率点，记下相应的响应，最后将响应与频率的对应关系在坐标纸上绘成曲线，即是被测系统的幅频特性。静

态测量使用的仪器简单,易实现,但工作量大,耗时多。由于测量频率不是连续变化,可能漏掉频率特性中有价值的细节。

动态测量法是用一个频率连续变化的正弦信号加入被测系统,用示波器显示系统的响应情况。同静态测试相比,动态测试更接近于系统的实际工作情况。

用频率特性测试仪进行的频率特性测量就是动态测量法。频率特性测试仪的组成框图如图 15-4 所示。扫频信号发生器受扫描信号发生器的控制(图中波形①),产生频率随时间在一定范围内扫动的扫频信号,由于扫描电压是锯齿波。所以扫频信号随时间变化的关系是线性的(图中波形②)。扫频信号加入被测电路后,由于被测电路对不同频率的响应也不同,扫频信号被调幅(图中波形③),其包络的变化规律即是被测电路的幅频特性。这个调幅信号经过峰值检波器检波,取出包络变化的波形(图中波形④),在由 y 放大器放大后加在示波管的垂直偏转系统,荧光屏上光点在垂直方向上的位置即决定于幅频特性曲线的高度。

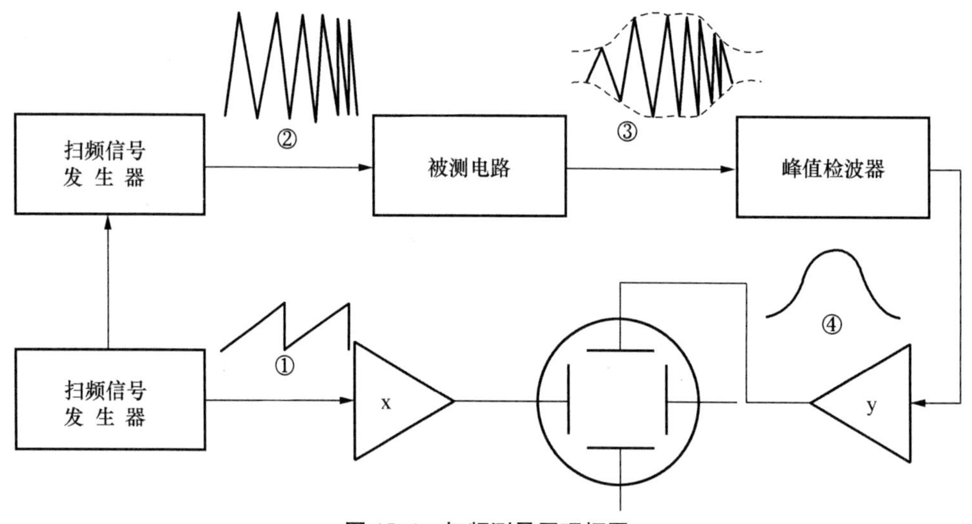

图 15-4　扫频测量原理框图

扫描信号发生器的输出分为两路,一路控制扫频频率,另一路作为示波管水平偏转系统的扫描电压送往水平偏转板,荧光屏上光点在水平方向的移动也和时间呈线性关系。由于扫频信号频率随时间变化与光点在水平轴上随时间移动同受扫描信号控制。两者的变化规律是一样的,水平轴由于可以表示频率的变化而转成了频率轴,这样在屏幕上看到的波形就是被测电路的幅频特性。

为了便于确定图形中任何一点所对应的频率值,必须有在测量时对频率轴进行定量刻度的标记,我们称这个标记叫频率标记,简称频标。产生频标的基本原理框图如图 15-5 所示。

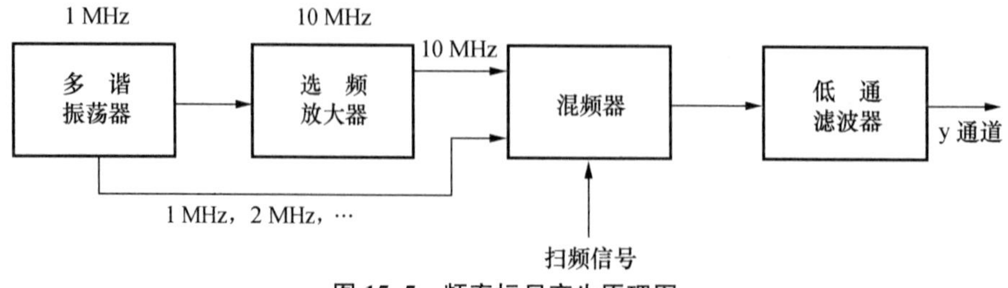

图 15-5　频率标尺产生原理图

图中振荡频率为1 MHz的多谐振荡器，产生频率为1 MHz、2 MHz、…、10 MHz等一系列谐波信号，各次谐波与扫频信号进行混频。由于扫频信号不是一个单一频率信号，所以扫频信号和标准信号混频后的信号频率也是在一定范围内连续变化的。扫频信号越接近谐波信号频率，差频越低，反之差频越高。在混频器后面接上一个低通滤波器，滤除差频信号中频率较高的部分，保留靠近谐波频率的部分，就形成了一系列频率标记，它在频率轴的位置上对应于相应的谐波频率。图中的10 MHz选频放大器用来放大10次谐波使10次谐波形成的频标幅度要比其他谐波形成的频标幅度大。将频率标尺信号与幅频信号一起送入y通道，就可以测量幅频参数了。

实验用的PDA1250A频率特性测试仪的扫频范围为0.1 MHz到50 MHz，0 dB衰减时，75 Ω终端输出不小于0.5 V的扫频信号，频标有50 MHz、10 MHz/1 MHz复合及外接。其使用方法如下：

(1) 按下面板上的电源开关，调节辉度、聚焦两电位器旋钮以得到足够的辉度和细的扫描线。

(2) 将影像极性置于“校准”，粗衰减和细衰减都置于0 dB，将75 Ω匹配输出电缆线和检波输入探头短接，这时屏幕上会看到一矩形框，调节y增益使矩形框占有一定的格数，调节中心频率旋钮到0 Hz。

(3) 将影像极性置于“+”或“−”，再将75 Ω匹配输出电缆线接到待测电路的输入端，检波探头接到待测电路的输出端，屏幕上会出现待测电路的幅频特性曲线。

(4) 调节中心频率旋钮和衰减旋钮，可以测量幅频特性的特征频率和待测电路的增益。

注意事项：

① 测试时，输出电缆、检波器的接地线尽可能短一点，粗一点。

② 被测设备如果本身带有检波输出的可直接用电缆馈入显示系统的y输入。

15.3 实验内容

(1) 当XFC-6型标准信号发生器输出端接有75 Ω负载时，用DA22型毫伏表测量其输出电压(测量时应用示波器监视波形)，图15-6是用超高频毫伏表测量信号发生器输出电压的连线图。

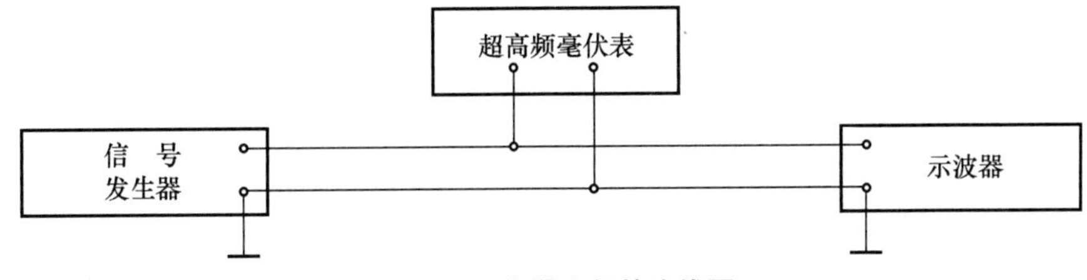

图15-6 仪器之间的连线图

① 将XFC6型标准信号发生器的“衰减粗调”置于10^4挡，“衰减细调”调盘指在“2.5”刻度线上，用DA22型超高频毫伏表测量信号发生器在不同频率挡时的输出电压值，记入表15-1中。

表 15-1　数据记录(1)

信号频率(MHz)	4	8	12	16	20
毫伏表读数(mV)					

② 将 XFC-6 型标准信号发生器的频率调至 16 MHz“衰减细调”度盘指在“5.0”刻度线上，分别用 DA22 型超高频毫伏表测量信号发生器在不同“输出衰减”挡位时输出电压值。记入表 15-2 中。

表 15-2　数据记录(2)

信号发生器“输出衰减”所在挡位	10^4	10^3	10^2	10	1
信号发生器应有的输出电压(μV)					
超高频毫伏表读数(μV)					

(2) 当 XFC-6 型标准输出端接有 50 Ω 负载时

① 重复 1 的内容，记入表 15-3 和表 15-4，并比较分析测量结果。

表 15-3　数据记录(3)

信号频率(MHz)	4	8	12	16	20
毫伏表读数(mV)					

表 15-4　数据记录(4)

信号发生器“输出衰减”所在挡位	10^4	10^3	10^2	10	1
信号发生器应有的输出电压(μV)					
超高频毫伏表读数(μV)					

② 设计一阻抗匹配网络，接入电路，重复 1 的内容，记入表 15-5 和表 15-6，并比较分析测量结果。

表 15-5　数据记录(5)

信号频率(MHz)	4	8	12	16	20
毫伏表读数(mV)					

表 15-6　数据记录(6)

信号发生器“输出衰减”所在挡位	10^4	10^3	10^2	10	1
信号发生器应有的输出电压(μV)					
超高频毫伏表读数(μV)					

(3) 用示波器观察并测量调幅信号的有关参数

XFC-6 型标准发生器输出载波电压为 25 mV，载波频率为 10 MHz，采用内调幅方式，调幅指数为 0.3，用示波器观察并记录调幅波波形见图 15-7 所示，并测量出载波频率、调制信号频率及调幅指数，记入表 15-7，其中调制指数 M_a 可从波形得到，公式为：

$$M_a = \frac{A_{max} - A_{min}}{A_{max} + A_{min}}$$

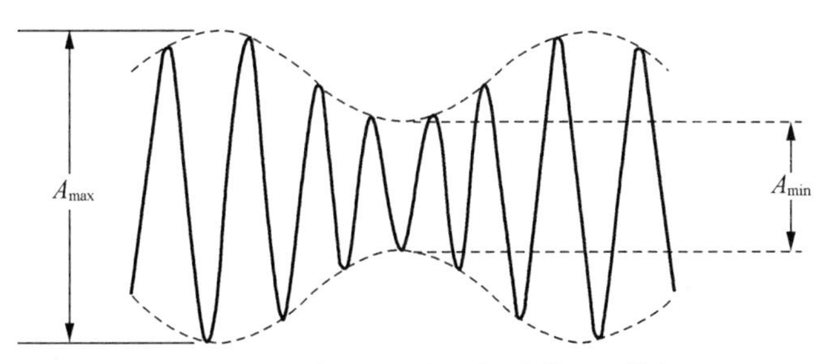

图 15-7　示波器法测量调幅波的调制指数

表 15-7　数据记录(7)

载波频(MHz)	调制频率(kHz)	A_{max}	A_{min}	M_a

(4) 用示波器观察调频波

XFC-6 型标准信号发生器输出载波电压为 25 mV,载波频率为采用内调频方式,频偏为 30 kHz,用示波器观察波形并记录。

(5) 用 PD1250A 型频率特性测试仪显示 6.5 MHz 陶瓷滤波器的幅频特性,并测量其中心频率 3 dB 带宽,以及阻带衰减,记入表 15-8。

表 15-8　数据记录(8)

中心频率(MHz)	上限频率(MHz)	下限频率(MHz)	带宽(kHz)	阻带衰减(dB)

15.4　预习要求

(1) 预习 XFC-6 型标准信号发生器面板上的各旋钮的作用及使用方法。

(2) 预习 DA22 型超高频率伏表的测量原理,使用方法及注意事项。

(3) 预习 PD1250A 型频率特性测试仪的测量原理和使用方法。

(4) 当 XFC-6 型标准信号发生器输出端负载为 150 Ω 和 50 Ω 时,试设计它们阻抗匹配网络,使之与 75 Ω 匹配。

15.5　实验报告要求

根据实验记录,列表整理,计算实验数据,并进行分析讨论,用方格纸描绘有关波形图。

15.6　思考题

(1) 为什么实验内容 2 所得结果与实验内容 1 不一致,分析原因。

(2) 当信号频率高于 20 MHz 时,用示波器观察到的波形幅度与毫伏表测量值不一致,试分析原因。

(3) 试比较 XFC-6 型标准信号发生器与 YB1638 型函数发生器的异同点及使用场合。

(4) 试比较普通万用表、晶体管毫伏表与 DA22 型超高频毫伏表的异同点及使用场合。

(5) 试设计用普通示波器测量电路幅频特性的方案，画出原理框图。

15.7　实验仪器与器材

(1) 标准信号发生器	XFC-6 型	1 台
(2) 超高频毫伏表	DA22 型	1 台
(3) 二踪示波器	YB4320 型	1 台
(4) 频率特性测试仪	PD1250A 型	1 台

实验 16　LC 正弦波振荡器

16.1　实验目的

(1) 通过实验，进一步了解 LC 三点式振荡电路的基本工作原理，研究振荡电路起振条件和影响频率稳定度的因素；

(2) 学会使用通用计数器测量频率的方法。

16.2　实验原理

1) 起振条件

图 16-1 为三点式 LC 振荡器的基本电路。根据相位平衡条件，图中构成振荡电路的三个电抗中间，X_1、X_2 必须为同性质的电抗，X_3 必须为异性质的电抗，且它们之间满足关系式：

$$X_3=-(X_1+X_2)$$

若 X_1 和 X_2 均为容抗，X_3 为感抗，则为电容三点式振荡电路；若 X_1 和 X_2 均为感抗，X_3 为容抗，则为电感三点式振荡电路。

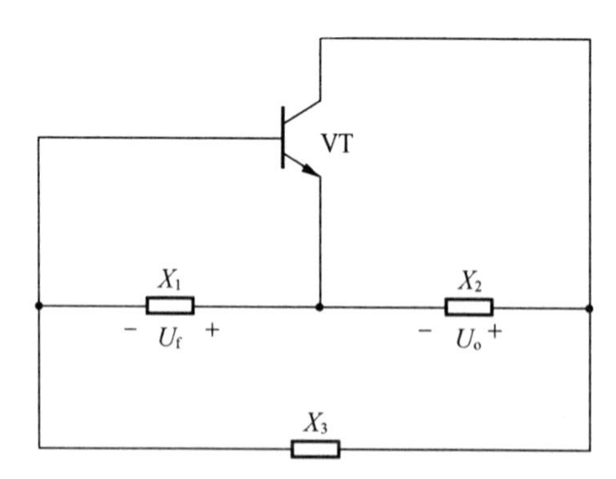

图 16-1　三点式振荡电路的交流通路图

根据幅度的起振条件，三极管的跨导 g_m 必须满足下列不等式：

$$g_m > k_{fV}g_i + \frac{1}{k_{fV}}(g_0 + g_1') \tag{1}$$

式中，$k_{fV}=\left(\frac{X_2}{X_1}\right)$为反馈系数，$g_i$ 和 g_o 分别为三极管 b-e 间输入电导和 c-e 间输出电导，g'_1 为等效到三极管输出端(c-e 间)的负载电导和回路损耗电导之和。

式(1)表示，起振所需的跨导与 k_{fV}、g_i、g_o、g'_1 等有关，如果管子参数和负载确定后，应有一个适当的数值，太大或太小都不易满足幅度的起振条件。

在 k_{fV} 确定时，除了满足幅度的起振条件以外，还必须考虑频率稳定度和振荡幅度等要求。

2) 频率稳定度

频率稳定度是振荡器的一项十分重要的技术指标，表示一定时间范围内或一定的温度、湿度、电源电压等变化范围内振荡频率的相对变化程度，振荡频率的相对变化量越小，则表明振荡频率稳定度越高。

改善振荡频率稳定度，从根本上来说就是力求减小振荡频率受温度等外界因素影响的程度，振荡回路决定振荡频率的主要部件。因此，改善振荡频率稳定度的最重要措施是提高振荡电路在外界因素变化时保持谐振频率不变的能力。这就是通常所谓的提高振荡回路标准性。

提高振荡回路标准性，除了采用高 Q 和高稳定的回路电容和电感外，还可以采用与正温度系数电感作相反变化的负温度系数电容，实现温度补偿的作用，或采用部分接入的方法以减小不稳定的管子极间电容和分布电容对振荡频率的影响。

根据上述考虑，本实验采用了改进型电容三点振荡电路——克拉拨电路。图 16-2 和图 16-3 是它的实验电路和印刷底板图。图中可变电容 C_3，用来调节振荡器的振荡频率，若 L_3 约为 4.2 μH(采用 10 mm×10 mm×14 mm 中频变压器骨架绕制，磁芯材料为 NX-40，约绕 12 匝)，其他元件采用如图所示的数值，则振荡频率的变化范围约为 12～18 MHz，电位器 R_W 用来调节振荡的静态工作电流，控制振荡电压幅度。VT_2 为射极跟随器，若用计数式频率计接到②点观察振荡频率，则可起到振荡器与频率计之间的隔离作用。

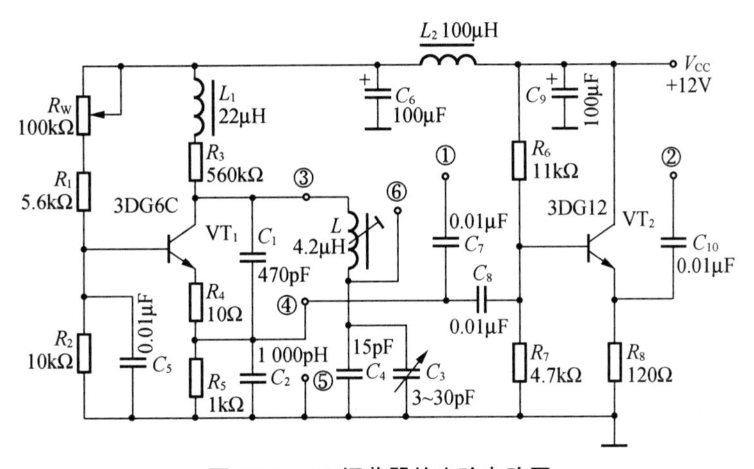

图 16-2　LC 振荡器的实验电路图

16.3　实验内容

检查电路正确无误后，接通电源 $V_{CC}=12$ V。

1）调整静态工作点

在插孔③、⑥之间（图 16-3 中）用短路线将振荡回路电感 L_3 短接，使振荡器停振。调节电位器 R_W，用三用表测量振荡管的发射极电压 U_{EQ}，使 $I_{EQ}=\frac{U_{EQ}}{R_e}=5$ mA。

然后拆除短路线，若振荡器工作正常。则在①点就可用示波器观察到振荡电压波形，同时发射极直流电流也将偏离停振时测得的 I_{EQ}。

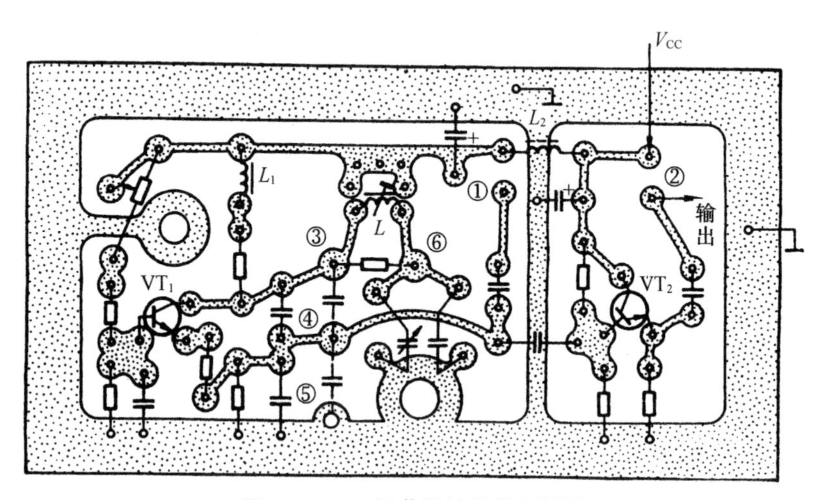

图 16-3　LC 振荡器的印刷底板图

2）观察反馈系数 k_{fv}，对振荡电压 U_L 的影响

（1）保持 $I_{EQ}=5$ mA，$C_1=470$ pF。在 $C_2=1\,000$ pF 两端（插孔④、⑤之间）并接不同电容（1 000 pF、2 000 pF、3 000 pF），用毫伏表在①点测量相应的振荡电压 U_L，并用示波器监视振荡波形。

（2）保持 $I_{EQ}=5$ mA，$C_1=1\,000$ pF，在 $C_1=470$ pF 两端（插孔③、④之间）并接不同电容（300 pF、510 pF、680 pF、820 pF），重复上述实验。

3）测量振荡电压 U_L 和振荡频率之间的关系

保持 $I_{EQ}=5$ mA，调节可变电容 C_3，由大到小，用毫伏表在①点测量相应的振荡电压，同时用计数式频率计在②点测量相应的振荡频率，并根据测量结果计算波段覆盖系数 f_{max}/f_{min}。

4）测量振荡电压 U_L 的影响

调节 C_3，使振荡频率调到最低，改变偏置电位器 R_W 使其阻值由大到小，测量相应的直流工作点电流和振荡电压 U_L。

5）观察外界因素变化对振荡频率稳定度的影响

（1）电源电压变化

使 I_{EQ} 恢复到 5 mA，振荡频率调到最低，改变电源电压，分别测出 $V_{CC}=12$ V 和 8 V 时的频率值，并计算其频率变化的相对值。

然后在插孔③、⑥之间并接电阻 $R=100\ \text{k}\Omega$，用来减小回路的品质因数。重复上述实验，并比较两次测量的结果。

(2) 温度变化

使电源电压 V_{CC} 恢复到 12 V，$I_{EQ}=5$ mA，振荡频率调到最低。这时，用烙铁对振荡管加温，分别测量加温前和加温 1 min 后的频率值，并计算频率变化的相对值。

然后在 L_3 上并接 10 kΩ 电阻，重复上述实验，并比较两次测量的结果。

注意，加温时，烙铁头不要太靠近晶体管，以免损坏管子。

16.4　预习要求

(1) 复习 LC 正弦波振荡的工作原理，了解提高频率稳定度的措施。

(2) 预习本书附录有关 NFC-100B 型频率计数器测量频率的工作原理和使用方法。

(3) 振荡频率的估算

已知 $L_3=4.2\ \mu\text{H}$，$C_3=3/30$ pF，$C_4=15$ pF，$C_1=470$ pF，$C_2=1\ 000$ pF，计算振荡的最低频率和最高频率以及频率覆盖系统 f_{max}/f_{min}。

(4) 对照实验电路图，在印刷底板图上注明元件编号。

(5) 自拟实验数据记录表格。

16.5　实验报告要求

(1) 整理实验数据，并用方格纸分别描绘振荡电压 U_L 随振荡频率和直流工作点电流而变化的曲线。

(2) 用所学理论，分析各项实验结果。

16.6　思考题

(1) 为什么起振后的直流工作点也不同于起振前的静态工作点电流？在什么情况下起振后的工作点电流大于起振前的静态工作点电流？在什么情况下，前者小于后者？

(2) 为什么 I_{EQ} 过大或过小都会使振荡器输出电压下降？

(3) 用 C_3 调节振荡频率时，振荡幅度为什么随频率升高而下降？

(4) 若用电容量变化范围最大的可变电容器 C_3，能否进一步提高波段覆盖系数？

(5) 为什么提高振荡回路的 Q 值可以提高振荡频率的稳定度？

16.7　实验仪器与器材

(1) 通用计数器	NFC100B 型	1 台
(2) 超高频毫伏表	DA22 型	1 台
(3) 示波器	YB4320 型	1 台
(4) 直流稳压电源	DF1731 型	1 台
(5) 三用表	MF78 型	1 台

实验 17 集成模拟相乘器

17.1 实验目的

(1) 通过实验,进一步加深对模拟相乘器工作原理及其特点的理解;

(2) 了解模拟相乘器主要参数及其测试方法;

(3) 学会正确使用集成模拟相乘器实现频谱搬移电路的有关功能。

17.2 实验原理

模拟相乘器是一种能够将两个互不相关的输入信号进行相乘运算的器件。其简化符号如图 17-1 所示。当两输入信号分别为 u_x 和 u_y 时,其输出 u_o 正比于两个输入信号的相乘积,即

$$u_o = A_M u_x u_y$$

式中:A_M 为相乘器的乘积因子,其量纲为 V^{-1}。

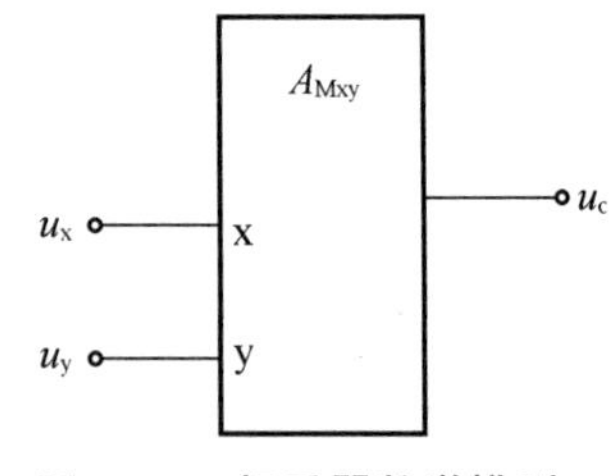

图 17-1 相乘器数学模型

能够实现相乘作用的电路很多,如二极管环形电路、对数-反对数运算电路和可变互导的双差分对电路等。由于可变互导型模拟相乘器具有精度高、载漏小、工作频带宽,因此在振幅调制(如平衡调制、普通调幅波调制)、解调(同步检波、鉴相、鉴频)、混频和倍频等方面都得到了广泛的应用。目前几乎所有单片集成模拟相乘器都为可变互导型相乘器。

1) F1596 型单片集成模拟相乘器

F1596 相乘器是典型的可变互导型相乘器。它的内部电路如图 17-2 所示。由图可见,F1596 有两组输入端,其中 8 和 10 端为 VT_1、VT_2 和 VT_3、VT_4 组成的双差分对输入端(又称载波输入端),设加入的信号为 u_x(或 u_c);1 和 4 端为差分对管 VT_5、VT_6 的输入端(又称信号输入端),设加入的信号为 u_y(或 u_s),由于互导可以控制,故有可变互导相乘器之称。

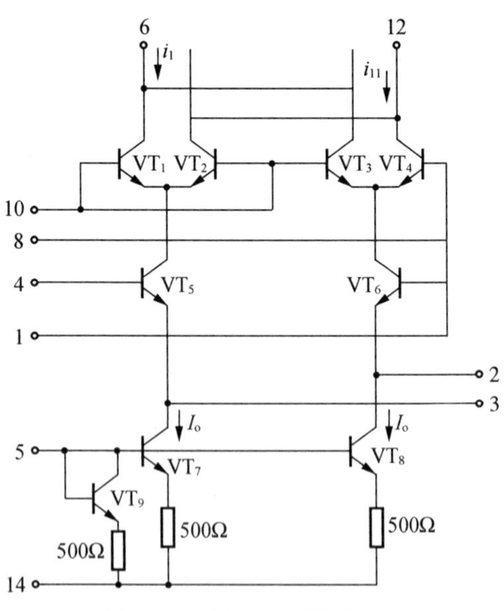

图 17-2 F1596 内部电路

F1596 的输出端是双差分对管集电极通过外接负载 R_C(或谐振回路)组成的输出回路,由于它们的集电极之间是左右交叉互连在一起实现平衡输出。因此人们又称它为双平衡相乘器。

VT_1、VT_2 和 VT_3、VT_4 组成的双差分对,其发射电流是由 VT_5、VT_6 集电极电流提供的,而 VT_5、VT_6 发射极电流又是由 VT_7、VT_8 和 VT_9 组成的镜像恒流源提供的。因而保证了整个电路工作的稳定性。可以说明:当 VT_5、VT_6 发射极(2、3 端)外接有反馈电阻 R_E 时,

相乘器的输出电流为：

$$i_o = i_{\mathrm{I}} - i_{\mathrm{II}} \approx \frac{u_y}{2R_E} \mathrm{th} \frac{u_x}{2U_T} \left(-\frac{I_o}{2} \leqslant \frac{u_y}{R_E} \leqslant +\frac{I_o}{2} \right)$$

当外接负载为 R_L' 时，其输出电压为：

$$u_o = i_o R_L' \approx \frac{R_L' u_y}{2R_E} \mathrm{th} \frac{u_x}{2U_T}$$

只有当 u_x 足够小，即 $u_x < 26\ \mathrm{mV}$ 时，$\mathrm{th} \frac{u_x}{2U_T} \approx \frac{u_x}{2U_T}$ 才能实现 u_x 和 u_y 的相乘作用。如果 u_x 足够大，致使双差分对工作进入到差模传输特性的限幅区，即双向开关工作状态时，其输出 u_o 可表示为：

$$u_o = \frac{R_L' u_y}{2R_E} K_2(\omega_x t)$$

式中：$K_2(\omega_x t) = \sum_{n=1}^{\infty} (-1)^{n-1} \frac{4}{(2n-1)\pi} \cos(2n-1)(\omega_x t)$ 为双向开关函数；ω_x 为 u_x 的角频率。可见，这时相乘器的性能将得到进一步改善。因此，F1596 相乘器作频谱搬移电路的应用是很适宜的。

2）模拟相乘器主要特性参数

理想的相乘器，当加入 u_x 和 u_y 后，其输出端只应有乘积信号，而单个输入信号将被全部抑制掉。但由于制造工艺和材料的限制，实际的相乘器内部器件不可能完全一致，因而在输出端难免存在一定的漏信号。对漏信号的抑制能力，常用载漏抑制度和信漏抑制度来衡量。

(1) 载漏抑制度 CFT

它是指输入信号电压 $u_s = 0$，只加载波输入信号时，该载波信号电压 u_c 与输出漏载波电压 u_o 之比值，常用分贝数表示，即

$$\mathrm{CFT(dB)} = 20\lg \frac{u_c}{u_o}$$

要求 CFT 越大越好。

(2) 信漏抑制度 SFT

它是指载波信号 $u_c = 0$，只加输入信号时，该输入信号电压 u_s 与其产生相应的漏信号输出电压 u_o 之比值，即

$$\mathrm{SFT(dB)} = 20\lg \frac{u_s}{u_o}$$

同样，要求 SFT 越大越好。

(3) 相乘器增益 A_M

它是指两输入端分别加入载波信号和输入信号，输出端得到两者乘积信号电压 u_o 定义，它仅与输入信号电压 u_s 之比值，即为

$$A_M(\mathrm{dB}) = 20\lg \frac{u_o}{u_s}$$

3）模拟相乘器的应用

模拟相乘器的应用很广泛，本实验仅限于它在频谱搬移电路中的有关应用进行实验

研究。

(1) 平衡调制

用相乘器实现平衡调制的原理框图如图 17-3 所示。当载波输入端分别加入 $u_c=U_{om}\cos\omega_c t$ 和 $u_\Omega=U_{\Omega m}\cos\Omega t$ 时，则输出端就可直接得到已调的双边带信号，即

$$u_o=A_M u_c u_\Omega=U_{om}\cos\omega_c t\cos\Omega t$$
$$=\frac{1}{2}U_{om}[\cos(\omega_c+\Omega)t+\cos(\omega_c-\Omega)t]$$

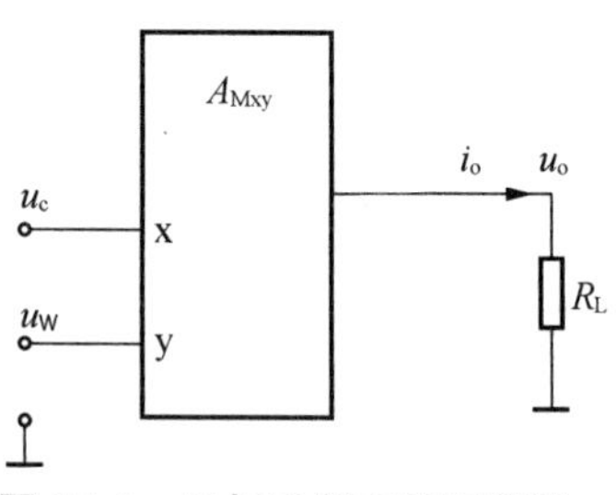

图 17-3 用相乘器实现平衡调制框图

用相乘器实现平衡调制，其优点是电路简单，输出频率谱纯，且有一定增益。

(2) 乘积混频

用相乘器实现混频的原理框图如图 17-4 所示。当两输入端分别加入信号电压 $u_s=U_{sm}\cos\omega_s t$ 和本振电压 $u_L=U_{Lm}\cos\omega_L t$，则输出电流 i_o 中将含有 $\omega_L+\omega_s$ 和 $\omega_L-\omega_s$ 分量，通过中心角频率为 $\omega_i=\omega_L-\omega_s$ 的带通滤波器滤除其中的和频分量，则得到输出中频电压：

$$u_o=u_i=u_{im}\cos\omega_I t$$

用相乘器实现混频，同样由于输出频谱比较纯净，因此，大大减少了寄生通道干扰和干扰哨声的数目。和普通三极管混频器比较，为了减小干扰和失真，它不需要 $U_{Lm}\gg U_{sm}$ 这一条件限制。另外，对于理想的相乘器来说，若本振电压一定时，输出中频电压 u_i 将和 u_s 呈线性关系。因此，乘积混频器的线性动态范围比较大。

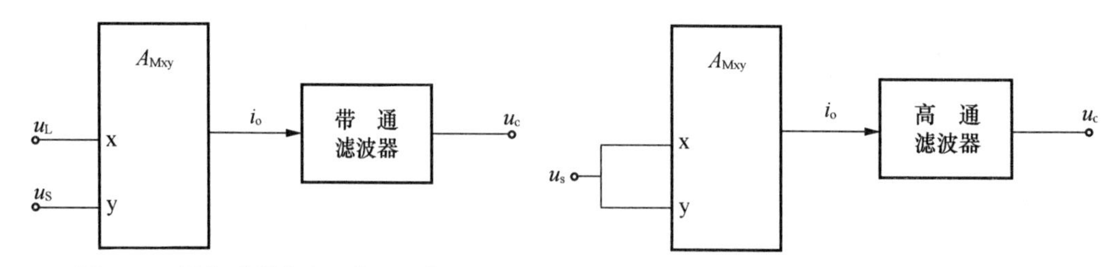

图 17-4 用相乘器实现混频原理框图　　图 17-5 用相乘器实现倍频原理框图

(3) 倍频

用相乘器实现倍频的原理框图如图 17-5 所示。当两输入端加入同一信号电压 $u_s=U_{sm}\cos\omega_s t$ 时，根据 $u_s^2=U_{sm}^2\cos^2\omega_s t=\frac{1}{2}U_{sm}^2(1+\cos2\omega_s t)$，则输出电流 i_o 中将含有直流分量和二倍频分量。通过高通滤波器滤除其中的直流分量，则输出即为二倍频电压：

$$u_o=U_{om}\cos2\omega_s t$$

(4) 同步检波

图 17-6 是实现对普通调幅信号进行同步检波的原理框图。当输入调幅信号 $u_s=U_{sm}(1+M_a\cos\Omega t)\cos\omega_s t$ 时，限幅器输出将为等幅载波电压 $u_s'=U_{sm}\cos\omega_s t$，因此，相乘器将两输入信号进行相乘，即

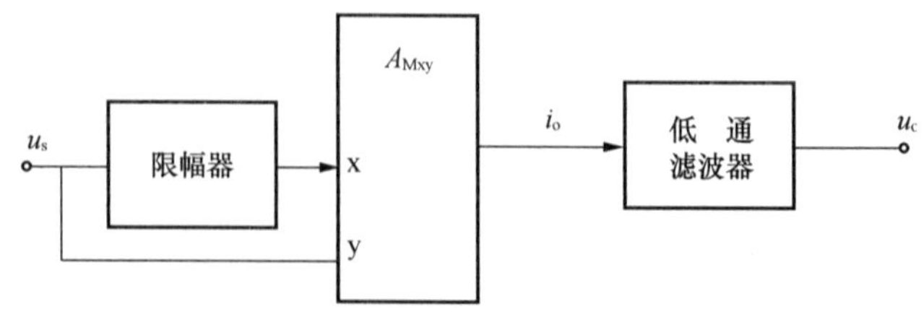

图 17-6 用相乘器实现同步检波原理框图

$$u_{\mathrm{s}}\cdot u_{\mathrm{s}}'=U_{\mathrm{sm}}U_{\mathrm{sm}}'(1+M_{\mathrm{A}}\cos\Omega t)\cos^{2}\omega_{\mathrm{s}}t$$

$$=\frac{1}{2}U_{\mathrm{sm}}U'_{\mathrm{sm}}(1+M_{\mathrm{A}}\cos\Omega t+\cos 2\omega_{\mathrm{s}}t)+\frac{1}{4}M_{\mathrm{A}}U_{\mathrm{sm}}U_{\mathrm{sm}}'[\cos(2\omega_{\mathrm{s}}+\Omega)t$$

$$+\cos(2\omega_{\mathrm{s}}-\Omega)t]$$

通过输出低通滤波器滤除 $2\omega_{\mathrm{s}}$、$2\omega_{\mathrm{s}}\pm\Omega$ 的高频分量，输出负载上即可得到反映调制规律的低频电压。

用 F1596 集成模拟相乘器实现上述功能的实验电路如图 17-7 所示，其中用于同步检波的限幅电路是用 5G921SC 组成的差分放大限幅器。它是利用输入大信号使差分放大器工作进入双向限幅而实现的。输出端提供了带通、高通和低通三种类型的滤波器，由双刀三掷开关 S_2 进行转换，以供不同实验内容加以选用。

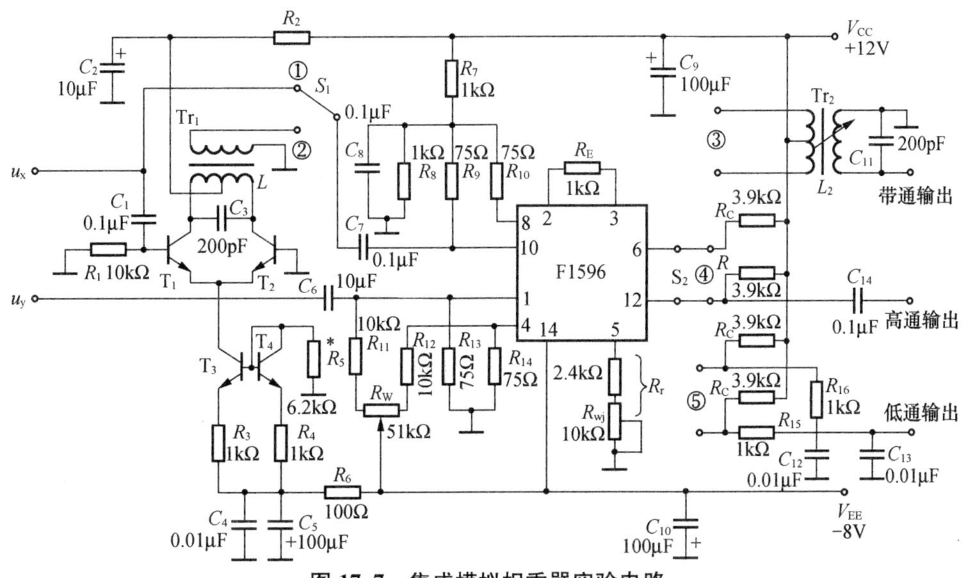

图 17-7　集成模拟相乘器实验电路

4) F1596 相乘器使用要点

结合实验电路说明以下 3 点：

(1) 电源供给与偏置电路

F1596 相乘器可以是双电源供电，也可以是单电源供电，关键是外加偏置电路要合适，以保证其内部各三极管都能处于放大状态且有一定动态范围。一般来说，在双电源($V_{\mathrm{CC}}=+12$ V，$V_{\mathrm{EE}}=-8$ V)供电时，VT_5、VT_6 管的基极(1 和 4 端)的直流电位应近似为 0 V，而双差分对管基极(8 和 10 端)常被偏置在$\frac{V_{\mathrm{CC}}}{2}$左右；在单电源(只加 V_{CC})供电时，1 和 4 端应为$\frac{V_{\mathrm{CC}}}{3}$左右，8 和 10 端被偏置在(0.5～0.6)$V_{\mathrm{CC}}$。

静态工作电流(恒流电流 I_{o})可通过 5 端外接电阻 R_{r} 来调整，一般 I_{o} 为 1 mA 左右为宜。双电源时，R_{r} 接在 5 和地之间，单电源时，R_{r} 应接在 5 和 V_{CC}端之间。

(2) 输入、输出方式

F1596 相乘器的两端输入均为双端差动输入方式，若要改为单端输入，可通过变压器耦合或阻容耦合进行转换。但要力求转换电路能平衡工作。同样，若将双端输出转换为单端输出也是一样，以保证整个电路始终处于平衡工作状态，达到平衡抵消相乘输出中不需要的那些谐波分量。

(3) 平衡调节

R_W 是平衡调节电位器，调整得当，可使输出载漏最小。

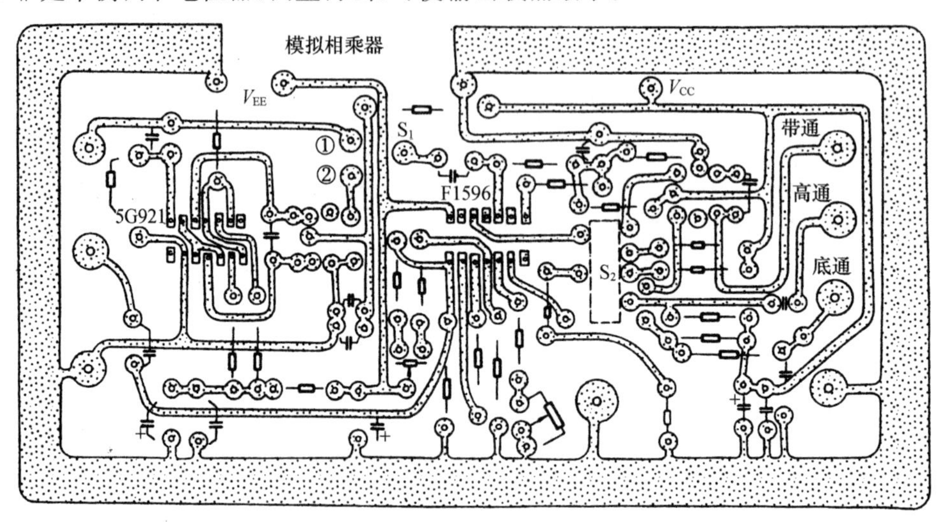

图 17-8　模拟相乘器实验印刷底板图

17.3　实验内容

(1) 熟悉实验底板

找出有关调整元件和测试位置，按规定接上正、负电源，测量 F1596 各引脚对地的直流电位和电阻 R_r 上的压降，求出 I_o 值。

(2) 测量载漏抑制度 CFT

将开关 S_1 置①、S_2 置④时，信号输入端通过耦合电容 C 接地，使 $U_s=0$。在载波输入端加入 4 MHz、20 mV 的载波信号，用示波器观察输出波形，调节平衡电位器 R_W 使输出载漏为最小值，固定 R_W 不变，用毫伏表测量这时的 U_o 值，即可计算出 CFT。

(3) 测量信漏抑制度 SFT

在载漏抑制度测量的基础上，只需将 4 MHz，20 mV 的正弦信号改从调制信号输入端加入，而测量相应的 U_o 并计算出值。

(4) 平衡调制

保持 S_1、S_2 位置不变，在载波输入端加入 4 MHz、20 mV 的载波信号 u_c，信号输入端加入 50 kHz、20 mV 的调制信号 u_Ω，用示波器双踪显示 u_Ω 和输出双边带信号 u_o 的波形。利用示波器“x 扩展”，可以看到双边带已调波的高频相位跳变现象。

如果观察到的输出波形不理想，可适当调整 R_W。

(5) 乘积混频

S_1 位置不变，S_2 置于③(即带通滤波器)，先在信号输入端加入 6.5 MHz、50 mV 的中频信号 u_1，用示波器观察输出波形，调节带通滤波器回路电感 L_2(或电容 C_{11})，使其输出幅度为最大时，说明回路已调谐在 6.5 MHz 的中频上。然后在载波输入端加入 7 MHz 的本振电压 u_L，信号输入端加入 20 mV 的 u_s，其频率在 500 kHz 附近微调，使输出 u_o 的幅度达到最大。用示波器双踪显示 u_s 和 u_o 波形，观察两者在频率(或周期)上的差别。

根据混频增益定义，测量下列两组曲线：

(1) 固定 U_L=20 mV，改变 R_{W2}(即改变 I_o)，测量 G 随 I_o 的变化曲线；

(2) 固定 I_o=1 mA，改变本振输入电压 U_L，测量 G 随 U_L 的变化曲线。

固定本振信号为 7 MHz、1 V 时，大范围内改变信号 u_s 的频率，观察并测量寄生通道干扰情况。

(6) 倍频

当开关 S_1 置于①，S_2 置于④(高通)，将两输入端并接，且加入 50 kHz、20 mV 的正弦信号，用二踪示波器显示输入和输出波形，比较两者频率差别。

如果输出波形在幅度上有起伏现象，这主要是相乘器失调电压的影响，可以适当微调 R_{W1} 加以消除。

(7) 同步检波

S_1 置于②(接入差放限幅器)，S_2 置于⑤(低通)。将实验电路的两个输入端并接在一起，同时加入载频为 6.5 MHz、调制频率为 1 kHz、调制度为 0.3 的调幅波信号，调谐限幅器负载回路，用双踪显示观察输入、输出波形。

改变输入调幅波载波幅度 U_{cm}，测量相应的检波输出电压 $U_{\Omega m}$。根据测量结果，画出同步检波器的检波特性。

17.4　预习要求

(1) 认真阅读本实验有关内容，对照实验电路，将元件编号标注在印刷版图上。

(2) 根据实验内容，自拟实验步骤及数据记录表格。

(3) 备好方格坐标纸，以供描绘有关波形图。

(4) 实验电路中的两个 LC 谐振回路，设回路电容均为 200 pF，试根据实验内容所要求的频率计算出它们的电感 L 的大小。

17.5　实验报告要求

(1) 整理实验数据，作出有关曲线。

(2) 描绘观察到的波形图。

(3) 分析实验结果。

(4) 总结相乘器在频谱搬移电路中的应用。

17.6　思考题

(1) 在平衡调制实验内容中，若将载波输入信号电压由 20 mV 改为 1 V，试问是否还能实现平衡调制？这时输出波形是否会发生变化？若将调制信号电压改为 1 V，情况又会怎样？

(2) 混频实验中出现寄生通道干扰与哪些因素有关？

(3) 试解释倍频实验中出现波形幅度起伏的原因。

(4) 同步检波实验中，如果调幅度很深，将会出现什么样的现象？

17.7　实验仪器与器材

(1) 标准信号发生器　　XFC-6 型　　1 台

(2) 信号发生器	XD2 型	1 台
(3) 二踪示波器	YB4320 型	1 台
(4) 超高频毫伏表	DA22 型	1 台
(5) 双路直流稳压电源	DF1731 型	1 台
(6) 三用表	MF30 型	1 台

实验 18　幅度调制与检波器

18.1　实验目的

(1) 通过实验,进一步了解用相乘器实现幅度调制和二极管大信号检波的工作原理;

(2) 学会对幅度调制特性及调幅系数 M_a 的测试方法;

(3) 了解检波电路参数对检波失真的影响。

18.2　实验原理

1) 相乘器调幅原理

用集成模拟相乘器实现幅度调制是相乘器在频谱搬移电路中的又一应用。其原理框图如图 18-1 所示。在载波输入端加入 $U_{cm}\cos\omega_c t$,信号输入端加入附加了直流电压的调制信号 $U_Q+u_\Omega=U_\Omega+U_{\Omega m}\cos\Omega t$,则输出电流为:

$$i_o=A_M U_c(U_Q+u_\Omega)=A_M U_{cm}\left(1+\frac{u_{\Omega m}}{u_Q}\cos\Omega t\right)\cos\omega_c t=I_{om}+\cos\omega_c t$$

经过带通滤波器,其输出电压为:

$$u_o=U_{cm}(1+M_a\cos\Omega t)\cos\omega_c t$$

式中:$M_a=\dfrac{U_{\Omega m}}{U_Q}$为调幅系数,改变直流电压 U_Q 就能很方便地改变 M_a 的大小。当时 $U_Q=U_{\Omega m}$,即实现了 100%的调制。

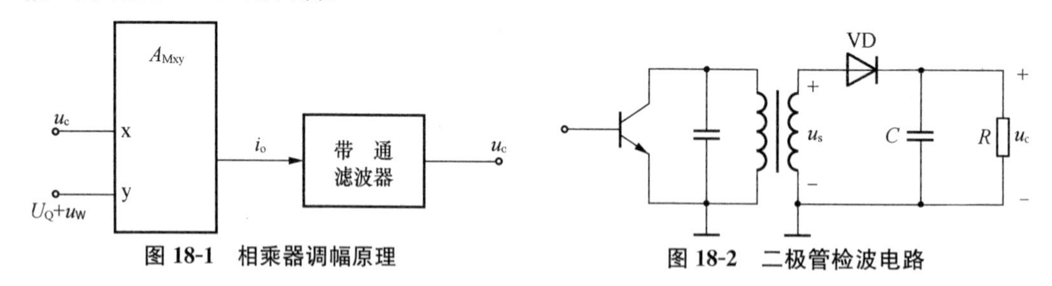

图 18-1　相乘器调幅原理　　图 18-2　二极管检波电路

作为相乘器负载的带通滤波器,是用来滤除实际相乘器非线性作用产生的高次谐波分量。滤波器的中心频率应等于输入载波频率 f_c,其带宽应满足最高调制频率 F_{max}的两倍。

2) 包络检波器工作原理

幅度调制的解调可以由实验 14 中的同步检波器来实现。对于普通调幅波的解调,目前应用最广的是二极管包络检波器。这是因为它电路简单,检波效率高,且不需另加同步信号。图 18-2 所示是二极管检波电路,RC 是检波负载。

检波器输出电压能否不失真地反映输入调幅波包络的变化规律,这是衡量检波器性能优劣的重要指标。为了克服检波器工作在小信号状态下会产生非线性失真。一般都要求输入电压振幅大于500 mV，使它工作在大信号检波状态。

为了避免由于RC过大，使检波器输出电压变化跟不上包络的变化而产生的惰性失真，则RC的取值应满足下式条件：

$$RC \leqslant \frac{1-M_{\alpha\max}^2}{M_{\alpha\max}\Omega_{\max}}$$

若检波器接有如图18-3所示的交流负载，为了避免由于交、直流负载不相等且相差较大而造成的负峰切割失零点，则R和R_L的取值应满足下式条件：

$$\frac{R /\!/ R_L}{R} \geqslant M_{\max}$$

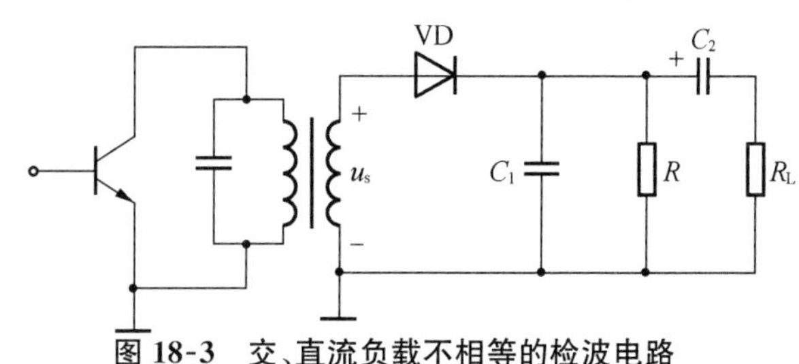

图18-3　交、直流负载不相等的检波电路

3）实验电路

实验电路如图18-4所示，图18-5是实验电路的印刷底板图。图中左半部为相乘器调幅电路，右半部为二极管检波电路。

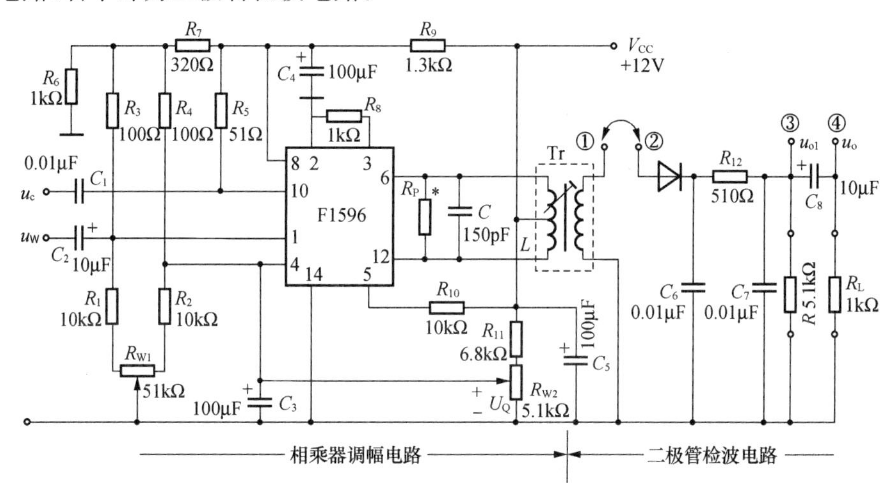

图18-4　调幅与检波实验电路

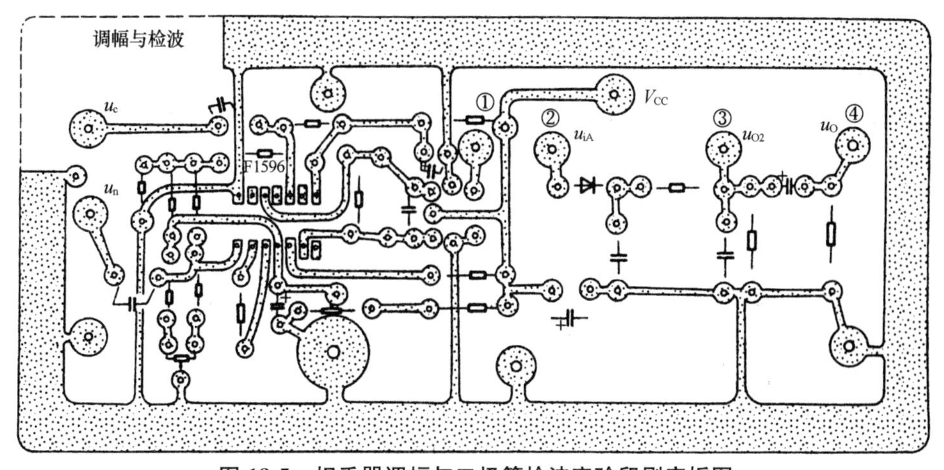

图18-5　相乘器调幅与二极管检波实验印刷底板图

（1）相乘器调幅电路

相乘器调幅电路采用了单电源供电方式，因此，偏置电路应按实验十七中“相乘器使用要点”规定进行。图中 R_{w1} 是载波调零电位器，载波电压 u_o 从载波输入端加入，附加有直流电压的调制信号(U_Q+u_Ω)从信号输入端加入，其中直流电压 V_{CC} 是通过 R_{11} 与 R_{w2} 组成的可调分压器获得，调节电位器 R_{w2}，即可改变 U_Q 的大小，从而改变调幅系数 M_a 和已调波振幅。

相乘器输出回路是调谐在中心频率为 6.5 MHz 的带通滤波器，其回路电感 L 是采用 10 mm×10 mm×14 mm 的中频变压器骨架，以 ϕ0.15 mm 的漆包线在 NX-40 磁芯上绕制而成。其初级匝数为 8 T+8 T，次级匝数为 5 T。回路两端并接电阻 R_P 是为了保证其通频带满足输出调幅波频宽 $f_{BW}=2F_{max}$ 要求。

（2）二极管检波电路

其低通滤波器是由 C_6、C_7 和 R_{12} 组成的Ⅱ形网络，检波后的低频电压通过耦合电容 C_8 加到负载 R_L 上。

18.3 实验内容

1）相乘器调幅

（1）测量相乘器静态工作电流 I_o

接通电源，测量 R_{10} 上的直流压降并计算 I_o 值。

（2）调谐 LC 回路

在载波输入端加入 6.5 MHz、20 mV 的载波信号 u_c，用示波器观察①端输出波形，调节回路电感 L(或 C)，使输出波形幅度为最大，这时回路调谐在输入信号的频率上。

（3）测量静态调制特性

在 LC 回路调谐的基础上，调节 R_{w2}，使直流电压 U_Q 由小到大(0.5 V 间隔)，用超高频毫伏表在①端测出相应的 U_o 值，作出 U_o 随 U_Q 的变化曲线。

（4）测量调制电压幅度为不同值时的调幅系数 M_a

保持输入载波信号不变，且固定 $U_Q=5$ V，在信号输入端加入频率为 1 kHz 的调制信号，改变调制信号幅度由小到大(0.5 V 间隔)，测量 M_a 随 U_Ω 的变化曲线。

调幅系数 M_a 可用示波器法测量，当显示的调幅波形如图 18-6 所示时，读出 A 和 B 的高度(格数)，则

$$M_a=\frac{A-B}{A+B}\times 100\%$$

2）二极管检波器

在上述实验的基础上，保持载波输入信号不变，通过调整 U_Q 和 U_Ω 使相乘器输出①端为不失真的调幅波形，且要求该调幅波最小幅度，即 $U_{am}(1-M_a)$ 应大于 500 mV，以满足大信号检波要求，然后将它反馈送到检波器输入端②。

（1）测量检波效率 η_d

保持载波输入信号不变，且 $U_Q=5$ V，信号输入端不加 u_Ω，这时①端将输出等幅载波电压，经检波后在③端将输出直流平均电压。用示波器“V/div”旋钮测出①端载波电压幅值

(峰值)U_m 和检波器③端输出的直流平均电压值 U_{av}，则

$$\eta_d=\frac{U_{av}}{U_m}$$

(2) 观察惰性失真

在上述实验基础上，交流负载 R_L 暂不接入，在信号输入端加入调制信号 u_Ω，用示波器双踪显示①端和③端波形，逐步增大调制频率 f 和调制信号电压 u_Ω，观察惰性失真情况，描下失真波形，测量并记录这时的 f 和 M_a 值。

(3) 观察负峰切割失真

接入交流负载 R_L，使 f=1 kHz，逐步增大调制信号电压 u_Ω 或减小 R_L，用二踪示波器显示①和④端波形，观察负峰切割失真情况，描下失真波形，测量并记录这时的 M_a 和 R_L 值。

18.4　预习要求

(1) 复习相乘器调幅和二极管大信号检波的工作原理及性能分析的有关内容，弄清实验电路原理及有关指标的测试方法。

(2) 对照实验电路，熟悉实验底板，在印刷底板图上标注出元件编号，找出可调元件位置。

(3) 已知实验中的 R_{12}=510 Ω，R_{13}=5.1 kΩ，试计算当调幅度 M_a=0.3 时，不产生负峰切割失真时 R_L 的最小值。

(4) 根据实验步骤，自拟记录表格。

18.5　实验报告要求

(1) 整理实验数据，用方格纸描绘静态调制特性曲线、M_a-U_Ω 及 M_a-U_Ω 的变化曲线。

(2) 用方格纸描绘观察到的有关波形。

(3) 分析讨论实验结果。

18.6　思考题

(1) 比较同步检波和二极管包络检波两者优缺点。

(2) 试述在本实验中分别改变 R_8 和 R_{10} 的阻值，将对调幅波产生什么影响。

18.7　实验仪器与器材

(1) 二踪示波器	SS5702 型	1 台
(2) 标准信号发生器	XB18 型	1 台
(3) 信号发生器	XD2 型	1 台
(4) 超高频毫伏表	DA22 型	1 台
(5) 直流稳压电源	DF1731 型	1 台
(6) 三用表	MF 型	1 只

实验 19　频率调制与解调

19.1　实验目的

(1) 通过实验,进一步了解频率调制的基本概念;

(2) 通过实验,了解和掌握各种鉴频方法;

(3) 了解检波电路参数对检波失真的影响。

19.2　实验原理

1) 频率调制的基本原量

频率调制是一种被广泛采用的调制方式,它是使高频振荡波的频率按调制信号幅度变化而变化。频率调制是高保真通信中用的最多的一种调制方式。相对于幅度调制来讲,它具有更高的信噪比,这主要是因为在频率调制的解调电路中,只要设计合适,就不会受到寄生调幅信号的影响,而寄生调幅是一种最常见的电路噪声,直接影响信号传输的质量(只要在安静的环境下听听调幅收音机就能感觉到寄生调幅的影响)。常见的频率调制应用除了大家熟悉的调频广播外,还有警用通信、救护用通信、应急频道、电视伴音、无绳电话、移动电话和高于 30 MHz 的业余无线电等。

最基本的频率调制和幅度调制概念,可以通过图 19-1 中波形变化过程得出。在频率调

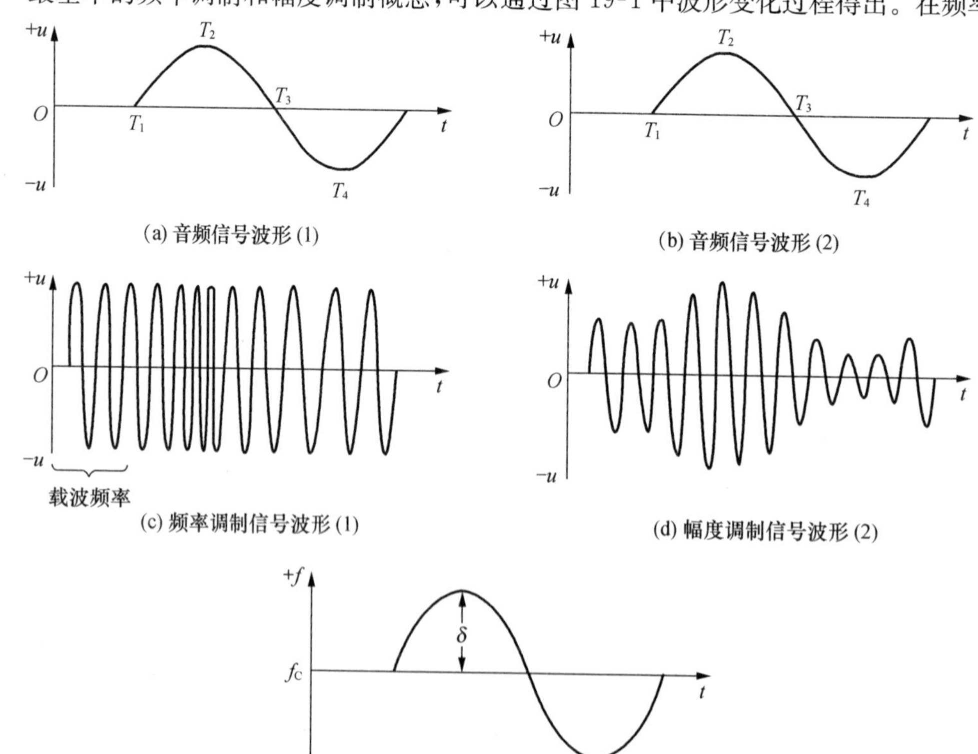

图 19-1　调频信号和调幅信号

制信号中，信号频率是随着调制信号（基带信号）幅度的变化而变化的，它的幅度并没有任何变化。而在幅度调制信号中，信号的幅度（或叫包络）是随调制信号的幅度变化而变化的。频率调制信号的特性可总结为：

（1）调制信号的幅度决定了信号的频率相对中心频率变化的大小；

（2）调制信号的频率决定了信号的频率相对中心频率的变化率；

（3）调制信号的幅度保持恒定，并不随调制信号的变化而变化。

频率调制信号的数学表达式可表示为：

$$U=A\sin(\omega_c t+m_f\sin\omega_m t)$$

式中：A——信号的振幅；

ω_c——调频信号的中心角频率（载波信号频率）；

ω_m——调制信号的角频率；

m_f——调制指数（频偏），$m_f=\delta/f_m$（其中：δ 调制信号导致的最大频率变化；f_m 是调制信号频率）。

调频信号的频谱相当复杂，并且依赖 m_f 的值。实际上，它可以由下面的贝塞尔（Bessel）函数来表示：

调频信号频谱 $=J_0(m_f)\cos(\omega_c t)$　　中心频率（ω_c）

$-J_1(m_f)[\cos(\omega_c-\omega_m t)-\cos(\omega_c+\omega_m t)]$　　频率分量（$\omega_c\pm\omega_m$）

$+J_2(m_f)[\cos(\omega_c-2\omega_m t)+\cos(\omega_c+2\omega_m t)]$　　频率分量（$\omega_c\pm 2\omega_m$）

$-J_3(m_f)[\cos(\omega_c-3\omega_m t)-\cos(\omega_c+3\omega_m t)]$　　频率分量（$\omega_c\pm 3\omega_m$）

$+\cdots$

这里的 $J_0(m_f)$，$J_1(m_f)$ 等是宗数为 m_f 的第一类贝塞尔（Bessel）函数。

表 19-1　贝塞尔函数值（$m_f=0\sim15$）

x/m_f	基带	边带															
	J_0	J_1	J_2	J_3	J_4	J_5	J_6	J_7	J_8	J_9	J_{10}	J_{11}	J_{12}	J_{13}	J_{14}	J_{15}	J_{16}
0.00	1.00	—	—	—	—	—	—	—	—	—	—	—	—	—	—	—	—
0.25	0.98	0.12	—	—	—	—	—	—	—	—	—	—	—	—	—	—	—
0.50	0.94	0.24	0.03	—	—	—	—	—	—	—	—	—	—	—	—	—	—
1.00	0.77	0.44	0.11	0.02	—	—	—	—	—	—	—	—	—	—	—	—	—
1.50	0.51	0.56	0.23	0.06	0.01	—	—	—	—	—	—	—	—	—	—	—	—
2.00	0.22	0.58	0.35	0.13	0.03	—	—	—	—	—	—	—	—	—	—	—	—
2.50	−0.05	0.50	0.45	0.22	0.00	0.02	—	—	—	—	—	—	—	—	—	—	—
3.00	−0.26	0.34	0.49	0.31	0.13	0.04	0.01	—	—	—	—	—	—	—	—	—	—
4.00	−0.40	−0.07	0.36	0.43	0.28	0.13	0.05	0.02	—	—	—	—	—	—	—	—	—
5.00	−0.18	−0.33	0.05	0.36	0.39	0.26	0.13	0.05	0.02	—	—	—	—	—	—	—	—
6.00	0.15	−0.28	−0.24	0.11	0.36	0.36	0.25	0.13	0.06	0.02	—	—	—	—	—	—	—
7.00	0.30	0.00	−0.30	−0.17	0.16	0.35	0.34	0.23	0.13	0.06	0.02	—	—	—	—	—	—
8.00	0.17	0.23	−0.11	−0.29	−0.10	0.19	0.34	0.32	0.22	0.13	0.06	0.03	—	—	—	—	—
9.00	−0.09	0.24	0.14	−0.18	−0.27	−0.06	0.20	0.33	0.30	0.21	0.12	0.06	0.03	0.01	—	—	—
10.00	−0.25	0.04	0.25	0.06	−0.22	−0.23	−0.01	0.22	0.31	0.29	0.20	0.12	0.06	0.03	0.01	—	—
12.00	0.05	−0.22	−0.08	0.20	0.18	−0.07	−0.24	−0.17	0.05	0.23	0.30	0.27	0.20	0.12	0.07	0.03	0.01
15.00	−0.01	0.21	0.04	−0.19	−0.12	0.13	0.21	0.03	−0.17	0.22	−0.09	0.10	0.24	0.28	0.25	0.18	0.12

调频信号的频谱依赖于调制指数，表 19-1 给出当 $m_f=0\sim5$ 时的贝塞尔函数值。图 19-2给出一些具有不同调制系数的调频波的频谱。要注意的是在表 19-1 中，当 $m_f=2.4$时，中心频率分量没有功率（$J_0(2.4)=0$），这样的情况同样发生在 $m_f=5.5, 8.6, \cdots$这并不表示传输的信号没有功率，只是，当 $m_f=2.4, 5.5, 8.6, \cdots$时，中心频率分量不携带功率，所有的功率都在边带频率分量上。

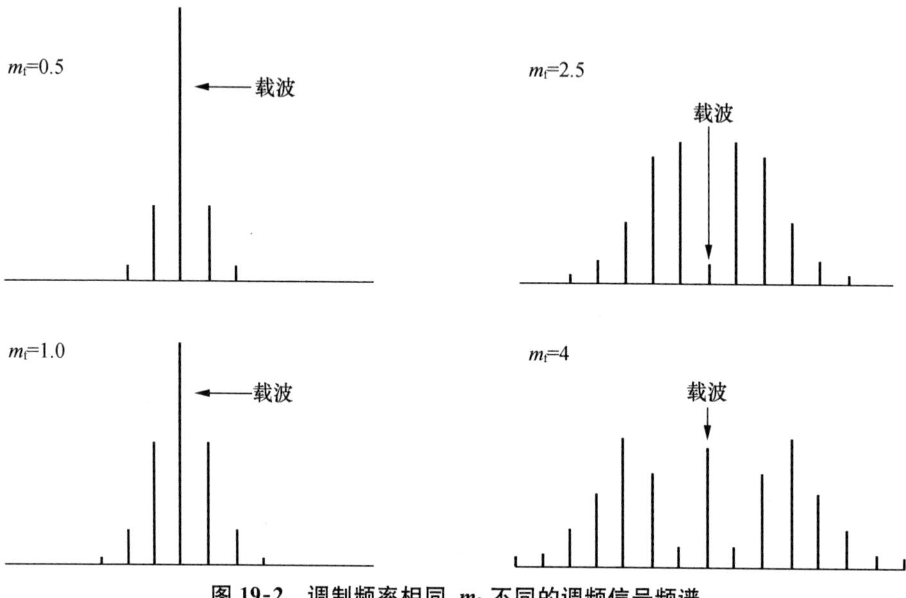

图 19-2　调制频率相同，m_f 不同的调频信号频谱

调频信号的频谱带宽，可以近似的由下式表示：

$$f_{BW}=2(\delta+f_{m(max)})$$

式中 $f_{m(max)}$是已调波的最大频率；系数 2 表明包括上下边带的频谱宽度。

下面一个例子可以更好地理解一些基本概念。假设一个调频广播电台，频段为 107.1 MHz，发射功率为 50 kW。调制信号的频率为 30 Hz～15 kHz（这是一般高保真广播的信号带宽）。最大的 δ 值是 75 kHz，计算可得调制指数的最小、最大值分别为：

$$m_{f(min)}=\frac{\delta}{f_{m(max)}}=\frac{75}{15}=5$$

$$m_{f(min)}=\frac{\delta}{f_{m(min)}}=\frac{75}{30\times10^{-3}}=2\ 500$$

我们可以看到，随着调制信号频率的变化调制指数的变化范围很大，从 5 变到 2 500。对于 15 kHz 信号，当 $m_f=5$ 时，从表 19-1 可以看到频率分量的系数逐渐增大，到 J_6 开始快速减小。这意味着，调频信号在中心频率每边的带宽为 6×15 kHz＝90 kHz（总带宽为 180 kHz）。我们同样可以通过公式 $f_{BW}=2(\delta+f_{m(max)})$计算得总带宽为 180 kHz。对于 30 Hz 的信号，$m_f=2\ 500$ 通过公式 $f_{BW}=2(\delta+f_{m(max)})$可计算得总带宽为 150 kHz。这样我们可以看到调频信号的带宽在载波信号的频率的基础上，根据调制信号频率的不同从±75 kHz 变化到±90 kHz。

频率调制电路原理非常简单。关键需要一个线性的电压—频率转换器。在以前的实验中详细地研究过放大器、反馈、振荡器。如果将一个电压控制的电容置于一个振荡器的反馈回路中,将调制信号加在这个电容两端,这个振荡器的输出信号频率将会随着调制信号电压的变化而变化,也就产生了调频信号。

在这个实验中,将采用一个著名的集成电路 LM566 来产生调频信号。LM566 是一个线性电压一频率转换器。图 19-3 是本实验的基本电路,它可以产生频率高于 1 MHz、频偏大于 10%的调频信号,调频失真低于 0.2%。中心频率 f_0 是由电阻 R_0 和电容 C_0 来决定:

$$f_0=\frac{2.4}{R_0C_0}\left(1-\frac{U_5}{U^+}\right)$$

其中 $0.75U^+<U_5<U^+$,$2\ \text{k}\Omega<R_0<20\ \text{k}\Omega$。

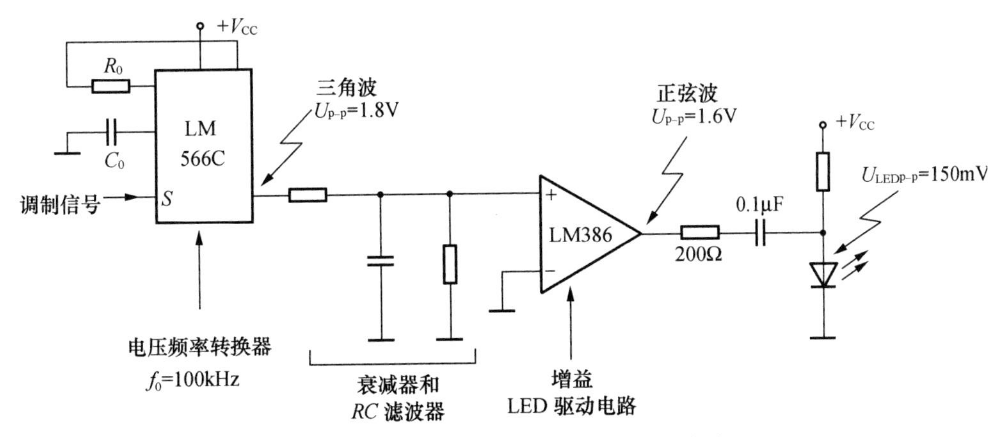

图 19-3　由 LM566 构成的调频发生器电路

LM566 也产生调频方波或调频三角波。可是这并不太重要,只要一个简单 RC 滤波电路就可以将方波和三角波转化为很好的正弦波。调制信号的输入阻抗为 1 MΩ,方波和三角波的输出阻抗为 50 Ω。如果输入信号为数字方波,那输出的调频波就将为移频键控(FSK)信号。

2) 基本鉴频实现方法

调频波的解调是调频广播成功的关键。基本上一个设计成功的调频波的解调器(鉴频器),不会受输入信号寄生调幅的影响,可以在较强的噪声背景下接收到微弱的信号。常用的鉴频方式有以下几种:

(1) 第一种方法的实现模型如图 19-4 所示,称为斜率鉴频器。先将输入调频波通过具有合适频率特性的线性网络,使输出调频波的振幅按照瞬时频率的规律变化,而后通过包络检波器输出反映振幅变化的解调电压。

图 19-4　斜率鉴频器的实现模型

(2) 第二种方法的实现模型如图 19-5 所示,称为相位鉴频器。先将输入调频波通过具有合适频率特性的线性网络,使输出调频波附加相移按照瞬时频率的规律变化,而后通过相位检波器输出反映附加相移变化的解调电压。

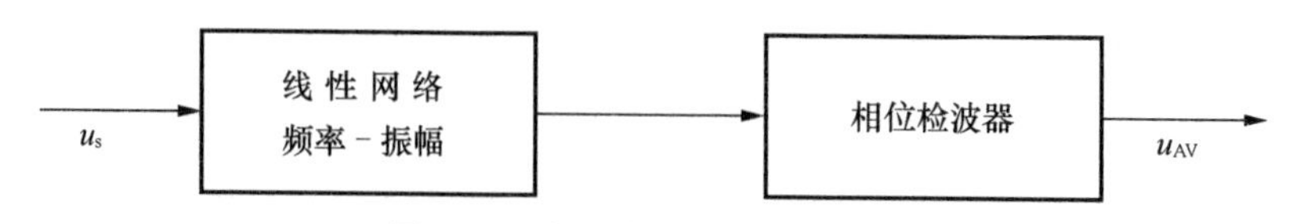

图 19-5　相位鉴频器的实现模型

(3) 第三种方法的实现模型如图 19-6 所示，称为脉冲计数式鉴频器。先将输入调频波通过具有合适特性的非线性变换网络，使它变换为调频脉冲序列。由于该脉冲序列含有反映瞬时频率变化的平均分量，因而，通过低通滤波器就能输出反映平均分量变化的解调电压。也可将该调频脉冲序列直接通过脉冲计数器得到反映瞬时频率变化的解调电压。

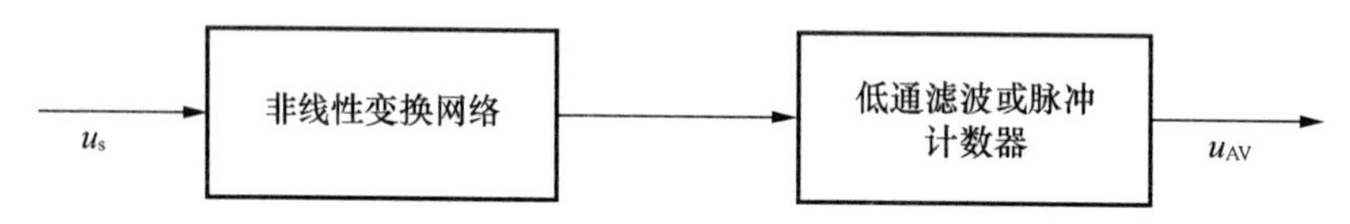

图 19-6　脉冲计数式鉴频器的实现模型

19.3　实验内容

1) LM566 压控振荡电路

(1) 根据图 19-7 连接电路，中心频率由电阻 R_0、电容 C_0、U_s 和 U^+ 确定，U^+（V_{CC} 设定为 10 V）。

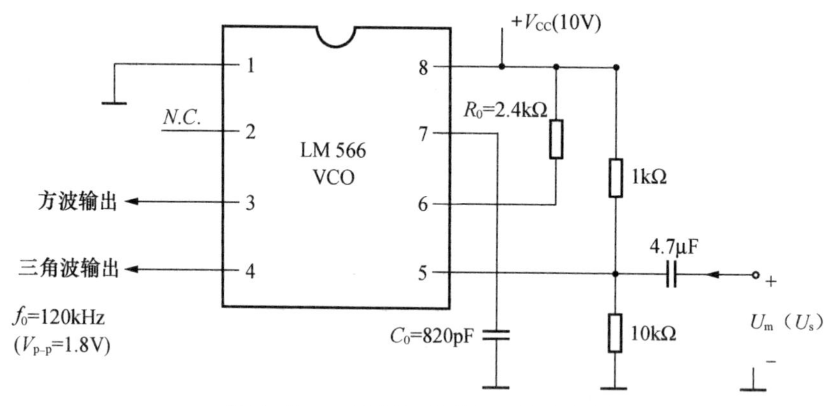

图 19-7　由 LM566 构成的压控振荡器

(2) 测量 4 脚的输出信号，该电压是频率为 120 kHz，峰-峰值为 1.8 V 的三角波。

(3) 连接 YB1368 型函数信号发生器到调制信号输入端(U_s)，输入频率为 5 kHz，峰-峰值为 200 mV 的正弦波，这时 5 脚的电压将变化±0.1 V，输出频率将变化±10 kHz(这是最大变化化范围)。从 f_m＝5 kHz 可计算出 m_f＝2，注意调频信号的幅度是保持恒定的。

(4) 将输入信号由正弦波改为方波，信号幅度为 400 mV，这时，输出调频信号只有两个频率，一个大约为 80 kHz，另一个大约为 120 kHz，这就是由压控振荡器产生的 FSK 信号。用示波器观察输出信号并描出波形。

2) LM386 放大驱动电路

由于 LM566 不能驱动 LED 的低阻抗(大约 18 Ω),为此,我们将用 LM386 构造驱动电路来连接 LM566 和 LED,LM386 是一个音频放大器,增益可为 20～200,增益带宽积可达 10 MHz。设计中的主要问题在于 LM386 的最小增益为 20,因此,我们必须减小输入信号,不然会使 LM386 饱和。(也可以用 LM 741,但它需要±12 V 电源,而本电路只用单电源)。

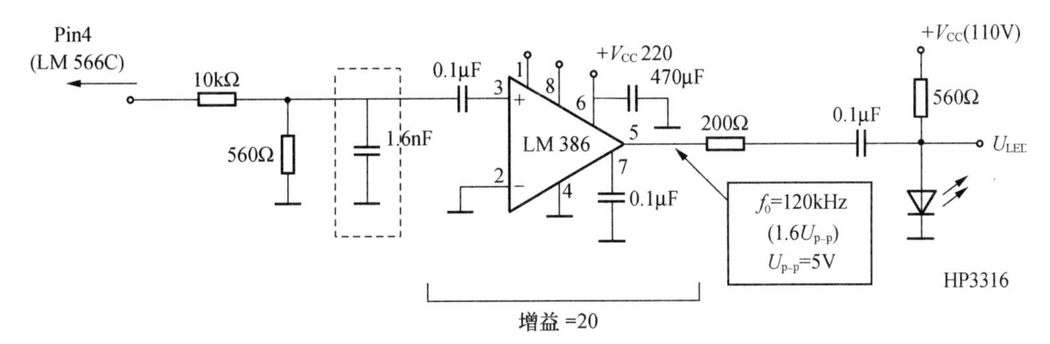

图 19-8　由 LM386 构成的放大驱动电路

(1) 如图 19-8 连接电路。在这里,我们用 10 kΩ 和 560 Ω 电阻构成分压电路。LM566 和 LM386 之间由 0.1 μF 电容耦合。图 19-8 中,7 脚连接一只 0.1 μF 消振电容、6 脚接入一只 220 μF 或 470μF 滤波电容以防止自激。

(2) 测量 LM386 的输出,将输出一峰-峰值在 1.6 V 左右的三角波,在 560 Ω 电阻后连接一 1.6 nF 电容到地,这时该 *RC* 滤波电路的截止频率为 180 kHz,这将使 100 kHz 的信号数据通过,而输出的三次和五次谐波分量将被滤除。观察输出波形,这时输出信号将被整形为正弦波,描绘该输出波形。

(3) 将 U_s 通过一只 4.7 μF 耦合电容连接到 LM566 的 5 脚,输入一幅 200 mV、5 kHz 的正弦波,测量 LM386 的输出电压。

(4) 通过 200 Ω 电阻和 0.1μF 电容连接 LM386 到 HP3316LED,测量 LED 两端的交流电压,确定该电压的峰-峰值低于 150 mV,如果大了,将 200 Ω 电阻改为 470 Ω,如果小了,可将 200 Ω 电阻减小为 100 Ω。

3) 调频接收器

由于图 19-9 中的光敏三极管在 100 kHz 频率等效为一低通滤波器,可将调频信号转化为

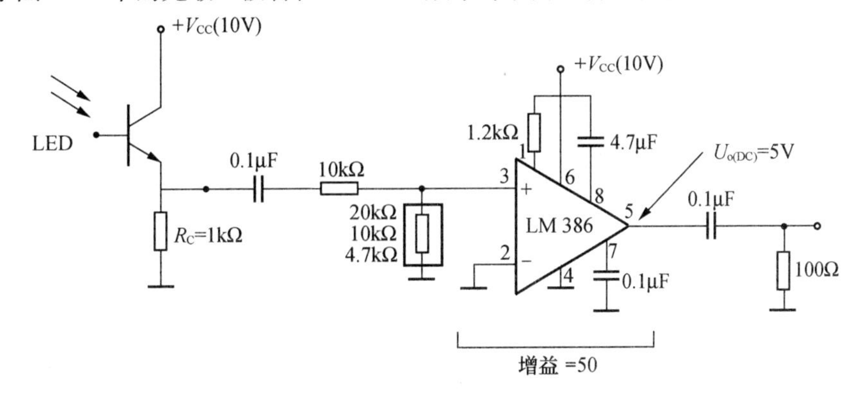

图 19-9　光敏调频接收器

调幅信号,其输出信号通过一 0.1 μF 电容耦合到 LM386 进行放大。注意 1 脚和 8 脚之间连接的 1.2 kΩ 和 4.7 μF,将设计 LM386 的增益为 50,而输出端连接的 0.1 μF 电容和 100 Ω电阻构成一高通滤波器,截止频率为 16 kHz,这将用来滤除低频噪声。

(1) 测量 LM386 的输出电压,确定峰-峰值在 0.8～1.2 V 之间,如果峰-峰值大于 1.5 V可以在 LM386 的输入端接入一衰减电路。

(2) 连接 U_s 到 LM566 的调制信号输入端(5 脚),输入一峰-峰值为 400 mV、2 kHz 的正弦波,这时 LM566 的最大频率变化为±20 kHz。观察 LM386 的输出电压,测量包络的最大电压值和最小电压值,计算调幅信号的调制指数,注意这时在包络内的信号频率在包络幅度最大时为 80 kHz,在包络幅度最小时为 120 kHz。

4) 调幅检波器

(1) 如图 19-10 所示,连接由二极管 1N34A 构成的包络检波器到 LM386 的输出端,观察调幅检波器的输出信号,测量该信号的幅度和频率。

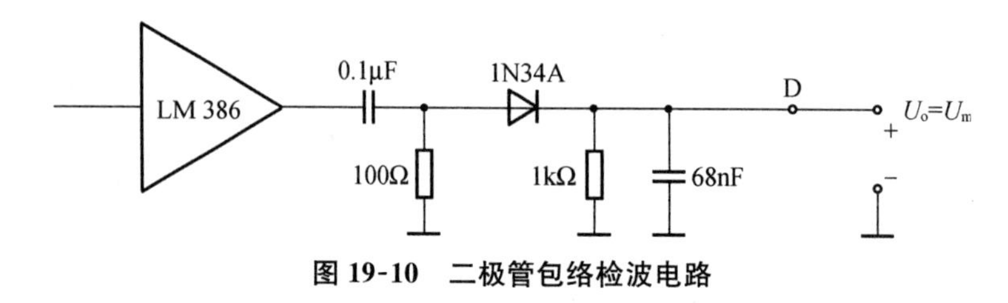

图 19-10 二极管包络检波电路

19.4 预习要求

(1) 复习频率调制和斜率鉴频的工作原理及性能分析的有关内容,弄清实验电路原理及有关指标的测试方法。

(2) 计算 LM566 的 R_0、C_0、U_5 的值,使输出调频信号的中心频率在 100～110 kHz,U^+=10 V。

(3) 根据实验步骤,自拟记录表格。

19.5 实验报告

(1) 用方格纸描绘观察到的有关波形。

(2) 分析讨论实验结果。

19.6 思考题

(1) 若解调输入信号波形有寄生调制,则解调输出信号和实际调制信号有什么差异。

(2) 试分析由于斜率鉴频电路的非线性所造成的鉴频误差。

19.7 实验仪器与器材

(1) 函数信号发生器	YB1368 型	1 台
(2) 超高频毫伏表	DA22 型	1 台
(3) 二踪示波器	YB4320 型	1 台

第4篇　MATLAB软件应用实验

实验20　熟悉MATLAB环境

20.1　实验目的

(1) 熟悉MATLAB主界面,并学会简单的菜单操作;
(2) 学会简单的矩阵输入与信号输入;
(3) 掌握部分绘图函数;
(4) 熟悉MATLAB的控制过程。

20.2　实验原理

MATLAB是以复杂矩阵作为基本编程单元的一种程序设计语言。它提供了各种矩阵的运算与操作,并有较强的绘图功能。

用户第一次使用MATLAB时,建议首先在屏幕上键入DEMO命令,它将启动MATLAB的演试程序,用户可在此演示程序中领略MATLAB所提供的强大的运算与绘图功能。也可以键入HELP进行进一步了解。

20.3　实验内容

(1) 熟悉简单的矩阵输入

① 从屏幕上输入矩阵A=[1 2 3;4 5 6;7 8 9]或A=[1,2,3;4,5,6;7,8,9]观察输出结果。

② 试用回车代替分号,观察输出结果。

③ 输入矩阵B=[9,8,7;6,5,4;3,2,1],
　　C=[4,5,6;7,8,9;1,2,3],键入A、B、C观察结果。

④ 选择File|new菜单中的M-file,输入B=[9,8,7;6,5,4;3,2,1],保存为B.M文件,退出编辑环境。此时在工作环境中使用B命令就可调出B矩阵。

[注]4.2版的MATLAB不能直接存为.m文件,而存为.txt文件。

需在DOS下改为M文件,即在工作环境下键入

!　rename　　B.txt　　B.m即可。

⑤ 再试着输入一些矩阵,矩阵中的元素可为任意表达式,但注意矩阵中各行各列的元素个数需分别相等,否则会给出出错信息。

⑥ 输入who和whos观察结果,了解其作用。

(2) 基本序列运算

① 数组的加减乘除和乘方运算

输入 A=[1 2 3],B=[4 5 6]求 C=A+B,D=A-B,E=A.*B,F=A./B,G=A.^B,并用 stem 画出 A,B,C,D,E,F,G。再输入一些数组,进行类似运算。

② 粗略描绘下列各函数的波形

a. $f(t)=3-e^{-t}$ ($t>0$(取适当的 Δt))　　b. $f(t)=3e^{-2t}+5e^{-t}$ ($t>0$)

c. $f(t)=e^{-t}\sin(2\pi t)$($0<t<3$)　　d. $f(t)=\sin(at)/at$

e. $f(k)=(-2)^{-k}$ ($0<k\leqslant 6$)　　f. $f(k)=e^{k}$ ($0\leqslant k<5$)

g. $f(k)=k$ ($0<k<N$)

(3) 如果给出下面两个矩阵

$$A=\begin{bmatrix}4 & 12 & 20\\ 12 & 45 & 78\\ 20 & 78 & 136\end{bmatrix},B=\begin{bmatrix}1 & 2 & 3\\ 4 & 5 & 6\\ 7 & 8 & 9\end{bmatrix}$$

执行下面的矩阵运算,并回答有关的问题:

(1) A+5*B 和 A-B+I 分别有多少(其中 I 为单位矩阵)?

(2) A.*B 和 A*B 将分别给出什么结果,它们是否相同,为什么?

(3) 得出 A.^B、A/B 及 A\B 的结果,并分别解释它们的物理意义。

(4) 分别用 for 和 while 循环结构编写程序

求出

$$K=\sum_{i=0}^{63}2^{i}=1+2+2^{2}+2^{3}+\Lambda+2^{62}+2^{63}$$

并考虑一种避免循环的简洁方法来进行求和。

(5) 用循环语句形成一个有 20 个分量的数组,使之元素满足 Fibonacci 规则,即使得数组的第 $k+2$ 满足 $a_{k+2}=a_{k}+a_{k+1}$,$k=1,2,\cdots$,且 $a_{1}=1$,$a_{2}=1$。

实验 21　离散时间信号与系统

21.1　实验目的

(1) 了解信号处理的基本操作;

(2) 熟悉一些常用的序列及其应用。

21.2　实验原理

在 MATLAB 中,复数单位为 i=sqrt(-1),其值在工作空间中都显示为 0+1.000 0i。复数可由下面的语句生成:z=a+b*i(可简写成 z=a+bi)或 z=r*exp(i*R)(也可简写成 z=a+bi)其中 R 为复数幅角的弧度数,r 为复数的模。有两个方便的方法来输入复数矩阵,如:A=[1 2;3 4]+i*[5 6;7 8]和 A=[1+5*I　2+6*I;3+7*i　4+8*i]两式具有相同的结果。当复数作为矩阵元素时,复数内不能留有空格,如 1+5*i,若在加号前有空格,就会被认为是两个分开的数。事实上任何矩阵的元素内都不能有空格,否则会被 MATLAB 认为是两个元素而出错。

我们所接触的信号大多为连续信号，为使之便于处理，往往要对其进行采样，对信号抽样并保证其能完全恢复，对抽样频率有一定的限制。

基本的离散序列的定义如下：

(1) 单位采样序列　$\delta(n)=\begin{cases}1 & n=0\\0 & n\neq 0\end{cases}=\{\Lambda,0,0,1,0,0,\Lambda\}$

(2) 单位阶跃序列　$u(n)=\begin{cases}1 & n\geqslant 0\\0 & n<0\end{cases}=\{\Lambda,0,0,1,1,1,\Lambda\}$

(3) 实指数序列　$x(n)=a^n,\forall n;a$ 为实数

(4) 复数指数序列　$x(n)=e^{(\sigma+j\bar{\omega}_0)n},\forall n$

(5) 正余弦序列　$x(n)=\cos(\bar{\omega}_0 n+\theta),\forall n$

(6) 周期序列　$x(n)=x(n+N),\forall n$

21.3　实验内容

(1) 用 MATLAB 实现函数 impseq(n_0,n_1,n_2)，使函数实现 $\delta=(n-n_0),n_1\leqslant n\leqslant n_2$。

该函数的格式为：

Function　$[x,n]=$impseq(n_0,n_1,n_2)

%　Generate $x(n)=$delta$(n-n_0);n_1<=n<=n_2$

%　$[x,n]=$impseq(n_0,n_1,n_2)

(2) 用 MATLAB 实现函数 stepseq(n_0,n_1,n_2)，使函数实现 $u(n-n_0),n_1\leqslant n\leqslant n_2$。

该函数的格式为：

Function　$[x,n]=$stepseq(n_0,n_1,n_2)

%　Generate $x(n)=u(n-n_0);n_1<=n<=n_2$

%　$[x,n]=$stepseq(n_0,n_1,n_2)

(3) 用 MATLAB 实现下列序列

① $x(n)=(0.9)^n$　$(0\leqslant n\leqslant 10)$

② $x(n)=e^{(2+3i)n}$　$(0\leqslant n\leqslant 10)$

③ $x(n)=3\cos\left(0.1\pi n+\frac{1}{3}\pi\right)+2\sin(0.5\pi n)(0\leqslant n\leqslant 10)$

④ 将 c 中的 $x(n)$ 扩展为 $x(n)=x(n+11)$，周期数为 4。

(4) MATLAB 中可用算术运算符“＋”实现信号相加，但 $x_1(n)$ 和 $x_2(n)$ 的长度必须相等。如果序列长度不等，或者长度虽然相等但采样的位置不同，就不能运用“＋”了。试用 MATLAB 写出任意序列相加的函数 sigadd，其格式如下：

Function　$[y,n]=$sigadd(x_1,n_1,x_2,n_2)

%　实现 $y(n)=x_1(n)+x_2(n)$

%　$[y,n]=$sigadd(x_1,n_1,x_2,n_2)

%　$y=$在包括 n_1 和 n_2 的 n 上求和序列

%　$x_1=$长为 n_1 的第一个序列，$x_2=$长方 n_2 的第二个序列（n_2 可与 n_1 不等）

(5) 与 sigadd 相仿，建立一个信号相乘 sigmul 函数

(6) 建立一个函数 sigshift，实现 $y(n)=x(n-k)$，函数格式如下：

Function　　$[y,n]=\text{sigshft}(x,m,n_0)$

%　　实现 $y(n)=x(n-n_0)$

%　　$[y,n]=\text{sigshft}(x,m,n_0)$

(7) 建立一个函数 sigfold，实现 $y(n)=x(-n)$。MATLAB 中，这一运算由 fliplr(x)函数实现，而对采样位置则由-fliplr(n)得到。格式与上类同。

(8) 用 MATLAB 产生并画出(用 stem 函数)下列序列的样本：

① $x_1(n)=\sum_{m=0}^{10}[\delta(n-2m)-\delta(n-2m-1)](m+1)\qquad(0\leqslant n\leqslant 25)$

② $x_2(n)=n^2[[u(n+5)-u(n-6)]+10\delta(n)+20(0.5)^n[u(n-4)-u(n-10)]$

③ $x_3(n)=(0.9)^n\left(\cos 0.2\pi n+\frac{1}{3}\pi\right)\qquad(0\leqslant n\leqslant 20)$

④ $x_4(n)=10\cos(0.0008\pi n^2)+\tilde{\omega}(n)\qquad(0\leqslant n\leqslant 100)$

(其中 $\tilde{\omega}(n)$ 是一个在[0,1]之间均匀分布的随机序列，用 rand(1,N) 实现，其中 N 表示长度)

⑤ $x_5(n)=\{\Lambda,1,2,3,2,1,2,3,2,1,\Lambda\}_{\text{周期的}}$，画出五个序列

(9) 令 $x(n)=[1,-2,4,6,-5,8,10]$，产生并画出下列序列的样本

① $x_1(n)=3x(n+2)+x(n-4)-2x(n)$

② $x_2(n)=\sum_{k=1}^{5}nx(n-k)$

(10) 将题 9 中的序列分解为偶和奇分量。用 stem 画出这些分量

其中偶部：$x_e(n)=[x(n)+x(-n)]/2$

　　奇部：$x_0(n)=[x(n)-x(-n)]/2$

创建函数 evenodd，实现奇偶分量

(11)考虑模拟信号 $x_a(t)=\sin(2\pi t)$，$0\leqslant t\leqslant 1$。分别用 $T_s=0.5$ s，0.25 s，0.1 s 时的采样间隔对它采样以获得 $x(n)$，对每个 T_s，画出 $x(n)$，讨论所得结果。

(12) 信号的扩展(或抽取，或降低采样频率)定义为 $y(n)=x(nM)$，其中 $x(n)$的采样频率被降低了整数因子 M。

① 开发一个 MATLAB 函数 dnsample，其格式为

Function $y=\text{dnsample}(x,M)$

用以实现上述运算。在应用 MATLAB 的下标功能时要特别注意时间轴的原点 $n=0$。

② $x(n)=\sin(0.125n)$，$-50\leqslant n\leqslant 50$。频率降低因子为 4，求 $y(n)$。用 subplot 函数分别画出 $x(n)$和 $y(n)$，并对结果进行讨论。

③ 用 $x(n)=\sin(0.5\pi n)$，$-50\leqslant n\leqslant 50$ 重复上题，定性地讨论降低采样频率对信号的影响。

21.4　思考题

任意复值序列 $x(n)$均可分解为：$x(n)=x_e(n)+x_0(n)$

其中：$x_e(n)=[x(n)+x^*(-n)]/2$ 和 $x_0(n)=[x(n)-x^*(-n)]/2$

修改 evenodd 函数，使它能接受任意序列并把它分解为上式表示的分量。

分解下列序列 $x(n)=10e^{-(0.4\pi\Omega)}$，$0\leqslant n\leqslant 10$，画出它的实部和虚部，验证共轭对称性。

实验 22　卷积实验

22.1　实验目的

(1) 熟悉并验证卷积的性质；

(2) 利用卷积生成新的波形，建立波形间的联系；

(3) 验证卷积定理；

(4) 分析卷积与圆周卷积的区别与联系。

22.2　实验原理

信号的卷积是针对时域信号处理的一种分析方法。信号的卷积一般用于求取信号通过某系统后的响应。在信号与系统中，我们通常求取某系统的单位冲激响应，所求得的 $h(k)$ 可作为系统的时域表征。任意系统的系统响应可用卷积的方法求得：

$$y(k)=x(k)*h(k)$$

圆周卷积是数字信号处理的重要内容，由于它也是卷积的一种，必须了解其定义，圆周卷积的条件为卷积长度必须大于每个序列长度和。

22.3　实验内容

(1) MATLAB 提供了一个内容函数 conv 来计算两个有限长序列的卷积。conv 函数假定两个序列都从 $n=0$ 开始。给出序列 $x=[3,11,7,0,-1,4,2]$；$h=[2,3,0,-5,2,1]$；求两者的卷积 y。

将函数 conv 稍加扩展为函数 conv_m，它可以对任意基底的序列求卷积。格式如下：

```
function    [y,ny]=conv_m(x,nx,h,nh)
%      信号处理的改进卷积程序
%      [y,ny]=conv_m(x,nx,h,nh)
%      [y,ny]=卷积结果
%      [x,nx]=第一个信号
%      [h,nh]=第二个信号
```

(2) 创建函数 cironvt，来实现序列的圆周卷积，格式如下：

```
function    y=circonvt(x1,x2,N)
```

(3) 对下面三个序列，用 conv_m 函数，验证卷积特性(交换律、结合律、分配律、同一律)

$x_1(n)^*x_2(n)=x_2(n)^*x_1(n)$　　交换律

$[x_1(n)^*x_2(n)]^*x_3(n)=x_1(n)^*[x_2(n)^*x_3(n)]$　　结合律

$x_1(n)^*[x_2(n)+x_3(n)]=x_1(n)^*x_2(n)+x_1(n)^*x_3(n)$　　分配律

$x_1(n)*\delta(n-n_0)=x_1(n-n_0)$　　同一律

其中：$x_1(n)=n[u(n+10)-u(n-20)]$

$x_2(n)=\cos(0.1\pi n)[u(n)-u(n-30)]$

$x_3(n)=(1.2)^n[u(n+5)-u(n-10)]$

(4) 求出下列序列的自相关序列 $r_{xx}(1)$和互相关函数 $r_{xy}(1)$

$x(n)=0.9^n$　　$(0\leqslant n\leqslant 20)$

$y(n)=0.8^n$　　$(-20\leqslant n\leqslant 0)$

你能观察什么结果？

(5) 设 $x_1(n)=\{1,2,2\}$，$x_2(n)=\{1,2,3,4\}$，分别计算 8 点、5 点、6 点循环卷积，对所得结果进行讨论。

(6) 令 $x(n)=3\cos(0.5\pi n+60°)+2\sin(0.3\pi n)$

$h_1(n)=0.9^{|n|}$

$h_2(n)=\sin(0.2n)[u(n+20)-u(n-20)]$（MATLAB 中 Sa($\pi x$)函数用 sin($x$)表示）

$h_3(n)=(0.5^n+0.4^n)u(n)$

对每一种情况求出其输出 $y(n)$

22.4 思考题

(1) MATLAB 提供了一个称为 toeplitz 的函数，可根据第一行和第一列生成 toeplitz 矩阵。用此函数开发另一个 MATLAB 函数来执行线性卷积，此函数的规范格式为：

```
Function    [y,H]=conv_tp(h,x)
%    用 toeplitz 矩阵的线性卷积
%    [y,H]=conv_tp(h,x)
%    y=列向量形式的输出序列
%    H=对应于序列 h 的 toeplitz 矩阵，因而 y=Hx
%    h=列向量形式的脉冲响应序列
%    x=列向量形式的输入序列
```

(2) 设 $x(n)=x+1, 0\leqslant n\leqslant 9, h(n)=\{1,0,-1\}$，按 $N=6$ 用重叠保留法计算 $y(n)=x(n)*h(n)$

实验 23　零极点实验及其频响

23.1 实验目的

(1) 掌握系统函数零极点定义；

(2) 零极点与频响的关系；

(3) 零极点与系统稳定性的关系；

(4) 状态方程含义；

(5) 使用 zplane 函数。

23.2　实验原理

该实验用 MATLAB 中库函数，如 tf2zp(b,a)，ss2zp(A,B,C,D)，zplane(z,p)，freqz(b,a)等。

例如：

(1) 传递函数为 $H(s)=\dfrac{s^2-0.5s+2}{s^2+0.4s+1}$，求其零极点图。

程序如下：

```
num=[1  0.5  2]              分子系数，按降幂顺序排列
den=[1  0.4  1]              分母系数，按降幂顺序排列
[z,p]=tf2zp(num,den)         用 tf2zp 函数求出其零点 z 和极点 p
zplane(z,p)                  作出零极点图
```

(2) 若给出的是滤波器的输入与输出的状态方程，如：

$x'=\begin{bmatrix}1 & 0\\1 & -3\end{bmatrix}x+\begin{bmatrix}1\\0\end{bmatrix}u, y=\begin{bmatrix}-\dfrac{1}{4} & 1\end{bmatrix}x+[0]u$，求其零极点图。

程序如下：

```
A=[1,0;1,-3]
B=[1;0]
C=[-1/4,1]
D=0
[z,p]=ss2zp(A,B,C,D);求出其零极点 z,p
zplane(z,p)
```

在连续时间系统中，当极点在虚轴的右半平面时，系统不稳定，在虚轴上的单阶极点系统稳定；若零点均处于左半平面内，则系统为最小相位系统。在离散系统中，极点在单位圆外系统不稳定，在单位圆上的单阶极点系统稳定；零点在单位圆内，系统为最小相位系统。

对一滤波器，我们不仅要知道它的零点和极点，还要了解它的频率特性，本实验可求其频率特性。

对模拟滤波器，可用 freqs 函数求得其频率特性，对数字滤波器，则用 freqz 函数求得。

【例 23-1】 已知模拟滤波器的传递函数为 $H(s)=\dfrac{0.2s^2+0.3s+1}{s^2+0.4s+1}$，求其频率特性。

程序如下：

```
num=[0.2  0.3  1]
den=[1  0.4  1]
w=logspace(-1,1)
freqz(num,den,w)             频率范围
```

【例 23-2】 数字滤波器 $H(z)=\dfrac{0.2+0.3z^{-1}+z^{-2}}{1+0.4z^{-1}+z^{-2}}$，取样点数为 128 点，求其频率特

性。程序如下：

```
num=[0.2  0.3  1]
den=[1  0.4  1]
freqz(num,den,128)
```

23.3　实验内容

(1) 已知下列传递函数 $H(s)$ 或 $H(z)$，求其零极点，并画出零极点图。

① $H(s)=\frac{3(s-1)(s-2)}{(s+1)(s+2)}$

② $H(s)=\frac{1}{s}$

③ $H(s)=\frac{s^2+1}{s^2+2s+5}$

④ $H(z)=0.6\times\frac{3z^3+2z^2+2z+5}{z^3+3z^2+2z+1}$

⑤ $x'=\begin{bmatrix}0 & 1 & 0\\ 0 & 0 & 1\\ -6 & -11 & -6\end{bmatrix}x+\begin{bmatrix}0\\0\\1\end{bmatrix}u \qquad y=[4\quad 5\quad 1]x$

(2) 求出下列系统的零极点，分析其稳定性，并判断它们是否为最小相位系统。

① $x'=\begin{bmatrix}5 & 2 & 1 & 0\\ 0 & 4 & 6 & 0\\ 0 & -3 & -6 & -1\end{bmatrix}x+\begin{bmatrix}1\\2\\3\\4\end{bmatrix}u \qquad y=[1\quad 2\quad 5\quad 2]x$

② $x'=\begin{bmatrix}2 & 2 & 1\\ 1 & 3 & 1\\ 1 & 2 & 2\end{bmatrix}x+\begin{bmatrix}3\\3\\4\end{bmatrix}u \qquad y=x$

③ $G_1(s)=\frac{s^4+35s^3+291s^2+1\,093s+1\,700}{s^9+9s^8+66s^7+294s^6+1\,029s^5+2\,541s^4+4\,684s^3+5\,856s^2+4\,629s+1\,700}$

④ $G_2(s)=\frac{15(s+3)}{(s+1)(s+5)(s+15)}$

⑤ $G_3(x)=\frac{100s(s+2)^2(s^2+3s+2)^2}{(s+1)(s-1)(s^3+3s^2+5s+2)((s^2+1)^2+3)^2}$

⑥ $H(z)=\frac{1-1.141\,4z^{-1}+z^{-2}}{1+0.9z^{-1}+0.81z^{-2}}\times\frac{z+1}{z-0.3}$

(3) 已知下列 $H(s)$ 或 $H(z)$，求其频响。

① $H(z)=\frac{1}{1+z^{-1}}$

② $H(s)=\frac{2s}{s^2+\sqrt{2}s+1}$

③ $H(z)=\frac{(1+z^{-1})^2}{1+0.61z^{-2}}$

④ $H(s)=\frac{3(s-1)(s-2)}{(s+1)(s+2)}$

⑤ $x'=\begin{bmatrix}1 & 0\\1 & -3\end{bmatrix}x+\begin{bmatrix}1\\0\end{bmatrix}e \qquad y=\begin{bmatrix}-\frac{1}{4} & 1\end{bmatrix}x$

23.4　思考题

(1) 已知 $H(z)=\frac{1+2z^{-1}+3z^{-2}}{4+5z^{-1}+6z^{-2}}\times\frac{7+8z^{-1}+9z^{-2}}{10+11z^{-1}+12z^{-2}}$，求其零极点。

(提示：令 $H(z)=H_1(z)\times H_2(z)$，分别求出零极点，再合并)

(2) 已知数字滤波器的状态方程为：

$$x'=\begin{bmatrix}1 & 0\\1 & -3\end{bmatrix}x+\begin{bmatrix}1\\0\end{bmatrix}e \qquad y=\begin{bmatrix}-\frac{1}{4} & 1\end{bmatrix}x+0\times e$$

求其频响特性。

(3) 设有一模拟滤波器 $H_a(s)=\frac{1}{s^2+s+1}$，采样周期为 $T=2$，试用双线性变换法将它转变为数学滤波器 $H(z)$，并求原模拟滤波器与转换后滤波器的频响特性(已知双线性变换法的函数为 bilinear)，其使用方法为：

[numd,dend]=bilinear(num,den,Fs)，其中 num,numd,den,dend 分别为转变前后传递函数的分子、分母系数，Fs 为采样频率，改变采样周期，观察输出信号有何不同？

实验 24　信号调制与解调

24.1　实验目的

(1) 了解用 MATLAB 实现信号调制与解调的方法；

(2) 了解几种基本的调制方法。

24.2　实验原理

由于从消息变换过来的原始信号具有频率较低的频谱分量，这种信号在许多信道中不适宜传输。因此，在通信系统的发送端通常需要有调制过程，而在接收端则需要有反调制过程——解调过程。

所谓调制，就是按调制信号的变化规律去改变某些参数的过程。调制的载波可以分为两类：用正弦信号作载波；用脉冲串或一组数字信号作为载波。最常用和最重要的模拟调制方式是用正弦波作为载波的幅度调制和角度调制。本实验中重点讨论幅度调制。

幅度调制是正弦型载波的幅度随调制信号变化的过程。设正弦载波为：

$$S(t)=A\cos(\tilde{\omega}_c t+\varphi_0)$$

式中：$\tilde{\omega}_c$——载波角频率；

φ_0——载波的初相位；

A——载波的幅度。

那么，幅度调制信号(已调信号)一般可表示为：

$$S_m(t)=Am(t)\cos(\tilde{\omega}_c t+\varphi_0)$$

式中，$m(t)$为基带调制信号。

在 MATLAB 中，用函数 y=modulate(x，f_c，f_s，'s')来实现信号调制。其中 f_c 为载波频率，f_s 为抽样频率，'s'省略或为'am-dsb-sc'时为抑制载波的双边带调幅，'am-dsb-tc'为不抑制载波的双边带调幅，'am-ssb' 为单边带调幅，'pm'为调相，'fm'为调频。

24.3 实验内容

(1) 有一正弦信号 $x(n)=\sin(2\pi n/256)$，$n=[0:256]$，分别以 100 kHz 的载波和 1 000 kHz的抽样频率进行调幅、调频、调相，观察图形。

(2) 对题 1 中各调制信号进行解调(采用 demod 函数)，观察与原图形的区别。

(3) 已知线性调制信号表示式如下：

① $\cos\Omega t\cos\tilde{\omega}_c t$；

② $(1+0.5\sin\Omega t)\cos\tilde{\omega}_c t$。

式中，$\tilde{\omega}_c=6\ \Omega$，试分别画出它们的波形图和频谱图。

(4) 已知调制信号 $m(t)=\cos(200\pi t)+\cos(4\ 000\pi t)$，载波为 $\cos 10^4 t$，进行单边带调制，试确定单边带信号的表示式，并画出频谱图。

24.4 思考题

利用 VCO 函数产生瞬时频率为时间三角函数的信号，其采样频率为 500 Hz，然后利用 specgram 函数给出信号的频谱图。

实验 25 滤波器设计

25.1 实验目的

(1) 分析滤波器的可用性与稳定性；

(2) 根据给定的要求设计滤波器。

25.2 实验原理

为了处理信号，必须设计和实现滤波器系统。滤波器的设计结果受滤波器类型和其实现形式的影响。因此，在讨论设计结果之前，先考虑在实际中怎样实现这些滤波器。

对于 LTI 系统，BIBO 稳定性等效于 $\sum_{-\infty}^{\infty}h(k)\ |<\infty$。当且仅当单位圆在 $H(z)$的收敛域内时，LTI 系统是稳定的；当且仅当系统函数 $H(z)$的所有极点都在单位圆内时，因果 LTI 系统是稳定的。

一个离散系统如数字滤波器，当其转移函数已知时，就很容易写出它的差分方程来。为了表明信号在数字滤波器中处理的过程，常常需要从方程或转移函数作出此数字滤波器的模拟框图。从已给转移函数作出框图有几种不同的方法，相应的，数字滤波器也有直接实现，并联现实和串联实现等不同方式。

所谓直接实现，是指由差分方程直接做出框图。并联实现形式是将转移函数 $H(z)$ 分解为若干个一阶或二阶的简单转移函数或者还可能有一常数等项之和，即 $H(z)=H_0+H_1(z)+H_2(z)+\cdots+H_r(z)$。串联实现形式是将转移函数 $H(z)$ 分解为若干个一阶或二阶的简单转移函数的乘积，即 $H(z)=b_m H_1(z)H_2(z)\cdots H_r(z)$，其中 b_m 是分子多项式最高次项的系数。

在 MATLAB 中，提供了几个子程序来实现窗函数。下面给出这些函数的简要说明。

- w=boxcar(M)　　数组 w 中返回 M 点矩形窗函数
- w=triang(M)　　数组 w 中返回 M 点三角窗函数
- w=hanning(M)　　数组 w 中返回 M 点汉宁窗函数
- w=hamming(M)　　数组 w 中返回 M 点汉明窗函数
- w=blackman(M)　　数组 w 中返回 M 点布莱克曼窗函数
- w=kaiser(M,beta)　　数组 w 中返回 beta 值 M 点凯泽窗函数

25.3　实验内容

(1) 一个特定的线性时不变系统，描述它的差分方程如下：

$$y(n)-0.5y(n-1)+0.25y(n-2)=x(n)+2x(n-1)+x(n-3)$$

① 确定系统的稳定性

② 在此期间 $0\leqslant n\leqslant 100$，求得并画出系统的单位函数响应，从单位函数响应确定系统的稳定性。

③ 如果此系统的输入为 $x(n)=[5+3\cos(0.2\pi n)+4\sin(0.6\pi n)]u(n)$，在 $0\leqslant n\leqslant 200$ 间求出 $y(n)$ 的响应。

(2) 一个简单的微分器如下所示：

$$y(n)=x(n)-x(n-1)$$

它计算输入信号的后向一阶差分。对下列序列执行这个差分并画出其结果，评论这个简单的差分器的可用性。

① $x(n)=5[u(n)-u(n-20)]$　　矩形脉冲

② $x(n)=n[u(n)-u(n-10)]+(20-n)[u(n-10)-u(n-20)]$　　三角序列

③ $x(n)=\sin\left(\frac{\pi}{25}n\right)[u(n)-u(n-100)]$　　正弦序列

(3) 一个滤波器由下面的差分方程描述：

$$16y(n)+12y(n-1)+2y(n-2)-4y(n-3)-y(n-4)$$
$$=x(n)-3x(n-1)+11x(n-2)-27x(n-3)+18x(n-4)$$

求出它的级联形式结构。

(4) 写出上题中滤波器的并联形式结构。

(5) 一个因果、线性、时不变系统为：

$$y(n)=\sum_{k=0}^{5}\left(\frac{1}{2}\right)^{k}x(n-k)+\sum_{l=1}^{5}\left(\frac{1}{3}\right)^{l}y(n-l)$$

确定并画出下列结构的方框图，计算系统对 $x(n)=u(n)$ 的响应。

① 直接型；② 级联型；③ 并联型。

24.4 思考题

(1) 如果一个滤波器结构中包括直接、级联、并联形式的组合，它用这三种形式表示的总特性是什么？考察如图所示的方框图。

(2) 在频段 $0.05\leqslant\tilde{\omega}\leqslant0.95\pi$ 上设计一个希尔伯特变换器。(注：用 hilbert 函数实现)

(3) 设计一个阶梯滤波器，它分为三段，每段有不同的理想响应和容限，设计技术指标为：

第一段：$0\leqslant\tilde{\omega}\leqslant0.3\pi$　　理想增益＝1　　容限 $\delta_1=0.01$

第二段：$0.4\pi\leqslant\tilde{\omega}\leqslant0.7\pi$　　理想增益＝0.5　　容限 $\delta_1=0.005$

第三段：$0.8\pi\leqslant\tilde{\omega}\leqslant\pi$　　理想增益＝0　　容限 $\delta_1=0.001$

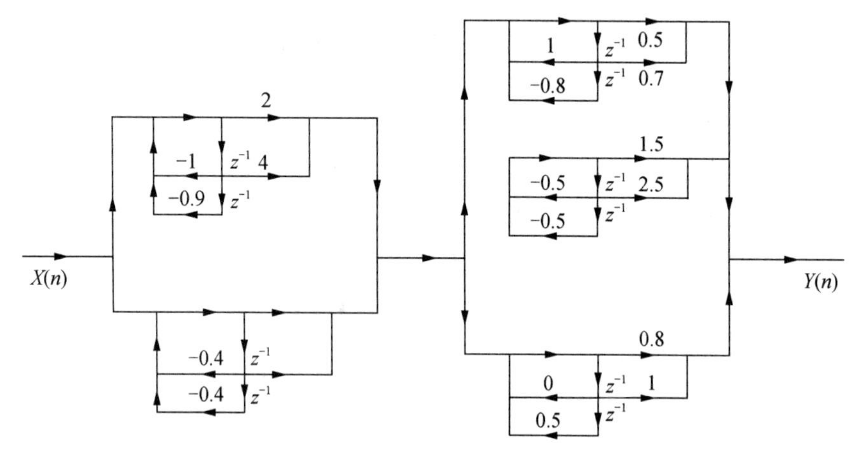

(4) 利用双线性变换，把 $H_a(s)=\dfrac{s+1}{s^2+5s+6}$ 转换成数字滤波器，选择 $T=1$。

(5) 设计低通滤波器 $\tilde{\omega}_p=0.2\pi, R_p=0.25\text{ dB}, \tilde{\omega}_s=0.3\pi, A_s=50\text{ dB}$ 画出等波纹滤波器特性。

(6) 根据下列技术指标，设计一个数字 FIR 低通滤波器：

$$\tilde{\omega}_p=0.2\pi, R_p=0.25\text{ dB}\qquad \tilde{\omega}_s=0.3\pi, A_s=50\text{ dB}$$

① 选择一个适当的窗函数，确定脉冲响应，并给出所设计的滤波器的频率响应图；

② 接着用频率采样法设计一个 FIR 滤波器；

③ 用最优设计法，设计一个较好的低通滤波器；

④ 用过渡带中的两个样本来解决，以此得到较好的阻带衰减。

(7) 设计一个数字微分器，它在每段上具有不同的斜率。技术指标为：

第一段：$0\pi\leqslant\tilde{\omega}\leqslant0.2\pi$　　斜率＝1 个样本/周期

第一段：$0.4\pi\leqslant\tilde{\omega}\leqslant0.6\pi$　　斜率＝2 个样本/周期

第一段：$0.8\pi\leqslant\tilde{\omega}\leqslant\pi$　　斜率＝3 个样本/周期

(8) $N=15,\tilde{\omega}_1=0.3\pi,\tilde{\omega}_2=0.2\pi$，用 Hanning 窗设计一线性相位带通滤波器，观察它的实际 3 dB 和 20 dB 带宽。$N=45$，重复这一设计，观察幅频和相频特性的变化，注意长度 N 变化的影响。分别改用矩形窗和 Blackman 窗，设计带通滤波器，观察并记录窗函数对滤波器幅频特性的影响，比较三种窗的特点。

实验 26　傅立叶变换

26.1　实验目的

(1) 熟悉傅立叶变换的各种性质；

(2) 熟悉基本信号的频域转换；

(3) 熟悉应用快速傅立叶变换(FFT)对典型信号进行频谱分析的方法；

(4) 了解应用 FFT 进行信号频谱分析过程中可能出现的问题，以便在实际中正确应用 FFT。

26.2　实验原理

时域信号处理我们已经比较熟悉，信号的频谱函数对于我们却是一个全新的概念。一个信号的时域转换可以通过傅立叶变换(DFT)来完成。有限长序列的 DFT 是其 Z 变换在单位圆上的等距采样，或者说是序列傅立叶变换的等距采样，因此可以用于序列的频谱分析。

FFT 并不是与 DFT 不同的另一种变换，而是为了减少 DFT 运算次数的一种快速算法。它是对变换式进行一次次分解，使其成为若干小数点的组合，从而减少运算量。常用的 FFT 是以 2 为基数的，其长度 $N=2^L$。

从频率采样定理知道，N 点序列 $x(n)$ 的 N 个离散时间傅立叶变换 $x(e^{j\omega})$ 等间隔样本能唯一地重构 $x(n)$。这些单位圆上的 N 个样本叫做离散傅立叶系数。设 $\widetilde{X}(k)=DFS\,\tilde{x}(n)$，为一周期(具有无限持续时间)序列，则它的主周期为具有有限持续时间的离散傅立叶变换，N 点序列的离散傅立叶变换由下式给出：

$$X(k)\triangleq \mathrm{DFT}[x(n)]=\begin{cases}\widetilde{X}(k) & (0\leqslant k\leqslant N-1)\\ 0 & (\text{其他})\end{cases}$$

$$X(k)=\widetilde{X}(k)R_N(k)$$

N 点序列的离散傅立叶反变换为：

$$x(n)\triangleq \mathrm{IDFT}[X(k)]=\tilde{x}(n)R_N(n)$$

在 MATLAB 中用 FFT 函数实现快速傅立叶变换，如 FFT(x)实现 2 点 FFT 变换，FFT(x,N)实现 N 点 FFT 变换，N 必须为 2^n，

【例】 将[0,π]分为 501 个等间隔的点，计算 $x(n)=(0.5)^n u(n)$ 的离散傅立叶变换 $X(e^{j\omega})$，并画出其模、相角、实部、虚部的曲线。

解：MATLAB 程序如下：

```
w=[0:1:500]*pi/500;
x=exp(j*ω)./(exp(j*ω)-0.5*ones(1,501));
magx=abs(x);
angx=angle(x);
realx=real(x);
imagx=imag(x);
subplot(221);plot(w/pi,magx);grid
xlabel('以 pi 为单位的频率');title('幅度部分');ylabel('幅度')
subplot(223);plot(w/pi,angx);grid
xlabel('以 pi 为单位的频率');title('相角部分');ylabel('弧度')
subplot(222);plot(w/pi,realx);grid
xlabel('以 pi 为单位的频率');title('实部');ylabel('实部')
subplot(224);plot(w/pi,imagx);grid
xlabel('以 pi 为单位的频率');title('虚部');ylabel('虚部')
```

26.3 实验内容

(1) 设 $x_a(t)=e^{-1000|t|}$,求其傅立叶变换 $X_a(j\omega)$

(连续信号在 MATLAB 中表示为间隔很小的离散信号,如取 $\Delta t=0.000\,05$)

(2) 画出下列序列的 DTFT 幅度,设定合理的长度 N,使所作的图有意义。$x(n)=2\cos(0.2\pi n)[u(n)-u(n-10)]$

(3) 以题 1 为例,说明取样速率对频率特性的影响。

① 取样速率为 $F_s=5\,000$ Hz,绘出 $X_1(e^{j\omega})$ 曲线;

② 取样速率为 $F_s=1\,000$ Hz,绘出 $X_2(e^{j\omega})$ 曲线(提示:以 $n*T_s$ 代替 t)。

(4) 根据 DFT 公式,写出 DFT 函数,用 MATLAB 实现离散傅立叶变换,格式如下:

```
function    [Xk]=dft(xn,N)
%     计算离散傅立叶变换
%     [Xk]=dft(xn,N)
%     Xk=在 0<=n<=N-1 间的 DFT 系数数组
%     xn=N 点有限持续时间序列
%     N=DFT 的长度
```

根据IDFT 公式,用 MATLAB 实现 IDFT 运算,格式为:

```
  [xn]=idft(Xk,N)
```

(5) 12 点序列 $x(n)$的定义为:$x(n)=\{1,2,3,4,5,6,5,4,3,2,1\}$

① 求出 $x(n)$的 DFT 值 $X(k)$,画出它的幅度和相位曲线(使用 stem 函数);

② 用 MATLAB 画出 $x(n)$的 DTFT 值 $X(e^{j\omega})X(e^{j\omega})$的幅度和相位曲线;

③ 验证 a 中的 DFT 是 $X(e^{j\omega})$的采样,采用 HOLD 函数把两图放在一幅图中求解。

(6) 计算下列有限长序列的 DFT,假设长度为 $N=11$:

① $x(n)=\delta(n)$

② $x(n)=\delta(n-n_0)$　　　　$(0<n_0<N, n_0=3)$

③ $x(n)=\varepsilon(n-n_0)$　　　　$(0<n_0<N, n_0=3)$

(7) 模拟信号 $x(t)=2\sin(4\pi t)+5\cos(8\pi t)$，以 $t=0.01\pi(n=0:N-1)$进行采样，求 N 点 DFT 的幅值谱。N 分别为：① $N=45$；② $N=50$；③ $N=55$；④ $N=60$。令 $N=64$ 并在信号中加入噪声（正态）$\tilde{\omega}(t)$，$x(t)=2\sin(4\pi t)+5\cos(8\pi t)+0.8\tilde{\omega}(t)$，试比较有无噪声时的信号谱。

(8) 考察序列 $x(n)=\cos(0.48\pi n)+\cos(0.52\pi n)$，求出它基于有限个样本的频谱。

① 当时 $0\leqslant n\leqslant 10$，确定并画出 $x(n)$的离散傅立叶变换；

② 当时 $0\leqslant n\leqslant 100$，确定并画出 $x(n)$的离散傅立叶变换。

(9) 观察高斯序列

$$x_{\mathrm{a}}(n)=\begin{cases}\mathrm{e}^{-\frac{(n-p)^2}{q}} & (0\leqslant n\leqslant 15)\\ 0 & (\text{其他})\end{cases}$$

的时域和频域特性，固定信号 $x_{\mathrm{a}}(n)$中参数 $p=8$，改变 q 分别等于 2,4,8，观察它们的时域和频域特性，了解当 q 取不同值时，对信号序列的时域幅特性的影响；固定 $q=8$，改变 p，使 p 分别等于 8,13,14，观察参数 p 变化对信号序列的时域及频域特性的影响，注意 p 等于多少时会发生明显的泄漏现象，混迭是否也随之出现？记录实验中观察到的现象，绘出相应的时域序列和幅频特性曲线。

(10) 一个连续信号含两个频率分量，经采样得：

$$x(n)=\sin(2\pi\times 0.125n)+\cos(2\pi\times(0.125+\Delta f)n)\quad n=0,1,\Lambda,N-1$$

已知 $N=16$，Δf 分别为 1/16 和 1/64，观察其频谱；当 $N=64$，Δf 不变，其结果有何不同，为什么？

26.4　思考题

(1) 一理想低通滤波器在频域中的表述如下：$H_{\mathrm{d}}(\mathrm{e}^{\mathrm{j}\tilde{\omega}})=\begin{cases}1\times\mathrm{e}^{-\mathrm{j}\tilde{\omega}} & (|\tilde{\omega}|\leqslant\tilde{\omega}_{\mathrm{c}})\\ 0 & (\tilde{\omega}<|\tilde{\omega}|\leqslant\pi)\end{cases}$ 其中，$\tilde{\omega}_{\mathrm{c}}$ 称为截止频率而 α 称为相位滞后。

① 用 IDTFT 关系式求出理想脉冲响应。

② 求并画出截断了的脉冲响应。

$$h(n)=\begin{cases}h_{\mathrm{d}}(n) & (0\leqslant n\leqslant N-1)\\ 0 & (\text{其他})\end{cases}$$

设 $N=41$，$\alpha=20$ 及 $\tilde{\omega}_{\mathrm{c}}=0.5\pi$，

③ 求并画出频率响应函数 $H(\mathrm{e}^{\mathrm{j}\tilde{\omega}})$，并将它与理想低通滤波器响应 $H_{\mathrm{d}}(\mathrm{e}^{\mathrm{j}\tilde{\omega}})$相比。评论其结果。

(2) 观察衰减正弦序列 $x_{\mathrm{b}}(n)=\begin{cases}\mathrm{e}^{-a_n\sin(2\pi f_n)} & (0\leqslant n\leqslant 15)\\ 0 & (\text{其他})\end{cases}$ 时域和幅频特性，$a_n=0.1$，$f=0.0625$，检查谱峰出现位置是否正确，注意频谱的形状，绘出幅频特性曲线，改变 f，使 f 分别等于 0.437 5 和 0.562 45，观察这两种情况下，频谱的形状和谱峰出现位置，有无混迭

和泄漏现象？说明产生现象的原因。

(3) 观察三角波和反三角波序列的时域和幅频特性，用 8 点 FFT 分别信号序列 $x_c(n)$ 和 $x_d(n)$ 的幅频特性，观察两者的序列形状和频谱曲线有什么异同？绘出两序列及其幅频特性曲线。在 $x_c(n)$ 和 $x_d(n)$ 末尾补零，用 $N=16$ 点 FFT 分析这两个信号的幅频特性，观察幅频特性发生了什么变化？两情况的 FFT 频谱还有相同之处吗？这些变化说明了什么？

$$x_c(n)=\begin{cases} n+1 & (0\leqslant n\leqslant 3) \\ 8-n & (4\leqslant n\leqslant 7) \\ 0 & (\text{其他}) \end{cases} \qquad x_d(x)=\begin{cases} 4-n & (0\leqslant n\leqslant 3) \\ 8-n & (4\leqslant n\leqslant 7) \\ 0 & (\text{其他}) \end{cases}$$

(4) 随机产生一个 5 000 点白噪声序列，用 $x_d(n)$ 对该序列分段滤波，再用周期图法分析其频谱，周期图法的分段长度为 256，为简化起见，窗函数 $\tilde{\omega}(n)$ 可采用矩形窗函数。

实验 27　频率特性曲线

27.1　实验目的

(1) 熟悉频谱响应曲线绘制的方法；
(2) 了解离散时间系统的频率响应分析；
(3) 了解时间延迟系统的频率响应。

27.2　实验原理

MATLAB 提供了多种求取并绘制频率响应曲线的函数，如 Bode 图绘制函数 bode( )，Nyquist 曲线绘制函数 nyquist( )，以及 Nichols 曲线绘制函数 nichols( )等，其中 bode( )函数的调用格式为：

```
[m,p]=bode(num,den,w)或[m,p]=bode(A,B,C,D,iu,w)
```

这里 num，den 和 A，B，C，D 分别为系统的传递函数或状态方程的参数，而 w 为频率点构成的向量，该向量最好由 logspace( )函数来构成。iu 为一个数值，反映要求取的输入信号标号，当然对单输入系统来说，iu=1。bode( )函数本身可以通过输入元素的个数自动地识别给出的是传递函数模型还是状态方程模型，从而可以正确地求出 Bode 响应的幅值向量 m 与相位向量 p，有了这些数据之后就可以由下面的 MATLAB 命令。

```
subplot(211);semilogx(w,20*log10(m))
subplot(212);semilog(w,p)
```

在同一个窗口上同时绘制出系统的 Bode 响应曲线，其中前面一条命令对得出的 m 向量求分贝(dB)值。如果用户只想绘出系统的 Bode 图，而对获得幅值和相位的具体数值并不感兴趣，则可以由如下更简洁的格式调用 bode( )函数。

```
bode(A,B,C,D,iu,w)或 bode(num,den,w)
```

或更简洁地

```
bode(A,B,C,D,iu)或 bode(num,den)
```

这时该函数会自动地根据模型的变化情况选择一个比较合适的频率范围。Nyquist 响应与 Nichols 特性的操作与 Bode 图类似。

MATLAB 还提供了更直接地求取频率响应数据的函数 freqresp(　)，其调用格式为：

[x,y]=freqresp(num,den,sqrt(−1)*w)

或　[x,y]=freqresp(A,B,C,D,iu,sqrt(−1)*w)

在分析系统性能时经常涉及系统的幅度与相位裕度的问题，可使用 margin(　)函数，调用格式为：

[Gm,Pm,Wcg,Wcp]=margin(A,B,C,D)

或　[Gm,Pm,Wcg,Wcp]=margin(num,den)

或　[Gm,Pm,Wcg,Wcp]=margin(MAG,PHASE,w)

可以看出，该函数可求取系统的幅值裕度 Gm 和相位裕度 Pm，并求出幅值裕度和相位裕度处的频率值 Wcg 和 Wcp。

离散系统频率分析调用的函数只需在原连续函数的基础上加一个"d"即可，如 Bode 图可以由 dbode(　)函数来求出。dbode 函数的调用格式为

[mag,phase]=dbode(F,G,C,D,Ts,iu,w)

或　[mag,phase]=dbode(num,den,w)

其中(F,G,C,D)为系统的离散时间状态方程的参数，T_s 为采样周期，iu 为输入序号，w 仍为频率向量。在后一种调用格式中，num 和 den 分别为离散时间系统传递函数模型的分子和分母多项式系数构成的向量。

带有时间延迟的连续控制系统传递函数模型可以写成：

$$G(s)=\frac{b_1 s^m+b_2 s^{m-1}+\Lambda+b_{m+1}}{a_1 s^n+a_2 s^{n-1}+\Lambda+a_{n+1}}\mathrm{e}^{-Ts}=\hat{G}(s)\mathrm{e}^{-Ts}$$

式中：T 为延迟时间常数。纯时间延迟环节 e^{-Ts} 可以由有理函数来近似，MATLAB 中提供了 pade(　)函数来计算 pade′(法国数学家 pade′提出的一种著名的有理近似方法)近似的函数，它的调用格式为：

[num,den]=pade(T,n)或[A,B,C,D]=pade(T,n)

式中：T 为延迟时间常数，n 为要求拟合的阶数。

MATLAB 还提供了连续时间系统在阶跃输入激励下的函数 step(　)，脉冲激励下的函数 impulse(　)及任意输入下的函数 lsim(　)等，其中阶跃响应函数的调用格式为：

[y,x]=step(num,den,t)或[y,x]=step(A,B,C,D, iu,t)其中 t 为选定的时间向量。

离散时间系统的函数只需在连续时间函数前加"d"即可，且 t 由 n 代替，表示需要的采样个数。

27.3　实验内容

(1) 考虑一个线性系统模型

$$x(t)=\begin{bmatrix}0 & 0 & 0 & 0\\ 0 & 0 & 1 & 0\\ 0 & 0 & 0 & 1\\ -62.5 & -213.8 & -204.2 & -54\end{bmatrix}x(t)+\begin{bmatrix}0\\0\\0\\1\end{bmatrix}u(t)$$

$$y(t)=[1\,562\quad 1\,875\quad 0\quad 0]x(t)$$

试绘制出系统在 0.1 到 10 之间的频率范围上的 Bode 图和 Nyquist 图。

(2) 求出题 1 中系统的幅值和相位裕度以及其发生处的频率值。

(3) 考虑下面的离散时间状态模型：

$$x(k+1)=\begin{bmatrix}-1 & -2 & -2\\ 0 & -1 & 1\\ 1 & 0 & -1\end{bmatrix}x(k)+\begin{bmatrix}2\\0\\1\end{bmatrix}u(k)$$

$$y(k)=[1\quad 2\quad 0]x(k)$$

假定系统的采样周期为 $T=0.1$。

(4) 假定系统的开环传递函数模型为：

$$G(s)=\frac{20}{s^4+8s^3+36s^2+40s}$$

试求出该系统在单位负反馈下的阶跃响应曲线。

27.4　思考题

(1) 绘制出下面各个系统的频率响应曲线，包括 Bode 图，Nyquist 图及 Nichols 图，并求出各个模型的幅值裕度和相位裕度。

① $G(s)=\dfrac{6s^3+26s^2+6s+20}{s^4+3s^3+4s^2+2s+2}$，频率范围 $\tilde{\omega}=[0.1,10]$

② $\dot{x}(t)=\begin{bmatrix}-5 & 2 & 0 & 0\\ 0 & -4 & 0 & 0\\ -3 & 2 & -4 & -1\\ -3 & 2 & 0 & -4\end{bmatrix}x(t)+\begin{bmatrix}1\\2\\0\\1\end{bmatrix}u(t)$，$y(t)=[1,2,3,4]x(t)$

③ $H(z)=\dfrac{2+3z^{-1}+4z^{-2}}{1+3z^{-1}+3z^{-2}+z^{-3}}$，自动选择频率范围

④ $G(s)=\dfrac{1}{(s+1)^3}\mathrm{e}^{-2s}$，$\tilde{\omega}=[0.1,100]$

⑤ $G(s)=\dfrac{(s+1)^3}{s^3(s^2+1.05s+12.25)}$，选择不同的频率范围并比较结果

(2) 绘制出下面各个模型的阶跃响应和脉冲响应曲线。

(3) 考虑下面的传递函数模型 $G(s)=\dfrac{s+1}{(s+2)^3}\mathrm{e}^{-0.5s}$

首先可以输入模型的有理传递函数并选择频率向量 $\tilde{\omega}$，然后求出，再由 4 阶 pade′近似和直接方法分别计算出系统的频率响应，并绘制出在不同 pade′近似阶次下原系统与近似系统阶跃响应比较的曲线。将其当作开环模型，选 pade′近似的阶次为 3，画出阶跃响应曲线。

实验 28　综合实验

28.1　实验目的

(1) 掌握综合实验的能力；

(2) 复习所学内容，综合所学知识。

28.2　实验内容

(1) $H(s)=\frac{1}{s+1}+\frac{1}{s+3}-\frac{2}{s+4}$，求其零极点图，并判断系统的稳定性。

(2) 设计一个 5 阶低通 Bessel(贝塞尔)模拟滤波器，截止频率为 1 000 rad/s，求其零极点及频响特性。

(3) 设计一个 6 阶带通 Bessel 模拟滤波器，通带为 $2\,000<\tilde{\omega}<10\,000$，求其零极点及频响特性。

(4) 设采样频率为 $f_s=1.2$ kHz，用脉冲响应不变法设计一三阶巴特沃兹数字低通滤波器，截止频率 $f_c=400$ Hz。

(5) 画出下式的 DTFT 幅度，设定合理的长度 N，使所作的图有意义。

$$x(n)=2\cos(0.2\pi n)[u(n)-u(n-10)]$$

(6) 设有两序列 $x(n)=\cos(\pi n/2)$，$0\leqslant n\leqslant 100$，$y(n)=e^{j\pi n/4}x(n)$，$0\leqslant n\leqslant 100$，试比较 $X(e^{j\omega})$ 和 $Y(e^{j\omega})$。

(7) 用式 $x(n)=10(0.8)^n$，$0\leqslant n\leqslant 10$，验证 DFT 的 Parseval 定理：

$$\sum_{n=0}^{N-1}|x(n)|^2=\frac{1}{N}\sum_{k=0}^{N-1}|X(k)|^2$$

(8) 一因果系统 LTI 系统 $y(n)=0.81y(n-2)+x(n)-x(n-2)$

求① $H(z)$；② 冲激响应 $h(n)$；③ 单位阶跃响应 $u(n)$；④ $H(e^{j\omega})$，并绘出幅频和相频特性。

(9) 求解差分方程：

$$y(n)=\frac{1}{3}[x(n)+x(n-1)+x(n-2)]+0.95y(n-1)-0.902\,5y(n-2)\quad(n\geqslant 0)$$

其中：$x(n)=\cos\left(\frac{\pi}{3}n\right)$，$y(-1)=-2$，$y(-2)=-3$，$x(-1)=1$，$x(-2)=1$。

(10) 一带限信号的频谱如图 28-1(a)所示，若此信号通过如图 28-1(b)所示系统。试绘出 A、B、C、D 各点的信号频谱的图形。系统中两个理想滤波器的截止频率均为$\tilde{\omega}_c$。通带内传输值为 1，相移均为零。$\tilde{\omega}_c\gg\tilde{\omega}_1$。

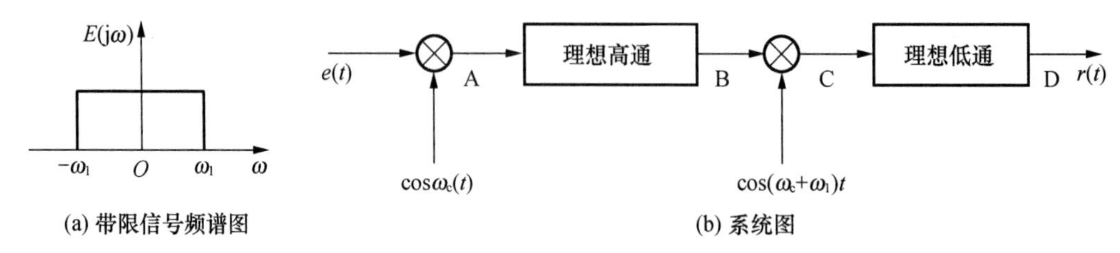

图 28-1　带限信号通过系统图

(11) 求 $e(t)=\frac{\sin 2\pi t}{2\pi t}$ 的信号通过图 28-2 的系统后，A、B、C 各点的时域和频域图形。系统中理想带通滤波器的传输特性如图 28-3 所示，其相位特性 $\Phi(\omega)=0$。

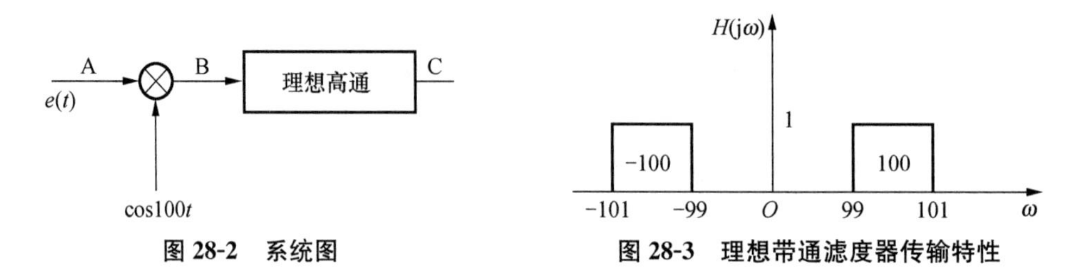

图 28-2　系统图　　**图 28-3　理想带通滤波器传输特性**

附　录

附录 1　常用晶体管和模拟集成电路

附 1.1　半导体分立器件型号的命名法

中国晶体管和其他半导体器件的型号，通常由以下五部分组成，每部分的符号及意义见表。例如，3AX81-81 号低频小功率 PNP 型锗材料三极管；2AP9-9 号普通锗材料二极管。

中国半导体分立器件型号的组成符号及其意义

第一部分		第二部分		第三部分				第四部分	第五部分
用数字表示器件的有效电极数目		用汉语拼音字母表示器件的材料和极性		用汉语拼音字母表示器件的类型				用数字表示器件序号	用汉语拼音字母表示规格的区域代号
符号	意义	符号	意义	符号	意义	符号	意义		
2	二极管	A	N 型，锗材料	P	普通管	D	低频大功率管		
		B	P 型，锗材料	V	微波管		($f_a<3$ MHz，$P_c\geq1$ W)		
		C	N 型，硅材料	W	稳压管	A	高频大功率管		
		D	P 型，硅材料	C	参量管		($f_a<3$ MHz，$P_c\geq1$ W)		
3	三极管	A	PNP 型，锗材料	Z	整流截	T	半导体闸流管(可控整流器)		
		B	NPN 型，锗材料	L	整流堆				
		C	PNP 型，硅材料	S	隧道管	Y	体效应器件		
		D	NPN 型，硅材料	N	阻尼管	B	雪崩管		
		E	化合物材料	U	光电器件	J	阶跃恢复管		
				K	开关管	CS	场效应管		
				X	低频小功率管	BT	半导体特殊器件		
					($f_a<3$ MHz，$P_c\geq1$ W)	FH	复合管		
				G	高频小功率管	PIN	PIN 型管		
					($f_a<3$ MHz，$P_c\geq1$ W)	JG	激光器件		

但是，场效应晶体管、半导体特殊器件、复合管、PIN 型二极管(P 区和 N 区之间夹一层本征半导体或低浓度杂质半导体的二极管。当其工作频率超过 100 MHz 时，由于少数载流子的存贮效应和 I 层中的渡越时间效应，二极管失去整流作用，而成为阻抗元件，并且，其阻抗值的大小随直流偏置而改变)和激光器件等型号的组成只有第三、第四和第五部分。

用阿拉伯数字表示器件的有效电极数目

用汉语拼音字母表示器件的极性和材料

用汉语拼音字母表示器件的类型

用阿拉伯数字表示器件的序号

用汉语拼音字母表示规格的区别

第一部分　第二部分　第三部分　第四部分　第五部分

例如,CS2B是表示:B规格2号场效应晶体管。

附1.2　常用晶体管和模拟集成电路

1) 二极管

(1) 整流二极管

型　　号	最高反向峰值电压 U_{RM}(V)	额定正向整流电流 I_F(A)	正　向电压降 U_F(V)	反向漏电流(平均值) I_R(μA)		不重复正向浪涌电流 I_{FSM}(A)	频率 f(kHz)	额定结温 T_{jM}(℃)	备注
2CZ84A～2CZ84X	25～3 000	0.5	1.0	≤10 (25 ℃)	500 (100 ℃)	10	3	130	
2CZ55A～2CZ55X	25～3 000	1	1.0	10 (25 ℃)	500 (125 ℃)	20	3	150	
2CZ85A～2CZ85X	25～3 000	1	1.0	10 (25 ℃)	500 (100 ℃)	20	3	130	塑料封装
2CZ56A～2CZ56X	25～3 000	3	0.8	20 (25 ℃)	1 000 (140 ℃)	65	3	140	
2CZ57A～2CZ57X	25～3 000	5	0.8	20 (25 ℃)	1 000 (140 ℃)	100	3	140	
						外形图			
1N4001	50	1	1.0	5					
1N4002	100	1	1.0	5					
1N4003	200	1	1.0	5					
1N4004	400	1	1.0	5					
1N4005	600	1	1.0	5					
1N4006	800	1	1.0	5					
1N4007	1 000	1	1.0	5					
1N4007A	1 300	1	1.0	5					
1N5400	50	3	0.95	5					
1N5401	100	3	0.95	5					
1N5402	200	1	0.95	5					

（2）组合整流器（整流桥堆）

型　　号	最高反压 U_{RM}(V)	额定整流电流 I_F(A)	最大正向压降 U_F(V)	浪涌电流 I_{FSM}(A)	最高结温 T_{jM}(℃)	外　　形
SQ1A-M	25～1 000	1	1.5	20	125	
SQ2A-M	25～1 000	2	1.5	40	125	
QL25D	200	0.5	1.2	10	130	D55
XQL005C	200	0.5	1.2	3	125	D58
3QL25-5D	200	1	0.65		130	D165-2
QL-27-2	200	2	1.2	20	125	D55-45
QL-28-2	200	3	1.2	30	125	
QLG-26D	200	1	1.2	20	130	D55-45
3QL27-5D	200	2	0.65		130	D165-2
QL-27D	200	2	1.2	40	130	
QL026C	200	2.6	1.3	200	125	D51-4
QL28D	200	3	1.2	60	130	D55
QSZ3A	200	3	0.8	200	175	
QL040C	200	4	1.3	200	125	D51-4
QL9D	200	5	1.2	80	130	D168
QL100C	200	10	1.2	200	125	D55-44
SQL7-2	200	2	1.2	15	125	

（3）硅稳压二极管

型　号		最大耗散功率 P_{ZM}(W)	最大工作电流 I_{ZM}(mA)	稳　定 电　压 U_Z(V)	动态电阻		反向漏电流 I_R(μA)	正向压降 U_F(V)	电压温度系数 C_{TV} (10^{-4}/℃)	外　形
					R_Z (Ω)	I_Z (mA)				
(1N4370)	2CW50	0.25	83	1～2.8	≤50	10	≤10(U_R=0.5 V)	≤1	≤−9	
1N746 (1N4371)	2CW51	0.25	71	2.5～3.5	≤60	10	≤5(U_R=0.5 V)	≤1	≤−9	
1N747-9	2CW52	0.25	55	3.2～4.5	≤70	10	≤2(U_R=0.5 V)	≤1	≤−8	
1N750-1	2CW53	0.25	41	4～5.8	50	10	≤1	≤1	−6～4	
1N752-3	2CW54	0.25	38	5.5～6.5	30	10	≤0.5	≤1	−3～5	
1N754	2CW55	0.25	33	6.2～7.5	15	10	≤0.5	≤1	≤6	
1N755-6	2CW56	0.25	27	7～8.8	15	5	≤0.5	≤1	≤7	
1N757	2CW57	0.25	26	8.5～9.5	20	5	≤0.5	≤1	≤8	
1N758	2CW58	0.25	23	9.2～10.5	25	5	≤0.5	≤1	≤8	
1N962	2CW59	0.25	23	10～11.8	30	5	≤0.5	≤1	≤9	
1N963	2CW60	0.25	19	11.5～12.5	40	5	≤0.5	≤1	≤9	
1N964	2CW61	0.25	16	12.2～14	50	3	≤0.5	≤1	≤9.5	
1N965	2CW62	0.25	14	13.5～17	60	3	≤0.5	≤1	≤9.5	

（续表）

型号		最大耗散功率 P_{ZM}(W)	最大工作电流 I_{ZM}(mA)	稳定电压 U_Z(V)	动态电阻 R_Z(Ω)	动态电阻 I_Z(mA)	反向漏电流 I_R(μA)		正向压降 U_F(V)	电压温度系数 C_{TV}(10^{-4}/℃)	外形
(2DW7A)	2DW230	0.2	30	5.8～6.0	≤25	10	≤1	≤1	≤|50|		
(2DW7B)	2DW231	0.2	30	5.8～6.0	≤15	10	≤1	≤1	≤|50|		
(2DW7C)	2DW232	0.2	30	6.0～6.5	≤10	10	≤1	≤1	≤|50|		
2DW8A		0.2	30	5～6	≤25	10	≤1	≤1	≤|8|		
2DW8B		0.2	30	5～6	≤15	10	≤1	≤1	≤|8|		
2DW8C		0.2	30	5～6	≤5	10	≤1	≤1	≤|8|		

（4）2AP9-10 型锗点接触检波二极管

型号	2AP9	2AP10	测试条件
反向击穿电压 $U_{(BR)}$(V)	20	40	I_R=800 μA
反向电流 I_R(μA)	≤200	≤40	反向电压 10 V
最高反向工作电压 U_{RM}(V)	10	20	
正向电流 I_F(mA)	≥8	≥8	正向电压 1 V
反向工作电压 U_R(V)	5(≤40 μA)	10(≤40 μA)	I_R 为括号内数值
	10	20	I_R=200 μA
最大整流电压 I_{OM}(mA)	5	5	
截止频率 f(MHz)	100	100	
浪涌电流 I_{FSM}(mA)	50	50	持续时间 1 s
检波效率 η(%)	≥65	≥65	f=10.7 MHz，正向电压 1 V，R_L=5 kΩ，C=2 200 pF
	≥55	≥55	f=40 MHz，正向电压 1 V，R_L=5 kΩ，C=20 pF
检波损耗(dB)	≤20	≤20	交流电压 0.2 V，f=465 kHz
势垒电容 C_T(pF)	≤0.5	≤1	反向电压 6 V，交流电压 1～2 V，f=10 kHz
最高结温 T_{jM}(℃)	75	75	

（5）2CC1 型硅变容二极管

型号	最高反向工作电压 U_{RM}(V)	反向电流 I_R(μA)		结电容 C_j(pF)	电容变化范围 (pF)	零偏压品质因数 Q	电容温度系统 T_C(1/℃)
2CC1A	15	≤0.5	≤20	60～110	220～50	≥250	5×10^{-4}
2CC1B	15	≤0.5	≤20	20～60	110～22	≥400	5×10^{-4}
2CC1C	25	≤0.5	≤20	70～110	240～42	≥250	5×10^{-4}
2CC1D	25	≤0.5	≤20	30～70	125～20	≥300	5×10^{-4}
2CC1E	40	≤0.5	≤20	40～80	150～18	≥300	5×10^{-4}
2CC1F	60	≤0.5	≤20	20～60	110～10	≥400	5×10^{-4}
测试条件	T=20 ℃，I_R=1 μA T=125 ℃，I_R=20 μA	在相应的 U_{RM} 下 20 ℃±5 ℃	125 ℃±5 ℃	U_R=4 V	U_R=0 U_R=U_{RM}	R_R=4 V f=5 MHz	U_R=10 V f=3.5 MHz

(6) BT32～BT33 型双基极二极管(单结晶体管)

型　号	分压比 η_V (U_{BB}=20 V 时)	基极间电阻 $r_{BB}(\Omega)$	峰点电流 $I_p(\mu A)$	谷点电流 $I_V(mA)$	谷点电压 $U_V(V)$	耗散功率 $P(W)$
BT32A	0.3～0.55	3～6 k	2	1	3	0.3
BT32B	0.3～0.55	5～10 k	2	1	3	0.3
BT32C	0.45～0.75	3～6 k	2	1	3	0.3
BT32D	0.45～0.75	5～10 k	2	1	3	0.3
BT32E	0.65～0.85	3～6 k	2	1	3	0.3
BT32F	0.65～0.85	5～10 k	2	1	3	0.3
BT33A	0.3～0.55	3～6 k	2	1.5	3	0.4
BT33B	0.3～0.55	5～12 k	2	1.5	35	0.4
BT33C	0.45～0.75	3～6 k	2	1.5	3.5	0.4
BT33D	0.45～0.75	5～12 k	2	1.5	3.5	0.4
BT33E	0.65～0.9	3～6 k	2	1.5	3.5	0.4
BT33F	0.65～0.9	5～12 k	2	1.5	3.5	0.4

2) 三极管

(1) NPN 硅高频小功率管

型　号		3DG100A	3DG100B	3DG100C	3DG100D	3DG201	测试条件
极限参数	$P_{CM}(mW)$	100	100	100	100	100	
	$I_{CM}(mA)$	20	20	20	20	20	
	$U_{(BR)CBO}(V)$	≥30	≥40	≥30	≥40	≥30	$I_C=100\ \mu A$
	$U_{(BR)CEO}(V)$	≥20	≥30	≥20	≥30	≥30	$I_C=100\ \mu A$
	$U_{(BR)EBO}(V)$	≥4	≥4	≥4	≥4	≥4	$I_R=100\ \mu A$
直流参数	$I_{CBO}(\mu A)$	≤0.01	≤0.01	≤0.01	≤0.01		$U_{CB}=10\ V$
	$I_{CEO}(\mu A)$	≤0.01	≤0.01	≤0.01	≤0.01		$U_{CE}=10\ V$
	$I_{EBO}(\mu A)$	≤0.01	≤0.01	≤0.01	≤0.01		$U_{CE}=1.5\ V$
	$U_{BE(sat)}(V)$	≤1	≤1	≤1	≤1		$I_C=10\ mA\ I_B=1\ mA$
	$U_{CE(sat)}(V)$	≤1	≤1	≤1	≤1	≤0.9	$I_C=10\ mA\ I_B=1\ mA$
	h_{FE}	≥30	≥30	≥30	≥30	≥55	$U_{CE}=10\ V\ I_C=3\ mA$
交流参数	$f_T(MHz)$	≥150	≥150	≥300	≥300	≥100	$U_{CB}=10\ V\ I_E=3\ mA$ $f=100\ MHz, R_L=5\ \Omega$
	$G_P(dB)$	≥7	≥7	≥7	≥7		$U_{CB}=10\ V\ I_E=3\ mA\ f=100\ MHz$
	$C_{b'c}(pF)$	≤4	≤4	≤4	≤4		$U_{CB}=10\ V\ I_E=0$
h_{FE}色标分挡		(红)30～60(绿)50～110(蓝)90～160(白)>150					
管脚		B E C D					

注:3DG100 原型号 3DG6。

（2）NPN 硅高频中功率管

型　号		3DG130A	3DG130B	9011	9013	9014	9018	测　试　条　件
极限参数	P_{CM}(mW)	700	700	400	625	450	450	
	I_{CM}(mA)	300	300	30	500	100	50	
	$U_{(BR)CBO}$(V)	≥40	≥60	≥50	≥40	≥40	≥30	$I_C=100\ \mu A$
	$U_{(BR)CEO}$(V)	≥30	≥45	≥30	≥25	≥25	≥15	$I_C=100\ \mu A$
	$U_{(BR)EBO}$(V)	≥4	≥4	≥4	≥5	≥4	≥4	$I_E=100\ \mu A$
直流参数	I_{CBO}(μA)	≤0.1	≤0.1	≤0.1	≤0.1	≤0.1	≤0.1	$U_{CB}=10$ V
	I_{CEO}(μA)	≤0.5	≤0.5	≤0.1	≤0.1	≤0.1	≤0.1	$U_{CE}=10$ V
	I_{EBO}(μA)	≤0.5	≤0.5					$U_{CB}=1.5$ V
	$U_{BE(sat)}$(V)	≤1	≤1					$I_C=10$ mA；$I_B=10$ mA
	$U_{CE(sat)}$(V)	≤0.6	≤0.6	≤0.3	≤0.6	≤0.3	≤0.5	$I_C=10$ mA；$I_B=10$ mA
	h_{FE}	≥40	≥40	≥29	≥64	≥60	≥28	$U_{CE}=10$ V；$I_C=50$ mA
交流参数	f_T(MHz)	≥150	≥150	≥100		≥150	≥600	$U_{CB}=10$ V；$I_E=50$ mA；$f=100$ MHz；$R_L=5\ \Omega$
	G_P(dB)	≥6	≥6					$U_{CB}=10$ V；$I_E=50$ mA；$f=100$ MHz
	$C_{b'c}$(pF)	≤10	≤10	≤5		≤3.5	≤2	$U_{CB}=10$ V $I_E=0$
h_{FE}色标分挡		(红)30～60(绿)50～110(蓝)90～160(白)>150						
管脚		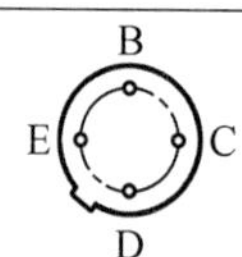		T092-A2				

注：3DG130 原型号 3DG12。

（3）PNP 硅高频中功率管

型　号		3CG7A	3CG7B	3CG7C	9012	9015	测　试　条　件
极限参数	P_{CM}(mW)	700	700	700	625	400	
	I_{CM}(mA)	150	150	150	500	100	
	$U_{(BR)CBO}$(V)	≥20	≥30	≥40	≥30	≥50	$I_C=50\ \mu A$
	$U_{(BR)CEO}$(V)	≥15	≥20	≥35	≥20	≥45	$I_C=100\ \mu A$
	$U_{(BR)EBO}$(V)	≥4	≥4	≥4	≥5	≥5	$I_E=50\ \mu A$
直流参数	I_{CEO}(μA)	≤1	≤1	≤1	≤0.5	≤0.5	$U_{CE}=-10$ V
	$U_{CE(sat)}$(V)	≤0.5	≤0.5	≤0.5	≤0.5	≤0.5	$I_C=10$ mA；$I_B=1$ mA
	h_{FE}	≥20	≥30	≥50	≥64	≥60	$U_{CE}=-6$ V；$I_C=20$ mA
交流参数	f_T(MHz)	≥80	≥80	≥80		≥100	$U_{CE}=-10$ V；$I_C=40$ mA
	N_F(dB)	≤5	≤5	≤5			$U_{CB}=-6$ V；$I_C=1$ mA；$f=50$ MHz
	C_{ob}(pF)	≤3.5	≤3.5	≤3.5	≤3.5	≤3.5	$U_{CB}=-10$ V；$I_E=0$；$f=25$ MHz
外形引脚		B E C			T092-A2		

(4) PNP 锗大功率管

型号		3AD30A	3AD30B	3AD30C	3AD50A	3AD50B	测试条件
极限参数	P_{CM}(W)	20	20	20	10	10	加 200 mm×200 mm×4 mm 散热板
	I_{CM}(A)	4	4	4	3	3	
	T_{jM}(℃)	85	85	85			
	$U_{(BR)CBO}$(V)	50	60	70	50	60	$I_C=-10$ mA
	$U_{(BR)CEO}$(V)	12	18	24	18	24	$I_C=-20$ mA
	$U_{(BR)EBO}$(V)	20	20	20	20	20	$I_E=10$ mA
直流参数	I_{CEO}(μA)	≤500	≤500	≤500	≤300	≤300	$U_{CB}=-20$ V
	U_{CEO}(mA)	≤15	≤10	≤10	≤2.5	≤2.5	$U_{CE}=-10$ V
	I_{EBO}(μA)	≤800	≤800	≤800			$U_{EB}=-10$ V
	$U_{BE(sat)}$(V)	≤1.5	≤1.5	≤1.5			$I_B=-400$ mA；$I_C=-4$ A
	$U_{CE(sat)}$(V)	≤1.5	≤1	≤1	≤0.8	≤0.8	$I_B=-400$ mA；$I_C=-4$ A
	h_{FE}	12～100	12～100	14～100	20～140	20～140	$U_{CE}=-2$ V；$I_C=-4$ A
交流参数	$f_{h_{fe}}$(MHz)	≥2	≥2	≥2	≥2	≥2	$U_{CE}=-6$ V；$I_C=-400$ mA；$R_C=5\ \Omega$
外形引脚		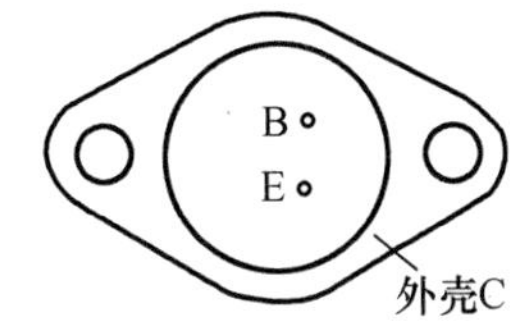					

3) N 沟道结型场效应管 3DJ6 和 3DJ7(大跨导管)

型号	3DJ6D	3DJ6E	3DJ6F	3DJ6G	3DJ6H	3DJ7F	3DJ7G
饱和漏源电流 $I_{DS(sat)}$(mA)	<0.35	0.3～1.2	1～3.5	3～6.5	6～10	1～3.5	3～11
夹断电压 $U_{GS(off)}$(V)	<|−9|	<|−9|	<|−9|	<|−9|	<|−9|	<|−9|	<|−9|
栅源绝缘电阻 R_{GS}(Ω)	$\geqslant 10^8$	$\geqslant 10^8$	$\geqslant 10^8$	$\geqslant 10^8$	$\geqslant 10^8$	$\geqslant 10^7$	$\geqslant 10^7$
共源小信号低频跨导 g_m(μS)	>1 000	>1 000	>1 000	>1 000	>1 000	>3 000	>3 000
输入电容 C_{gs}(pF)	≤5	≤5	≤5	≤5	≤5	≤6	≤6
反馈电容 C_{gd}(pF)	≤2	≤2	≤2	≤2	≤2	≤3	≤3
低频噪声系数 F_{nL}(dB)	≤5	≤5	≤5	≤5	≤5	≤5	≤5
高频功率增益 G_{ps}(dB)	≥10	≥10	≥10	≥10	≥10	≥10	≥10
最高振荡频率 f_{max}(MHz)	≥30	≥30	≥30	≥30	≥30	≥30	≥30
最大漏源电压 $U_{(BR)DS}$(V)	≥20	≥20	≥20	≥20	≥20	≥20	≥20
最大栅源电压 $U_{(BR)GS}$(V)	≥20	≥20	≥20	≥20	≥20	≥20	≥20
最大耗散功率 P_{DSM}(mW)	100	100	100	100	100	100	100
最大漏源电源 I_{DSM}(mA)	15	15	15	15	15	15	15

（续表）

型　　号	3DJ7H	3DJ7I	3DJ7J	3DJ7K	测试条件	管脚
饱和漏源电流 $I_{DS(sat)}$(mA)	10～18	17～25	24～35	34～70	$U_{DS}=10$ V $U_{GS}=0$ V	
夹断电压 $U_{GS(off)}$(V)	<|−9|	<|−9|	<|−9|	<|−9|	$U_{DS}=10$ V $I_{DS}=50\ \mu$A	
栅源绝缘电阻 R_{GS}(Ω)	≥10^7	≥10^7	≥10^7	≥10^7	$U_{DS}=0$ V $U_{GS}=10$ V	
共源小信号低频跨导 g_m(μS)	>3 000	>3 000	>3 000	>3 000	$U_{DS}=10$ V $I_{DS}=3$ mA; $f=1$ kHz	G S D
输入电容 C_{gs}(pF)	≤6	≤6	≤6	≤6	$U_{DS}=10$ V $f=500$ kHz	
反馈电容 C_{gd}(pF)	≤3	≤3	≤3	≤3	$U_{DS}=10$ V $f=500$ kHz	或
低频噪声系数 F_{nL}(dB)	≤5	≤5	≤5	≤5	$U_{DS}=10$ V $R_G=10$ MΩ $f=1$ kHz	D
高频功率增益 G_{ps}(dB)	≥10	≥10	≥10	≥10	$U_{DS}=10$ V $f=3$ MHz	S G
最高振荡频率 f_{max}(MHz)	≥30	≥30	≥30	≥30	$U_{DS}=10$ V	
最大漏源电压 $U_{(BR)DS}$(V)	≥20	≥20	≥20	≥20		
最大栅源电压 $U_{(BR)GS}$(V)	≥20	≥20	≥20	≥20		
最大耗散功率 P_{DSM}(mW)	100	100	100	100		
最大漏源电源 I_{DSM}(mA)	15	15	15	15		

4）5G921s 型差分对管

型　　号	5G921sA2	5G921sB2	5G921sC2	5G921sD2	测　试　条　件
P_{CM}(mW)	60	60	60	60	单管
I_{CM}(mA)	10	10	10	10	
$U_{(BR)CEO}$(V)	≥15	≥15	≥15	≥15	$I_C=50\ \mu$A
h_{FE}	≥30	≥30	≥30		$U_{CE}=6$ V; $I_C=1$ mA
				≥30	$U_{CE}=6$ V; $I_C=10\ \mu$A
Δh_{FE}	≤10	≤10	≤10	≤10	$\frac{h_{FE1}-h_{FE2}}{h_{FE1}}\times 100\%$
ΔU_{BE}(V)	≤5	≤5	≤5		$U_{CE}=6$ V; $I_C=1$ mA
				≤2	$U_{CE}=6$ V; $I_C=10\ \mu$A
f_T(MHz)	≥100	≥100	≥100	≥100	$U_{CE}=6$ V; $I_C=1$ mA; $f_{hfb}=30$ MHz
备　　注	一对合格	一对合格	二对合格	一对合格	
管　脚	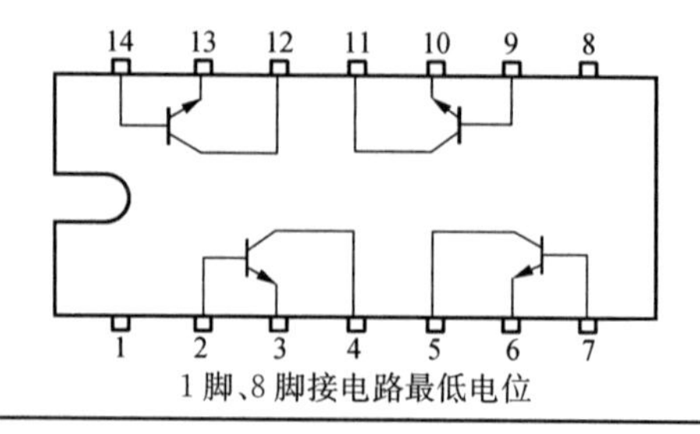 1 脚、8 脚接电路最低电位				

5）集成电路

(1) 集成运算放大器

型　　号	CF741	CF158/258/358 (双运放)	CF148/248/348 (四运放)	CF124/224/324 (四运放)
输入失调电压 U_{10}(mV)	1 ($R_s \leqslant 10$ kΩ)	±2	1 ($R_s \leqslant 10$ kΩ)	±2
失调电压温漂 αU_{IO}(μV/℃)		7		7 ($U_o = 1.4$ V)
输入失调电流 I_{IO}(nA)	20	±3	4	±3
失调电流温漂 $\alpha 0 I_{IO}$(nA/℃)		0.01		0.01
输入偏置电流 I_{IB}(nA)	80	45	30	45
差模电压增益 A_{VD}(dB)		100 ($R_L = 2$ kΩ, $U_o = 5$ V)	84 ($R_L \geqslant 2$ kΩ, $U_o = 10$ V)	100 ($R_L \leqslant 2$ kΩ, $U_+ = 15$ V)
输出峰-峰电压 $U_{op\text{-}p}$(V)		$U_+ - 1.5$ V ($R_L = 2$ kΩ)	+12 ($R_L = 2$ kΩ)	$U_+ = -1.5$ ($R_L \leqslant 2$ kΩ)
共模抑制比 K_{CMR}(dB)	90 ($R_S \leqslant 10$ kΩ)	85	90 ($R_S \leqslant 10$ kΩ)	85 ($R_S \leqslant 10$ kΩ)
输入共模电压范围 U_{ICR}(V)	±13	$U_+ = -1.5$ V	±12	$U_+ = -1.5$ V
输入差模电压范围 U_{IOR}(V)				$0 \sim U_+$
差模输入电阻 R_{id}(kΩ)	2 000		2 500	
输出电阻 R_O(Ω)	75			
电源电压抑制比 K_{SVR}(dB)	30	−100	−96 $R_S \leqslant 10$ kΩ	−100
电源电压范围 U_{SR}(V)	±18	±1.5～±15 (或 3～30)	±9～±18	±1.5～±15 (或 3～30)
静态功耗 P_C(mW)	50			
输出短路电流 I_{OS}(mA)	25	40	25	40
单位增益带宽 G. f_{BWG}(MHz)		1	1	1
转换速率 S_R(V/μs)	0.5 ($R_L \geqslant 2$ kΩ)		0.5 ($A_{VD} = 1$)	
通道隔离度 CSR(dB)		−120	−120 ($f = 1$ kHz～20 kHz)	−120 ($f = 1$～20 kHz)

CF741 引出端排列

8 引线金属圆壳(T)

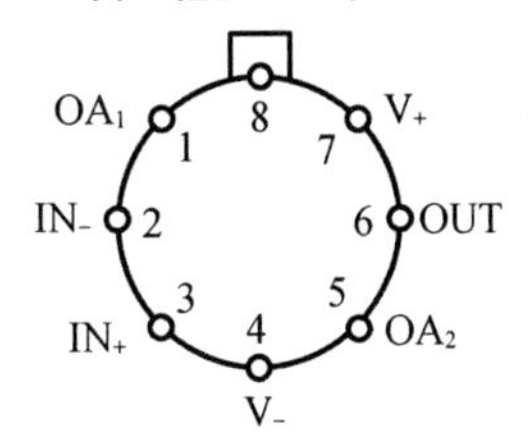

8 引线双列直插式

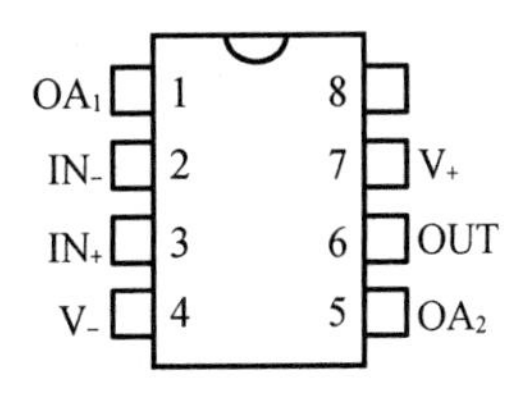

CF158/CF258/CF358 引出端排列

8 引线金属圆壳(T)

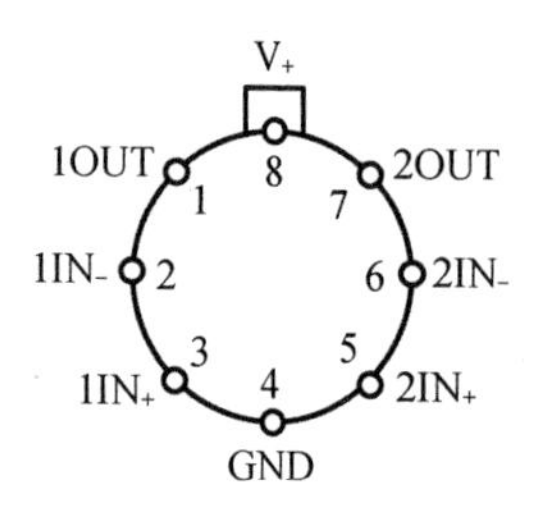

8 引线双列直插式

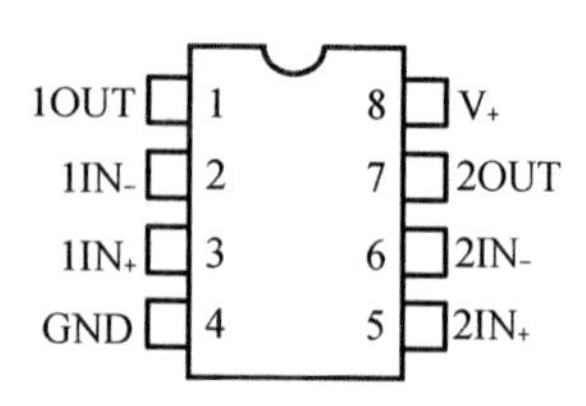

CF148/CF248/CF348 引出端排列

14 线双列直插式

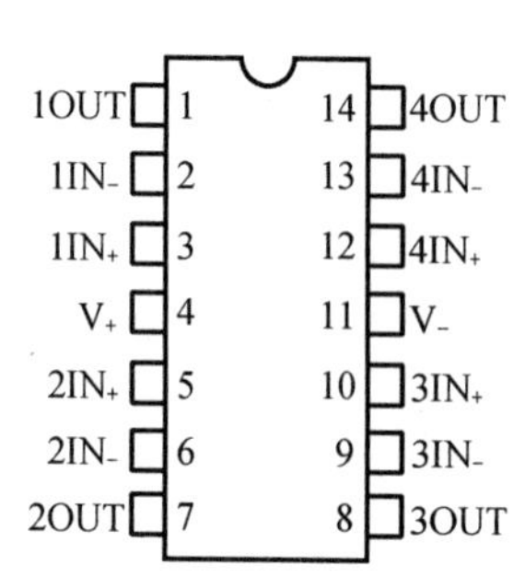

CF124/CF224/CF324 引出端排列

14 引线双列直插式

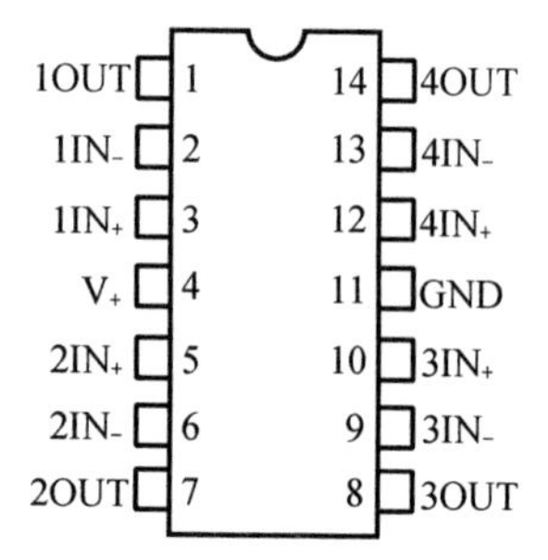

(2) 集成模拟相乘器

参数名称	F1596	XFC-1596	FX1596 FX1496	CX1596 X1496	8TZ1596
载波抑制度 CFT(dB)	≥50	≥50	≥50	≥50	≥50
信号增益 A_{us}(dB)	≥2.5	≥2.5	≥2.5	≥2.5	≥2.5
输入失调电流 I_{IO}(μA)	≤0.7	≤5		0.7～5.0	0.7～5.0
输入偏置电流 I_{IB}(μA)	≤25	≤25	12	12～30	12～25
最大功耗 P_D(mW)	33				33
外形引脚	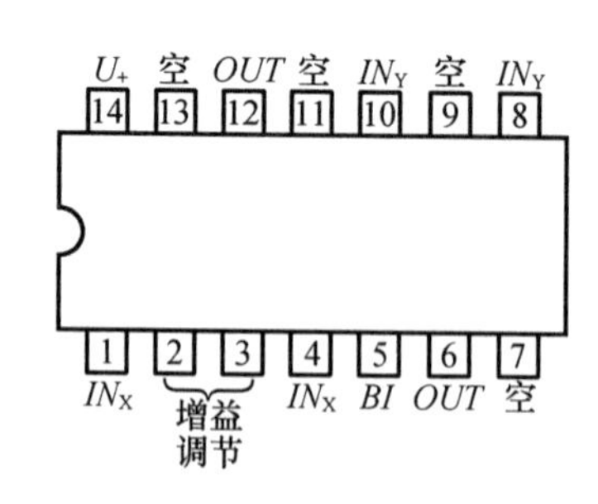				

(3) DG4100/DG4102 及 DG4112 集成低频功率放大器(最大额定值 T_A=25 ℃)

参数名称	DG4100/DG4102	DG4112	测试条件
最大电源电压 V_{CCmax}(V)	9/13	13	
允许耗散功率 P_D(mW)	1.2	1.2	
工作环境温度 T_{ope}(℃)	−20～+70	−20～+70	
推荐电源电压 V_{CC}(V)	6/9	9	
推荐负载 R_L(Ω)	4	3.2～8	
电参数			
静态电流 I_Q(mA)	15	15	
电压增益 A_u(dB)	70 45	68 45	开环 闭环
输出功率 P_O(W)	1.0/2.1	2.3	R_L=4 Ω; THD=10%
输入电阻 R_I(kΩ)	20	20	
谐波失真系数 THD(%)	0.5	≤1	
输出噪声电压 U_N(mV)	3.0 1.0	2.5 0.8	R_g=10 kΩ R_g=0

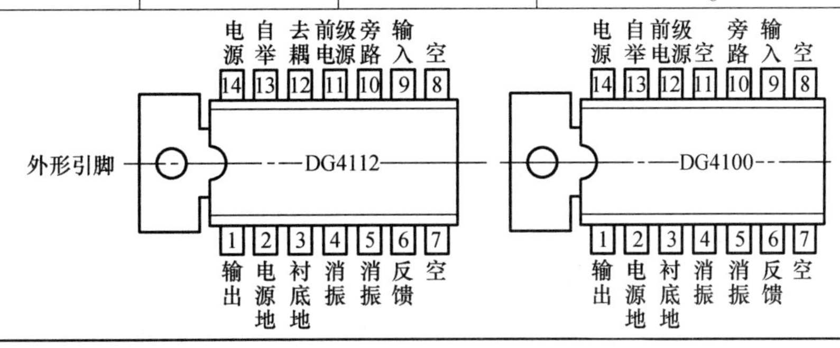

(4) 三端固定输出集成稳压器(CW7800 和 CW7900 系列)

正输出稳压器型号	负输出稳压器型号	输出电压及偏差		输出最大电流 I_{OM}(mA)	输入电压 U_{Imin}/U_{Imax} (V)	调整率		温度系数 $\Delta U_O/\Delta T$ (mV/℃)
		U_O(V)	$\frac{\Delta U}{U_O}\times 100\%$			S_U(mV)	S_I(mV)	
CW78L05	CW79L05	5	±4%	100	70/30	200	60	1
CW78M05	CW79M05			500	7/35	100	100	
CW7805	CW7905			1 500				
CW78L06	CW79L06	6	±4%	100	8/35	200	60	1
CW78M06	CW79M06			500		120	120	
CW7806	CW7906			1 500				
CW78L09	CW79L09	9	±4%	100	11/35	200	90	1∶1
CW78M09	CW79M09			500		120	120	
CW7809	CW7909			1 500				

（续表）

正输出稳压器型号	负输出稳压器型号	输出电压及偏差		输出最大电流 I_{OM}(mA)	输入电压 U_{Imin}/U_{Imax} (V)	调整率		温度系数 $\Delta U_O/\Delta T$ (mV/℃)
		U_O(V)	$\frac{\Delta U}{U_O}\times 100\%$			S_U(mV)	S_I(mV)	
CW78L12	CW79L12	12	±4%	100	14/35	200	120	1.2
CW78M12	CW79M12			500		120		
CW7812	CW7912			1 500				
CW78L15	CW79L15	15	±4%	100	17/35	200	150	1.2
CW78M15	CW79M15			500		150		
CW7815	CW7915			1 500				
CW78L18	CW79L18	18	±4%	100	20/35	200	180	1.2
CW78M18	CW79M18			500		180		
CW7818	CW7918			1 500				
CW78L24	CW79L24	24	±4%	100	26/40	200	240	1.2
CW78M24	CW79M24			500		240		
CW7824	CW7924			1 500				

外形引脚

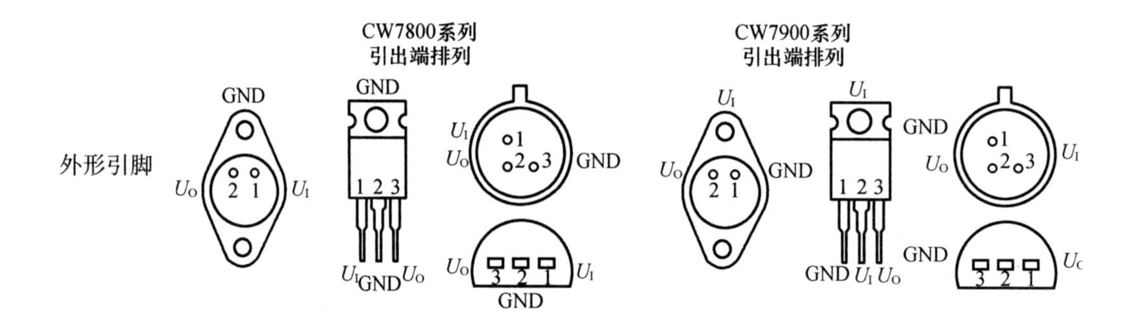

（5）三端可调式集成稳压器（CW117/217/317 及 CW137/237/337 系列）

电压极性	型号	输出电流 I_{Omax}（mA）	输出电压 U_{Omin}/U_{Omax}（V）	输入电压 U_{Imin}/UI_{max}（V）	输入输出压差 U_I-U_O（V）	调整率（%） S_U	S_I	输出电压温度系数 αU_O（%/℃）	最高结温 T_{jM}（℃）
正电压输出	CW117L	100	1.2/37	4/40	3	0.02	0.3	0.004	150
	CW217L								
	CW317L					0.04	0.5	0.006	125
	CW117M	500	1.2/37	4/40	3	0.02	0.3	0.004	150
	CW217M								
	CW317M					0.04	0.5	0.005	125
	CW117	1 500	1.2/37	4/40	3	0.02	0.1	0.004	150
	CW217								
	CW317					0.04	0.1	0.006	125
负电压输出	CW137L	100	−1.2/−37	4/40	3	0.01	0.1	0.004	150
	CW237L								
	CW337L					0.02	0.1		125
	CW137M	500	−1.2/−37	4/40	2.7	0.01	0.1	0.004	150
	CW237M		−3.6/−37	8.5/40					
	CW337M		−3.8/−32	9/35	3	0.02	0.1		125
	CW137	1 500	−1.2/−37	4/40	3	0.01	0.1	0.004	150
	CW237								
	CW337					0.02	0.1		125

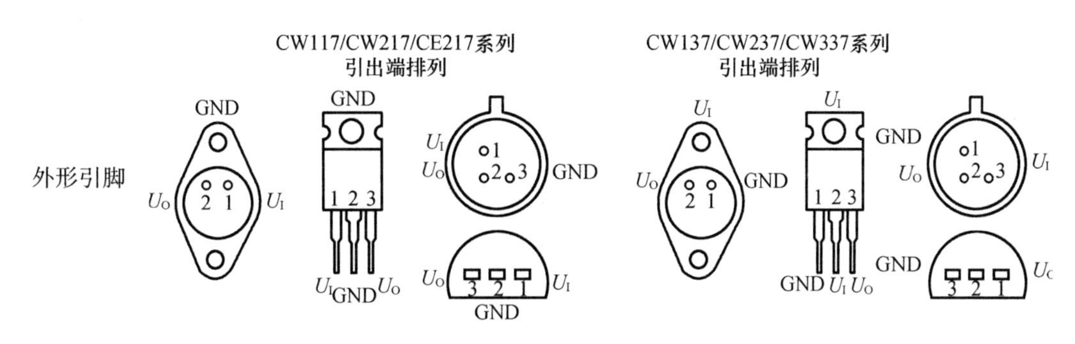

（6）LM566C 单片压控振荡器

LM566C 是单片压控振荡器电路。具有工作电压范围宽、高线性三线波输出、频率稳定度高、频率可调范围宽等优点。在音调发生、移频键控、FM 调制、信号发生器、函数发生器等处被广泛应用。

① 外引线图

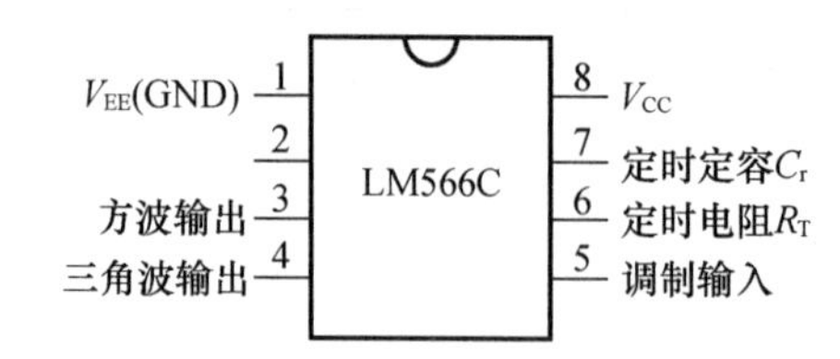

② 典型接法图

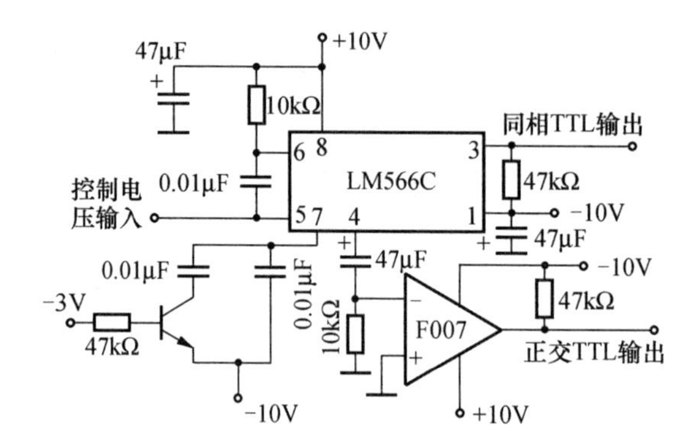

③ 主要参数

电源电压 (V)	温度频率稳定度 ($\times10^{-6}$/℃)	工作频率 (MHz)	压控灵敏度 (kHz/V)	输入阻抗 (MΩ)	方波输出电平 ($R_L=10$ kΩ) $U_{p\text{-}p}$(V)
+10～+26	200	1～100	6.4～6.8	0.5～1	5～5.4

附录 2　高频电子仪器

附 2.1　失真度测量仪

1）测量原理

由电路课程可知，从低频到高频的信号只要通过非线性器件或系统，都要产生新的频率分量，更具体地说一个单一频率的正弦信号通过非线性系统会产生失真。根据傅氏级数分解，这时的输出信号中除原有信号相同的基波分量外，还含有各次谐波分量，这种现象称为非线性失真。非线性失真程序常用非线性失真系数，简称失真度用 γ(THD)来表示，其定为：

$$\gamma=\frac{\sqrt{U_2^2+U_3^2+\cdots+U_n^2}}{U_1}\times100\%$$

式中：U_1 为基波分量电压有效值；U_2、U_3、…、U_n 分别为 2 次、3 次、…、n 次谐波分量电压有效值。

由于实际操作中测量被测信号的基波电压有效值 U_1 比较困难，而测量被测信号的电压有效值比较容易，因此，失真度测量仪测出的非线性失真系数为：

$$\gamma_0=\frac{\sqrt{U_2^2+U_3^2+\cdots+U_n^2}}{\sqrt{U_1^2+U_2^2+U_3^2+\cdots+U_n^2}}$$

即被测信号中各次谐波的电压有效值与被测信号电压有效值之比的百分数。可见 γ 与 γ_0 的关系为：

$$\gamma=\frac{\gamma_0}{\sqrt{1-\gamma_0^2}}$$

当 γ_0 小于 30%时，$\gamma\approx\gamma_0$；当 γ_0 大于 30%时，则按该式进行换算。

随着测量技术的不断发展，失真度测量仪的技术指标，也随着测量要求的不同而不断提高，失真度仪工作频率由早期的 20 Hz～20 kHz，γ=(0.1～10)%量级扩展到现今的 200 kHz，γ=(0.03～0.001)%量级，广泛用于低频失真度的测量。附图 2-1 所示为基波抑制法测量谐波失真度的基本组成方框图。它由输入电路、滤波网络和电压表三个基本部分组成，其中滤波网络用来滤除基波分量。当开关 S 置于 1 位置时，电压表读数为被测信号的电压有效值，开关 S 拨至 2 位置时，电压表读数为被测信号中各次谐波分量的电压有效值，两者之比即为非线性失真系数 γ_0（比较测量法）。如果每次测量前，开关 S 置于 1 位置时，调节"校准电位器"，使电压表指示为一确定值，例如 1 V，测当开关 S 扳至 2 位置时电压表（直接测量法）测得的电压值是非线性失真系数 γ_0。从而，电压表可直接用谐波失真度 γ_0 刻度（直接测量法）。

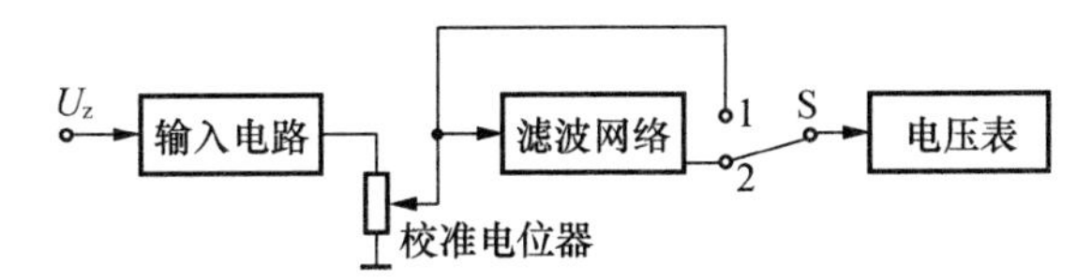

附图 2-1　失真度测量仪的基本组成

2) BS1 型失真度测量仪的主要技术指标及使用方法

BS1 型失真度测量仪主要用来测量非线性失真系数，也可作电压表使用。

(1) 主要技术指标

① 测量失真度时

频率范围(基波)不平衡输入时为 2 Hz～200 kHz，分五挡；平衡输入时为 20 Hz～40 kHz，分 3 挡；

失真度范围 0.1%～100%，分 7 挡。

输入信号电压　不平衡输入时为 300 mV～300 V；平衡输入时为 300 mV～10 V。

② 测量电压时

测量电压范围　不平衡输入时为 1 mV～300 V；平稳输入时为 1 mV～10 V。

频率范围　不平衡输入时为 4 Hz～1 MHz；平衡输入时为 20 Hz～40 kHz.

输入阻抗　不平衡输入时，输入电阻为 1 MΩ±0.05 MΩ，输入电容小于 60 pF；平衡输入时分 2 挡；输入电阻分别为 600 Ω±18 Ω 和 10 kΩ±1 kΩ，输入电容约小于 100 pF。

(2) 原理方框图

BS1 型失真度测量仪的原理方框图如附图 2-2 所示。

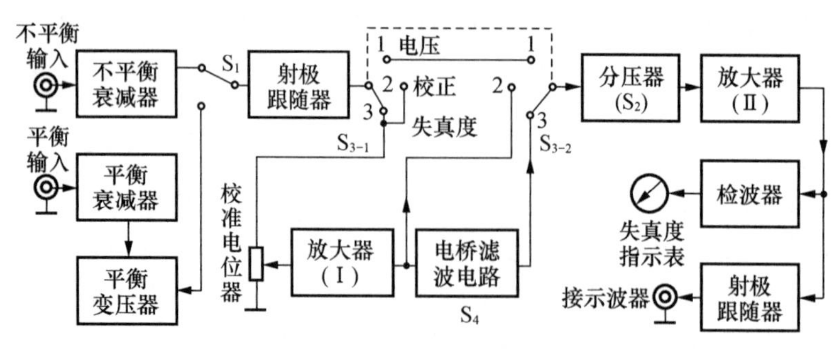

附图 2-2　BS1 型失真度测量仪方框图

BS1 型失真度测量仪的输入电路由不平衡衰减器、平衡衰减器、平衡变压器和射极跟随四部分组成，能适应不平衡信号输入和平衡信号输入的两种情况。其中不平衡衰减器的衰减量为 0～50 dB；平衡衰减器的衰减量为 0～20 dB，由面板上的多挡开关 S_1 控制。电桥滤波电路由文氏电桥滤波器和放大器(Ⅰ)组成。放大器(Ⅱ)、检波器和电流表头组成放大检波式交流电压表，它的量程由分压器多挡开头 S_2 控制，分压器的挡位实际上就是失真度的挡位。此外，通过射极跟随器输出信号供示波器观察。

(3) 使用方法

BS1 型失真度测量仪的面板图如附图 2-3 所示。接通电源，根据被测信号是平衡电压或不平衡电压，应由不同端口输入。

① 测量失真度

a. 将工作开关 S_3 拨到“电压”挡，分压器开关 S_2 置于 1 V 挡，加入被测信号后，改变衰减器开关 S_1，使表头上有较大幅度的指示值。

b. 将开作开关 S_3 置于“校准”挡，分压器开关 S_2 仍置于 1 V 挡，调节“校准电位器”旋钮，使表头指到满度值 1 V(校准值)。

c. 将工作开关 S_3 拨到“失真度”挡，“频段”开关 S_4 置于被测信号的频率所在的波段上。然后反复调节“调谐”、“微调”和“相位”三个旋钮，即改变电桥滤波电路的参数，使电表指示值为最小，说明这时基波电压分量已被全部滤除。因此就可根据分压器开关 S_2 所在挡位刻度值和电表(百分表)读数，就可直接读出失真度的百分数。在调节过程中，分压器开关 S_2 的量程应逐渐减小，直到电表指示最小值为止。

② 测量电压

上述测量失真度中的步骤：即可用于测量被测电压的大小，这时的失真度测量仪就可用作电压表。当被测电压频率为 2～10 Hz 时，应把“阻尼”开关拨至“慢”挡，减小表头指针的晃动。一般情况下，阻尼开关均拨在“快”挡。

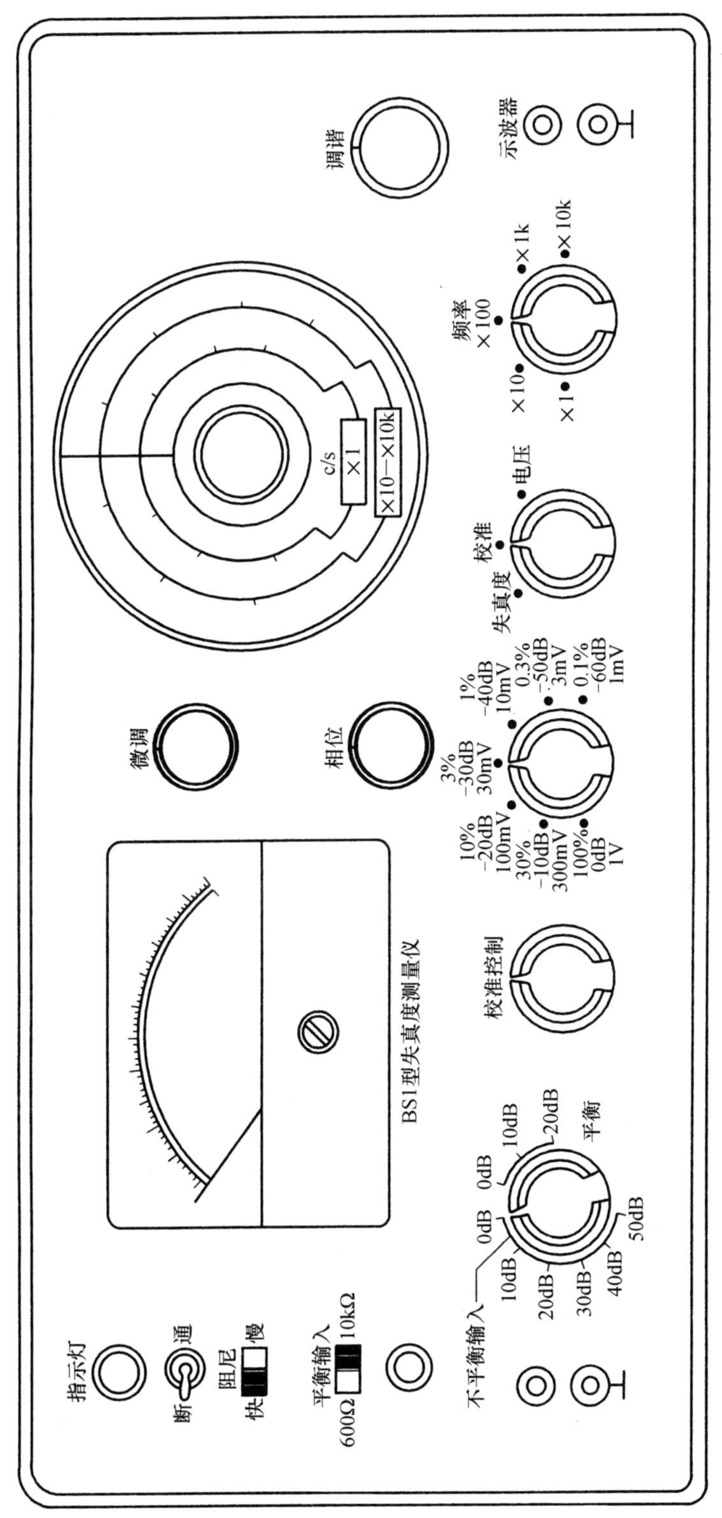

附图2-3 BS1型失真度测量仪的面板图

附 2.2　PD1250A 频率特性测试仪

1) 概述

PD1250A 频率特性测试仪为便携式通用扫频仪,它利用矩形具有内刻度的示波管作为显示器,来直接显示被测设备的幅频特性曲线。

应用该仪器可快速测量或调整高频段的各种有源和无源网络的幅频特性和驻波特性,适用于实验室、科学单位、广播电视通讯、差转台(站)及各种电子维修部分,特别适用于测量电视、通讯和雷达系统收发信机中的中频或宽带放大器,各种中频通道,射频系统及滤波器的幅频特性曲线。

本仪器采用全晶体管和集成电路,扫频输出电压高,采用了合成频率标记,并可全景扫频。

2) 技术参数

(1) 扫频范围:0.1～50 MHz(低端频率以扫宽 1 MHz 为准)。
中心频率:0～50 MHz。

(2) 扫频宽度:最宽:不小于 50 MHz。
最窄:不大于 200 kHz。

(3) 扫频非线性:扫频宽度长为 50 MHz 时,小于 20%。

(4) 输出电压:在 0 dB 衰减时,75Ω 终端输出应不小于 0.5 V。

(5) 输出电压平坦度:0 dB 可以全频段优于±0.5 dB。

(6) 输出衰减器:70 dB 可以 1 dB 步进。

(7) 输出阻抗:75 Ω。

(8) 频率标记:50、10 MHz/1 MHz 复合及外接。
标记形式:菱形。
外接频标灵敏度:不大于 0.5 $V_{p\text{-}p}$。

(9) 显示部分垂直灵敏度:10 $mV_{p\text{-}p}$/cm。

(10) 显示部分输入阻抗:470 kΩ。

(11) 示波管有效显示屏幕:100 mm×80 mm。

(12) 扫描基线沿垂直方向在整个有效平面内移动。

(13) 仪器使用电源频率为 50 Hz±2.5 Hz,电压为 220 V±22 V。

(14) 仪器消耗功率不大于 50 V·A。

(15) 仪器电源电线与机壳间的绝缘电阻,在额定使用范围内应不小于 100 MΩ。

(16) 外观外壳表面不得有划痕和脱漆现象。

3) 工作原理

(1) 电源部分

由变压器的次级取出的各路电压分别加入低电压电源,产生±15 V,加至中压电源产生 150 V 的电压,加至高压单元产生±1 500 V 的高压,以上各路电压分别供给机内的各个电路和显示系统。

(2) 控制和显示系数

由低压电源来的交流电压加至通道单元的三角波发生电路，经整形放大，积分形成了三角波与负方波、三角波一路供给控制单元，一部分加到 X 轴的输入端，负方波经激励后加至扫频单元，以供扫频振荡器的休止——工作之用，由于三角波同时控制电子束的扫频振荡器。因此电子束在示波管荧光屏上的每一水平位置对应于某一瞬时频率从左向右频率逐渐增高，并且是线性化的。

(3) 扫频单元

扫频单元包括以下几个部分：① 扫频振荡器；② 定频振荡器；③ 平衡混频；④ 低通滤波器。

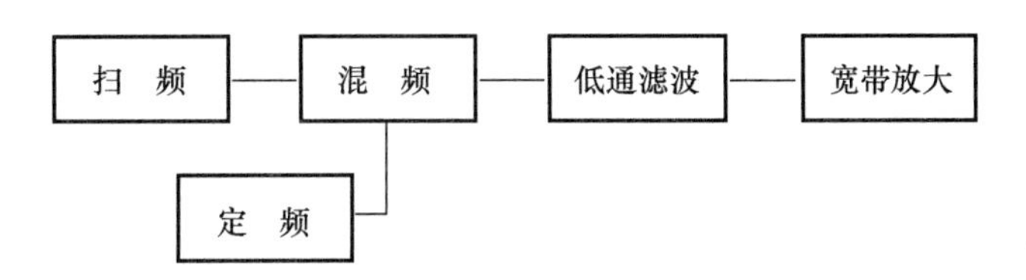

由三角波发生器过来的方波加至激励电路和两只晶体管经转换后使得扫频振荡器处于重复的工作—休止状态，扫频振荡器由晶体管和变容管组成电调振荡器，改变三角波幅度就可以改变扫频输出的中心频率，改变三角波幅度就可以改变扫频宽度，振荡信号经放大后输出。

定频振荡器由晶体管组成，由输入电位来控制其振荡频率，信号经放大输出，以实现大信号扫频输出。

两个振荡器的信号电压分别经高频变压器耦合至平衡混频器上差拍产生 0～50 MHz 的扫频信号电压，经低通频波输出，送到宽带放大器。

(4) 宽带放大器

宽带放大器增益可达 40 dB，带宽≥50 MHz，经宽带放大后的扫频信号分二路输出，一路加到衰减器作射频输出，一路加到频标系统，为了消除扫频信号的寄考调幅，稳幅放大器采用自动闭环反馈，其输出电压控制 LF733 输入电平，从而达到稳幅目的。

(5) 垂直放大器

垂直放大器将检波后的电压进行放大，经放大后的被测信号加至示波管并在屏幕上显示出来，垂直放大器的增益由垂直增益电位器控制，调节垂直增益电位器可使被测信号更加直观。

(6) 频标系统

频标系统由频标发生器和频标放大器组成，其方框图如下：

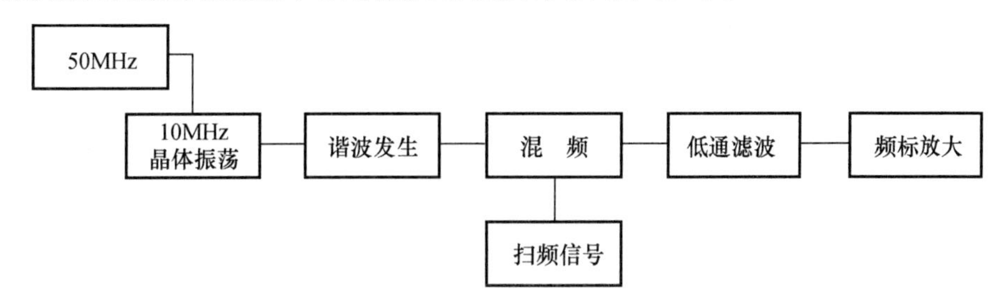

晶体振荡器产生的 50 MHz 电信号及 10 MHz 电信号通过分频产生了 1 MHz 且和 10 信号同频的电信号，分别加至各自的谐波发生器经阶跃管使得方波前沿更为陡峭（即谐波含量更加丰富），在混频器上和来自宽带放大器的扫频仪信号相差拍，便产生了梳状和菱形频标，经各自的放大器甄别后，汇合在一起加至频标幅度电位器，电位器的中心点频标电压加至通道单元，这样便在扫频曲线上给出频率标记。

4）结构特点

如附图 2-4 所示。

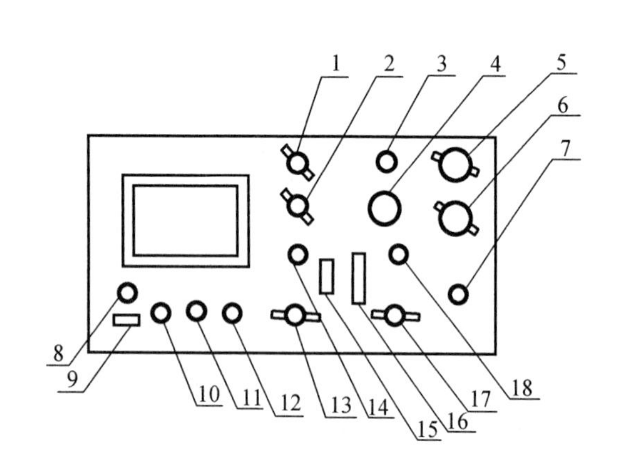

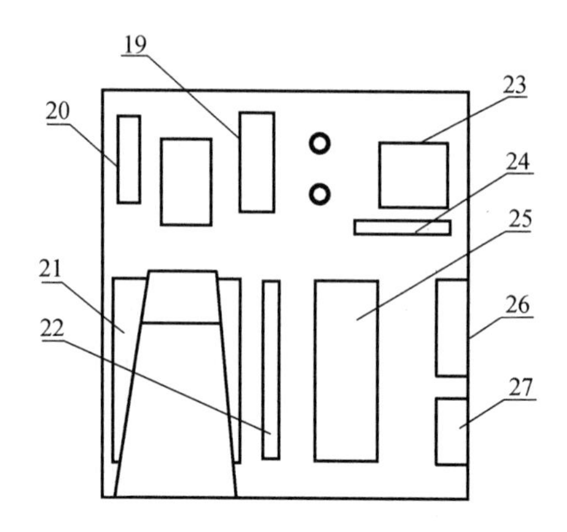

附图 2-4　面板结构图

1—影像极性	2—Y 衰减	3—扫频宽度	4—中心频率
5—粗衰减	6—细衰减	7—射频输出	8—指示灯
9—电源开关	10—辉度	11—聚集	12—Y 位移
13—Y 输入	14—Y 增益	15—耦合方式	16—频标选择
17—外接频标输入	18—频标幅度	19—高压电源	20—中压电源
21—通道单元	22—控制单元	23—电源变压器	24—低压电源
25—频标单元	26—扫频单元	27—宽放单元	

本仪器为扫频显示一体化仪器，以方便使用

5）电气性能的检查

（1）仪器适用电源为 220 V。

（2）电源开关由面板上的 9K5 控制，开关合上时指示灯 LED 亮。

（3）调节辉度电位器 9W3，聚集电位器 9W4，扫描线应明亮平滑。

（4）视输入信号而定极性开关“+”、“−”和 AC、DC。

（5）置本仪器衰减器于 0 dB“频标选择”置于 10.1 组合位置，调整显示器机箱底部“通”“断”开关于“通”。在显示器屏幕上出现适当幅度的如附图 2-5 所示的方块图形。

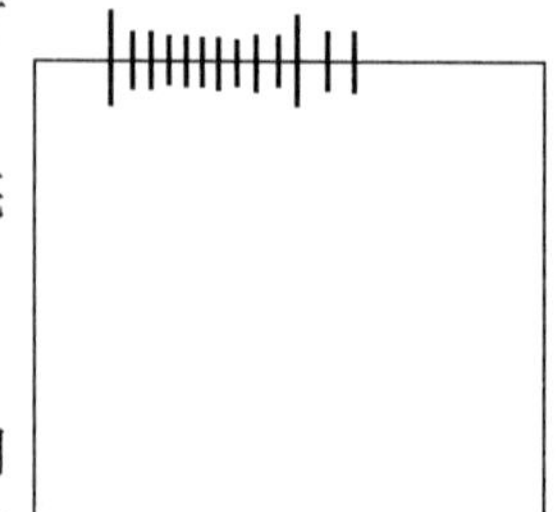

附图 2-5　显示方框图形

调节扫频宽度电位器使频宽最大时屏幕上应能出现 0～50 MHz 全景扫频，顺时针旋动中心频率旋钮，零拍应出现在屏幕中央右侧，逆时针旋动该旋钮，以 10 标记读数，最高处频率应高于 50 MHz，且 50 MHz 标记应能出现在屏幕中央左侧。调节扫频宽度为 1 MHz，将第 1 个 1 MHz 频标置于屏幕最右边一条刻度线上，低端频率应能达到 100 kHz（以屏幕内刻度为准）。

（6）调节扫频宽度电位器至最大，扫频宽度应大于 50 MHz。

调节扫频宽度电位器至最小，其扫频宽度应小于 200 kHz。

（7）检查扫频线性

频标选择置“10.1”，调节“扫频宽度”旋钮，使频偏置为 50 MHz，测出中心频率 f_0 至 f_0 ±25 MHz 的距离 A 和 B，见附图 2-6 所示。

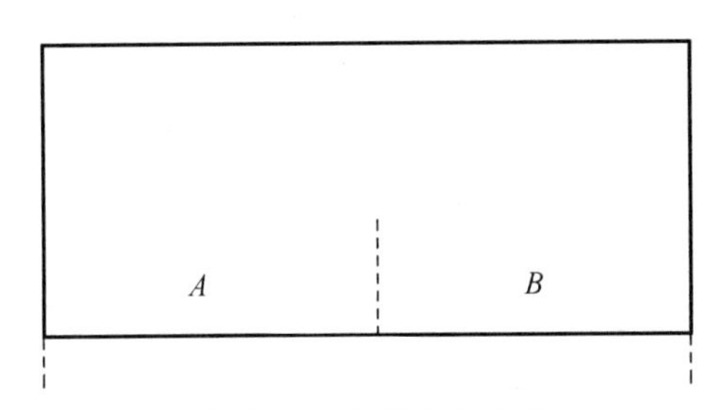

附图 2-6　扫频线性检查

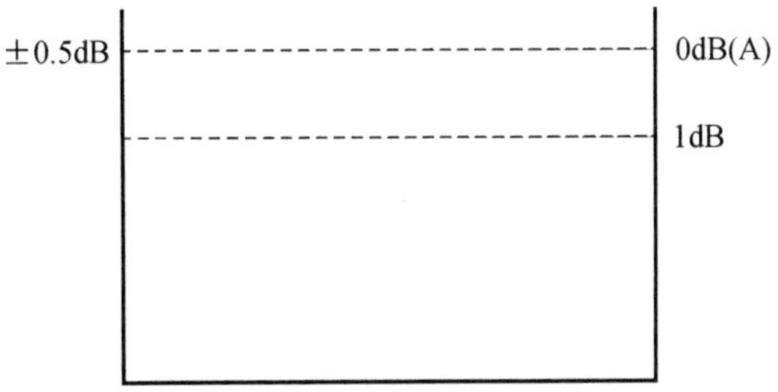

±0.5dB
0dB(A)
1dB

附图 2-7　检查输出电平平坦度波形图

则扫频非线性系数 r 按下式计算应符合 $r \leqslant 20\%$ 的要求：

$$R=\frac{|A-B|}{A+B}\times 100\%$$

（8）检查输出电平平坦度和衰减器

调节扫频宽度为 50 MHz（以 10.1 MHz 标记读数）置衰减器于 0 dB，调节显示器的 Y 轴位移电位器，使扫描基线显示在屏幕的底线上。

调节 Y 轴增益，电位器使带有标记的信号线离底线约 6 倍，调节中心频率旋钮，自零拍至 50 MHz 找出最大幅度 A。增加 1 dB 衰减器时记下幅度跌落到 B 的位置，恢复衰减器 0 dB时其全频段（0.1～50 MHz）内，扫频电压波动应落在 A、B 之间，如附图 2-7 所示：

（9）测量输出电平

置超高频毫伏表量程于“3 V”挡，开机预热 15 分钟，反复调零和调满度后待测。

量本仪器衰减器于 0 dB，调节中心频率自 100 kHz 至 50 MHz，扫频宽度为最小，机箱底部“通”“断”开关于“断”上，此时测得输出电压在全频段内应不小于 0.5 V，测毕后，将“通”“断”开关于“通”上。

（10）检查频率标记

恢复图 1 的连接方法

置“频标选择”于 50 MHz，扫频宽度为最大，频标幅度最大标记应大于 1 cm。

置“频标选择”于 10.1 MHz，扫频宽度为最大，频度幅度适中。调节中心频度旋钮，自零拍起至 50 MHz 范围内，标记应该分得清。

检查外接标记时，置“频标选择”于外接，在外接标记输入插座上输入 30 MHz 的连接波振荡信号，输入幅度用超高频毫伏表测约 0.5 V，此时在显示器上应出现指示 30 MHz 的菱形标记。

6）使用方法

（1）仪器的适用电源为 50 Hz，220 V 的交流电压

（2）按下面板上的电源开关

（3）调节辉度、聚集两电位器旋钮以得到足够的辉度和细的扫频线。

（4）将附件提供的 75 Ω 输入端。用 50 Ω 连续电缆线接到 Y 输入插座，调节 Y 轴增益，使其曲线在示波管上显示。按上节检查仪器的电气性能正常后，即可使用本仪器。

（5）测试时，输也电缆，检波器的接地线尽可能短一些，粗一些。

（6）被测设备如果本身带有检波输出的均可直接和电缆馈入显示系统的 Y 输入。

（7）仪器的基线如倾斜，可调整电压单元的电位器 4W2。

（8）作为实例（见附图 2-8），下面划出在测度一个不具有检波器的被测四端网络时，频率特性测试仪与其方式。将输出电缆接到仪器的输出端，另一侧则接到被测对象的输入端，根据被测对象转动中心频率电位器，并适当调节频标幅度，用检波器将被测对象的特性曲线图形，频率标记叠加曲线上。

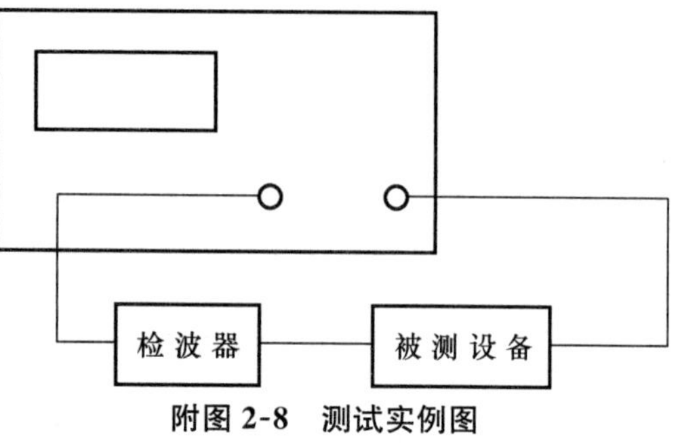

附图 2-8　测试实例图

如果需要某些非 1 MHz、10 MHz 的频率标记，则可采用外接频标，为此将频标开关转换到外接位置，将外接频标输入插座加入所需的频率刻度信号。

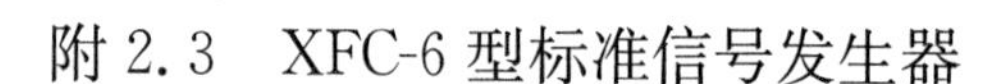

附 2.3　XFC-6 型标准信号发生器

1）用途和使用范围

XFC-6 型标准信号发生器是在温度为 10～35 ℃、相对湿度 80%以下的环境中、作为 4～300 MHz 范围内的信号源，用来调整、修理相应频率范围中的各种无线电接收设备。仪器可以调幅、调频、视频信号调制，以及调幅、调频的双重调制，用途广泛。

2）主要技术特性

（1）频率范围：4～30 MHz，分成 8 个波段。

各分波段的标称频率范围约为：4～6.2 MHz；6～10.3 MHz；10～17.5 MHz；17～31 MHz；30～55 MHz；54～100 MHz；98～175 MHz；173～300 MHz。

（2）载波频率的误差不大于±1%。

（3）频率的稳定度，在电源电压 220 V 及环境温度 20 ℃不变的情况下，仪器经过 1 h 预热后，每十分钟内的频率变化，不大于$\pm 2\times 10^{-4}$。

（4）仪器的输出阻抗为 75 Ω。

（5）载波输出时，在 1 m 长的 75 Ω 高频电缆终端接上 75 Ω 负载时，可以产生 0.05 μV～50 mV，均匀连接可调的输出电压。其误差取决于下述两项误差之和。

① 输出电压为 50 mV 时的频率响应不超过±1.5 dB。

② 电压衰减器的误差不超过±(2 dB+0.1 μV)。

（6）载波输出时高频电压的非线失真约 15%。

(7) 载波输出时的寄生频偏不大于 400 Hz。

(8) 仪器漏讯不大于 1 μV。

(9) 内调频

调制范围:1 000 Hz±50 Hz。

频偏范围:0～100 kHz,连续可调。

指示范围:0～10 kHz,0～100 kHz。

频偏指示的误差:在 0～100 kHz 量程内、当载频为 4～170 MHz 时,不超过满刻度值的±10%。

当载频大于 170 MHz 时不大于±15%。

在 0～10 kHz 量程内的误差不大于±2 kHz。

频偏指标 100 KHz 时,非线性失真小于 5%,寄生调幅小于 10%。

(10) 外调频

调制频率范围:30 Hz～20 kHz。

频偏范围、调整和指示方法与内调频时相同。

因外调制频率的改变,而引起频偏指标的附加误差不超过±15%。

所需外调制电压约 0.2 V/kHz。

外调频输入端的输入阻抗为 2 000 Ω,并联以 2 500 pF。

(11) 内调幅

调制频率:1 000 Hz±50 Hz。

调幅度范围:0～80%连续可调。

指标范围:0～8%,0～80%。

调幅度指示的绝对误差:在 0～80%的量程内不大于±10%。

调幅度为 30%时非线性失真小于 5%。

调幅度为 80%时的寄生调频小于载波频率的 3×10^{-5}。

(12) 外调幅。

调制频率范围:30 Hz～100 kHz。

调幅度范围调整和指示方法与内调幅时相同。

因调制频率改变引起调幅度指示的附加的绝对误差在 0～80%的量程内不大于±15%。

所需调制电压约 0.25 V/百分调幅度。

外调幅输入端的输入阻抗为 2 000 Ω,并联以 2 500 pF。

(13) 1 000 Hz 的内调幅,并同时进行外调频。

内调幅频率:1 000 Hz±50 Hz。

调幅度范围:0～80%连续可调。

外调频的调制频率范围:30 Hz～20 kHz。

频偏范围:0～100 kHz。

调幅度和频偏可用仪器上的电表指示。

外调制电压约 0.2 V/kHz。

(14) 1 000 Hz 的内调幅,并同时进行 100 Hz 的内调幅。

内调幅频率:1 000 Hz±50 Hz。

调幅度范围:0～80%,连续可调。

内调频频率是二倍的电源频率(100 Hz)频偏约 14 kHz。

调幅度和频偏可用仪器上的电表指示。

(15) 外调幅,并同时进行外调频。

调幅度范围:0～80%连续可调。

所需调制电压约 0.25 V/百分调幅度。

外调频之调制频率范围:30～20 kHz。

频偏范围:0～100 kHz。

所需调制电压约 0.2 V/kHz。

(16) 外部的视频信号调幅。

调制信号频率范围 0～6.5 kHz。

输出电压调制范围 100%～10%。

当输出电压降低到未调制载波电压的 10%时,所需之调制电压约+7 V(峰值)、(负调幅),视频调制输入端的输入阻抗为 150 Ω,并联 40 pF。

(17) 仪器由频率 50 Hz、电压 220 V 的交流电源供电,在额定电源电压情况下仪器消耗功率不大于 120 W。

(18) 在正常工作条件下,仪器可连续工作八小时,并保持其电气性能合格。

(19) 仪器在温度 10～35 ℃。相对湿度 80%以下的环境中,仍能正常工作,并保持电气性能合格。

(20) 仪器的外形尺寸:520 mm×405 mm×320 mm。

附图 2-9,面板上控制机构:

① 频率度盘、调谐可变电容器 C_2 以及与此电容器协动的电位器 R_{39}。

② 频率度盘的微调装置。

③ 波段选择开关,K_1 Ⅰ～Ⅵ。

④ 控制主振器高颇电压的电位器 R_{65}。

⑤ 具有刻度标记"1"的电流表 CB_1,高频电压应调到这个标记,分压器 C_{46} 的刻度也要以这个标记为准。

⑥ 衰减细调,即具有 0.5～5 μV 刻度的差动电容分压器 C_{46}。

⑦ 衰减粗调,共 6 挡:0.1—1—10—10^2—10^3—10^4,由 K_2—Ⅰ电容分压器 C_{38}—C_{39} 和 K_2—Ⅱ电阻分压器 R_{30}～R_{36} 组成。

⑧高频输入插孔,若将电流表 CB_1 用电位器 R_{65} 调到标记"1"处,则输出电压以微伏为单位,其大小为衰减细调与衰减粗读数之乘积。

⑨工作状态选择开关,K_3 Ⅰ～Ⅵ共有 9 个位置。

⑩ 调幅或调频指示选择开关。

⑪ 调制指示乘数选择开关。

⑫ 调幅度或频偏调整电位器 R_{78}。

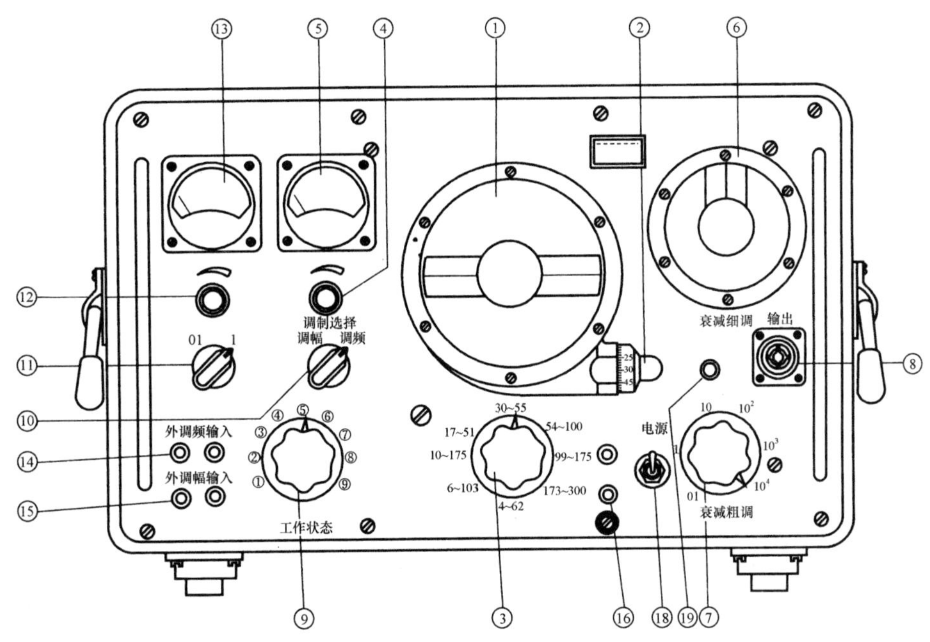

附图 2-9 XFC-6 型标准信号发生器面板控制机构布置图

⑬ 指示调幅度 0～80％或频偏 0～100 kHz 的电流表 CB_2。

⑭ 外调频输入插孔。

⑮ 外调幅输入插孔。

⑯ 视频调制输入插孔。

⑰ 电源开关。

⑱ 指示灯。

3）仪器的使用规程

（1）仪器未通电时，电表指针应指到 0，否则旋转电表壳上的开槽螺灯使指针指到 0 位。

（2）接通电源⑱仪器稍加预热。（建议预热时间在半小时以上更好，这样仪器达到了热平衡，工作状态和技术参数已趋稳定。）再将左下方的工作状态开关⑨转于其他任一位置，旋转电位器 R_{64} ④载波电平表⑤指示垤 “1”标记。

（3）频率调整：

在以兆赫刻度的圆形频率度盘①上，调整所需的频率，并用度盘上方的波段选择开关③选择所需的频率范围。游标上两条细线重合对准的刻度即为频率读数。

对于很小的相对频率变化的调整和测量，频率度盘具有和粗调机构分率的、直接与游标相连的微调装置②，它以 1∶100 的蜗杆涡轮转动，且无回弹。游标乃是具有 100 分度的度盘，这些刻度刻在一个圆环上，此环可用微调装置在两个旋转，以便在任何所需的频率上调零，这种装置，能够进行例如带宽的精确测量。对于这种测量，可以首先决定所需的一小段频率（例如，100 MHz 到 101 MHz），对于频率改变 1 MHz 的度盘分格 a（a/MHz）然后可以定出每一分格的相对频率改变（$\Delta t/a$）。

（4）调整输出电压：

调节控制旋钮④，使表针严格地指在“1”的标记上。然后用刻着 0.5～5 μV 的细调衰减器⑥和 0.1～10^4 的十进粗调衰减⑦，可连续改变输出电压。此二分压器读数之乘积就是以微伏为单位的输出电压。

如果输出端⑧接以 75 Ω 的终端阻抗，则这样调整所得的输出电压与读出的电压数值相等，在 100 kHz 以下可获得较好的匹配。当输出电缆终端未加 75 Ω 负载时，终端的阻抗就是负载的输入阻抗(Z_i)。

注意！不允许高于 1 伏的交流或直流电压从负载上加到信号发生器的输出端。电压高于此值就可能烧坏输出衰减器的电阻(R_{30}～R_{36})，使仪器不能正常工作。

对于输入阻抗 $Z_i \neq 75$ Ω 的负载，应采用一个由两只电阻构成的简单四端网络形式的，并与频率无关的阻抗变换器，接到负载前面，以获得适当的匹配。对于具有 $Z_i > 75$ Ω 的阻抗应按附图 2-10 连接，对于具有 $Z_i < 75$ Ω 的阻抗应按附图 2-11 连接。

用在讯号发生器和阻抗变换器之间的连续电缆不应再接终端负载电阻，但是这种阻抗变换的方法招致附加的压降，因此加到负载上的输入电压 E_2 经常小于讯号发生器输出端的电压 E_1，对于附图 2-10 所示的四端网络电阻的计算可按下式：

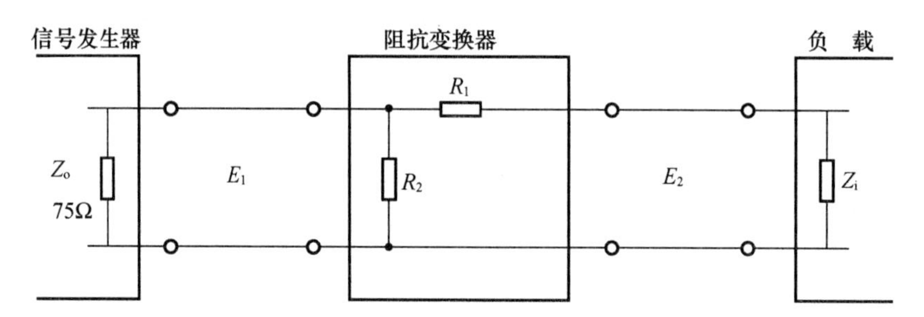

附图 2-10 当 $Z_i > 75$ Ω 时的阻抗变换

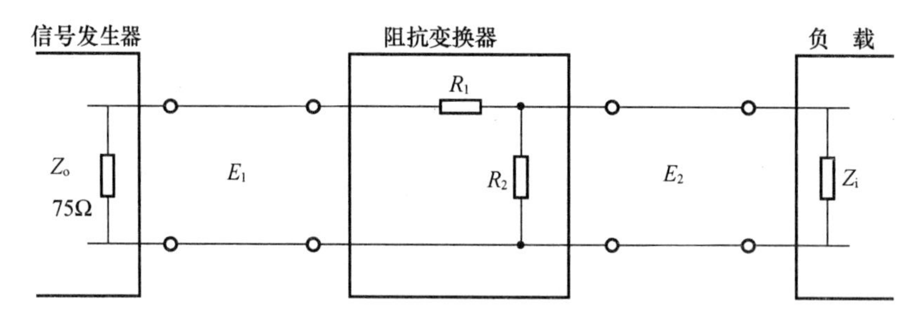

附图 2-11 当 $Z_i < 75$ Ω 时的阻抗变换

$$R_1 = \sqrt{Z_i(Z_i - 75)} \qquad R_2 = \sqrt{\frac{Z_i}{Z_i - 75}}$$

绘于附图 2-10 中的四端网络其输入与输出电压之比为：

$$k_u = \frac{E_1}{E_2} = \sqrt{\frac{Z_i - 75}{Z_i}} + 1$$

按附图 2-11 所示的装置，必须接入电阻。

$$R_1 = \sqrt{75(75 - Z_i)} \qquad R_2 = Z_i \sqrt{\frac{75}{75 - Z_i}}$$

而电压比为：

$$k_u=\frac{E_1}{E_2}=-\frac{\sqrt{75(75-Z_i)}+75}{Z_i}$$

因此，用了这样一个连接在负载前面的阻抗变换器后，加到负载上的电压就不是从仪器上读出的 E_1，而是 $E_2=\frac{E_1}{k_u}$。

当需要一个小射频电压时（约小于 1 mV）建议将阻抗变换器装在一个完全屏蔽的盒子里。

(5) 调制形式选择。

调制形式用面板左下方的开关⑨选择，其顺序如下：

① 视频调制。

② 外调幅。

③ 1 000 Hz 内调幅。

④ 载波（等幅输出）。

⑤ 1 000 Hz 内调频。

⑥ 外调频

⑦ 1 000 Hz 内调幅，同时进行外调频

⑧ 1 000 Hz 内调幅，同时进行 100 Hz 的内调频。

⑨ 外调幅，同时进行外调频。

当视频调制时，信号发生器产生图像载波，但不抑制其低边带。混合的视频信号（具有相当于平均亮度的直流电压）直接加到视频插孔⑯中。当调制输入端的电压为 0 V，信号发生器就传送出 100%的输出电压。若加入约＋7 V 的直流电压，则输出电压就会降低到原来载波电压的 10%。因此这两个极限值（100%和 10%）对应于负电视讯号调制的同步电平和白色电平。

为了能完全达到白色电平，混合的视频信号的振幅应该变化于＋7 V 和 0 V 之间。

仪器的调制部分可以传输 6.5 MHz 以下的视频信号。在外调制器和仪器的调制输入端之间必须有直流通路，以便混合的视频信号中的直流分量也能通过，为了决定高频输出电压值，衰减器度盘上的读数是有效值，因此同步脉冲的峰值应将原读数再乘以$\sqrt{2}$倍。

在与屏蔽不良的接收机相连时，需将调制电压源的周围屏蔽起来，并用屏蔽电缆接到视频调制输入插孔，以免接收机拣拾到不希望的辐射，尤其在需要小的高频电压时，这种屏蔽措施是绝不可少的，因为人眼要保持最小的相对时延。而视频输入端不能像调幅输入和外调频输入那样有效的滤波。

当工作状态天关置于内调幅和内调频时，调制电压从仪器内部的 1 000 Hz 振荡器取得。不应再将电压加到视频调制输入端，因为它没有和调幅器断开。

为了指示调幅度，利用左边的电表⑬其上有 0～80%的刻度，为了指示频偏，电表也有 0～100 kHz 的频偏刻度，电表下面的控制旋钮⑫可以用来连续地改变调幅度和频偏。然而这仅适用于单一的调制情况，对于双重调制时，控制旋钮只能改变调幅。在此调幅控制旋钮下方的开关⑪用来选择指示调幅度和频偏的两个量程。在“X0.1”位置时，电表的刻度对应于调幅度 0～8%和频偏 0～10 kHz。在“X1”位置时，电表的刻度对应于调幅度 0～80%和

频偏 0～100 kHz。在这个量程开关右边的开关⑩，可选择调幅或调频位置。

为了连接外调制电源，各自一对分开的插孔，供外调幅⑮和外调频⑭之用。当调制控制旋钮旋到最后时，所需调制电压分别为 0.25 V/%和 0.2 V/kHz，这仅是粗略的数值。准确的数值可用电表指示，每对插孔的输入阻抗是 2 000 Ω，并联以 2 500 pF，大约 50 V 的交流电压允许加到这些插孔而不致损坏仪器，外调幅输入端不应加有直流电压，因为没有隔直电容。

附 2.4　DA22 型超高频毫伏表

1）概述

本仪器系高灵敏度极宽频电压表，由换流式直流负反馈放大器、100 kHz 标准输出振荡器、高频检波探测器和指示电表所组成。所测量频率 5 kHz～1 000 MHz、幅度 200 μV～3 V 的交流电压有效值。为扩大量程和使用方便，还备有 100∶1 分压器和一套 50 Ω 转换接头。

2）技术参数

（1）测量电压范围：200 μV～3 V。

（2）满度量程分以下 8 挡：1 mV、3 mV、10 mV、30 mV、0.1 V、0.3 V、1 V、3 V。

使用附加 100∶1 分压器时可扩展至 10 V、30 V、100 V、300 V。

（3）测量电压的频率范围：5 kHz～1 000 MHz；使用附件 100∶1 分压器为 5 kHz～150 MHz。

（4）基本误差：（在正常条件下预热半小时，以 100 kHz 为基准）。

1 mV≤±10%；

3 mV 挡<±5%；

其余各挡≤±3%。

注：误差均指满度值的百分数。

（5）频率附加误差：

5 kHz～500 MHz≤±5%；

500～1 000 MHz≤±30%。

注：300 MHz 以下暂无标准，仅与同类型仪器相比。

（6）输入阻抗（1 V 挡）

100 kHz：输入阻抗≥50 kΩ；

100 MHz：输入阻抗≥10 kΩ，输入电容≤2 pF。

（7）温度附加误差：当环境温度超过正常条件时，增加附加误差为每 10 ℃增加±2%（1 mV挡增加±5%）。

（8）使用附件 100∶1 分压器时，本仪器总误差≤±12%。

（9）电源 220 V±10%时，附加误差±1%（1 mV 挡±2%）。

（10）用机内 100 kHz 校核振荡器频率误差≤±5%。

（11）连续工作时间不少于 8 h。

（12）电源消耗：约 30 W。

（13）供电电源：220 V±22 V，50 Hz±1 Hz。

(14) 外形尺寸:155 mm×236 mm×310 mm

(15) 仪器重量:约 7 kg。

3) 工作原理

本仪器由高频探测器、分压器、50 Hz 双 T 滤波器、机构调制器、低频选频放大器、相敏解调器,指示电表、零点调整网络、满度校正网络、100 kHz 校核振荡器和电源所组成。方框图如附图 2-12 所示。

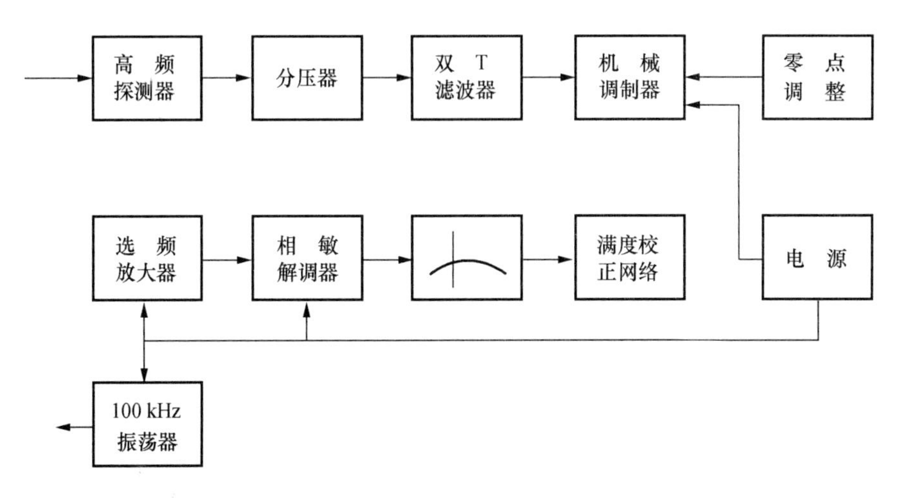

附图 2-12　DA22 型超高频毫伏表结构框图

被测电压经高频探测器检波后,沿电缆送至分压器。为了抑制 50 Hz 的电源干扰,分压器输出端接入对称 *RC* 双 T 网络,被滤除 50 Hz 干扰分量的直流讯号电压由机械调制器调拨成 50 Hz 方波,此讯号经过高增益选频放大器放大成 50 Hz 正弦讯号,然后由电子管相敏度放大器解调与直流,推动电表指示。

为了改善放大器的线性和增加稳定度,电表输入端接入负反馈网络,控制其反馈深度来校正放大器的灵敏度。基输出电压为:

$U_o=U_i\times\frac{K}{1+K\beta}$。当 K 极大时即$\frac{1}{K}\ll\beta$时,输出电压的模量 $U_o=U_i\times\frac{1}{\beta}$。

为了防止检波二极管检滤效率变化影响测试精度,本仪器还设有幅度稳定的校核振荡器,从根本上保证了本仪器的精度。

高频探测器由 VD_{16}、VD_{17}、R_{81}、C_{41}、C_{42}、C_{43}所组成(见附图 2-13 所示),C_{41}为隔直流电容兼作倍压检波元件。C_{42}、C_{43}、R_{81}组成低通滤波器。

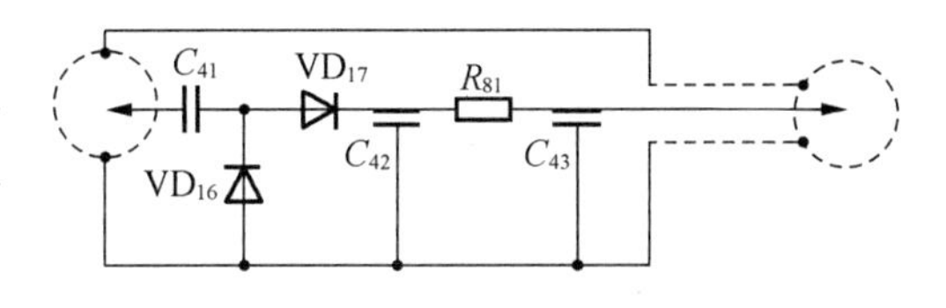

附图 2-13　高频探测器电路图

由探测器检出的直流信号经普通串联式分压器衰减后(1 mV、3 mV 挡不衰减)加至机构调制器 ZDZ(斩波器,ZB-6-6.3)。如附图 2-14 所示。调解器由市电激励,于是输出为一方波讯号(频率同激励电源,相位稍滞后,幅度正比于输入讯号)。此讯号耦合至选频放大器放大。

选频放大器由二只 $6N_2$ 双三极管担任。第一级放大器栅极至阴极间接入 C_3 以抑制较高频率的干扰，其极接入旁路电容 C_{11}、C_{11} 与电阻 R_8 并联后对 50 Hz 有足够的放大，对谐波则有较大的抑制。第二、第四级放大器为一般阻容耦合放大器。第三级放大器的输入和输出之间接有平衡不对称双 T 型反馈网络，其谐振点选在 57 Hz 附近，对 50 Hz 有较大的放大(并对其相位有一定的提前以补偿斩波器的相位滞后)，对其他频率则有相当大的衰减，大大的抵制于高频干扰和谐波，使输出由 50 Hz 方波变成 50 Hz 正弦波。

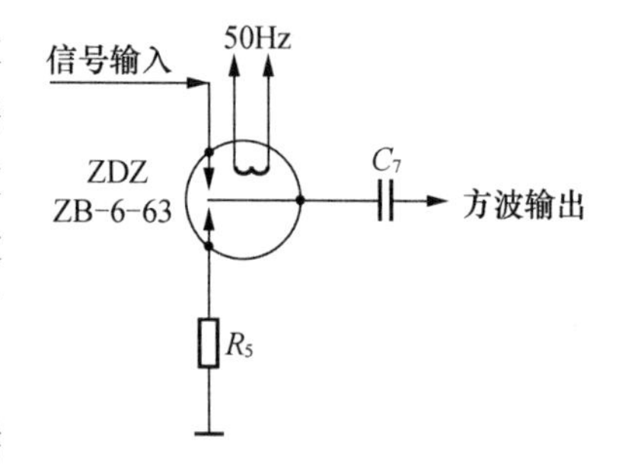

附图 2-14　斩波器电路图

相敏解调器采用有增益的相敏整流放大器，本级约有 20 dB 的电压增益。相敏放大用中放大倍数三极管 $6N_1$，在其板极加上同幅度反相位的电源电压，这样在输出端得到了与输入讯号相位和幅度均有关的直流电压，使放大器的抗干扰能力得到了大大提高。

由于机械调制器(斩波器)和放大器的噪声及各种干扰，加上相敏解调器本身的不平衡性，当无记号输入时相敏解调器输出也不一定为零。为使其平衡，必须接入零点调整电路。本仪器零点调整电压由低压串联式稳压电源分压取得，其幅度和极性用电位器 U_{11} 控制。

U_1 系满度校正电位器(置于面板上)，它控制本仪器各挡增益。为了使各挡协调，还分设各挡满度校正电位器，它装置在仪器内部，已由制造厂调整后封闭，非特殊情况可不必重新调整。

校核振荡器采用电子管克拉波型振荡电路。振荡器输出端并有 2DW7C 标准稳压管(D_{15})借以控制振荡器的有载 Q 值，并起到一定限幅作用，使输出相当稳定(当环境温度从 −10 ℃变到 +40 ℃时，其输出与常温相比不大于 ±1%)。稳幅讯号经过精密分压后输出各挡相应的标准满度电压，供本仪器校正满度用。本振荡器的幅度校正电位器 W_{12} 出厂时调整好，切勿随便拨动，以免降低本仪器的精度。

本仪器电源分流和直流两部分。交流供给机构调制器、相敏解调器。直流又分高压和低压二种，高压由电子管 G_4、G_5 组成并联式稳压电源，它供给各放大器和 100 kHz 振荡器板压。低压系普通串联式晶体管稳压电源，它供给 G_1、G_2、G_3 灯丝，并提供零点调整电压。

4) 使用方法

(1) 本仪器置于水平工作台上，接上高频探测器(探测器插入校正插孔、开关 K_2 置于调零位)，联好电源线开启电源，预热半小时(大量程挡可减少预热时间)。

(2) 调节调零电位器至零位，然后将开关置于校正位，调节满度校正电位器 W_1 使电表指示满度(小量程需多次调整)，即可进行测量。

(3) 当测量高于 1 V 的电压时，先进行上进步骤校正后将高频探头插入 10∶1 分压器进行测量，读指示值乘 100。

(4) 测量同轴电缆上的电压时应用 50 Ω 的 T 型探头。

5) 注意事项

(1) 本仪器高频探头隔直流电容和检波二极管相当脆弱，探针受力不宜过大，使用探头须小心轻放。

(2) 使用小量程时，必须反复调整，特别再加上大记号以后，要有较长时间才能恢复。小讯号测量时尽可能不移动探头和电缆，并应在热平衡条件下测量。

附 2.5 NFC-100B 型频率计数器

1) 概述

NFC 型系列等精度频率计数器 NFC-100B 型是采用微处理技术开发完成的。其测频范围广(DC～100 MHz)、灵敏度高(50 mV_{rms} 以下)，且能在最短的时间内得到极多位数的显示(尤其在低频段)，本仪器前置电路的触发电路、衰减器等，且闸门时间可调，同时，具有工程符号指数显示，适合实验室、工矿企业科研之用。

该频率计数器的电路方框图如附图 2-15 所示。

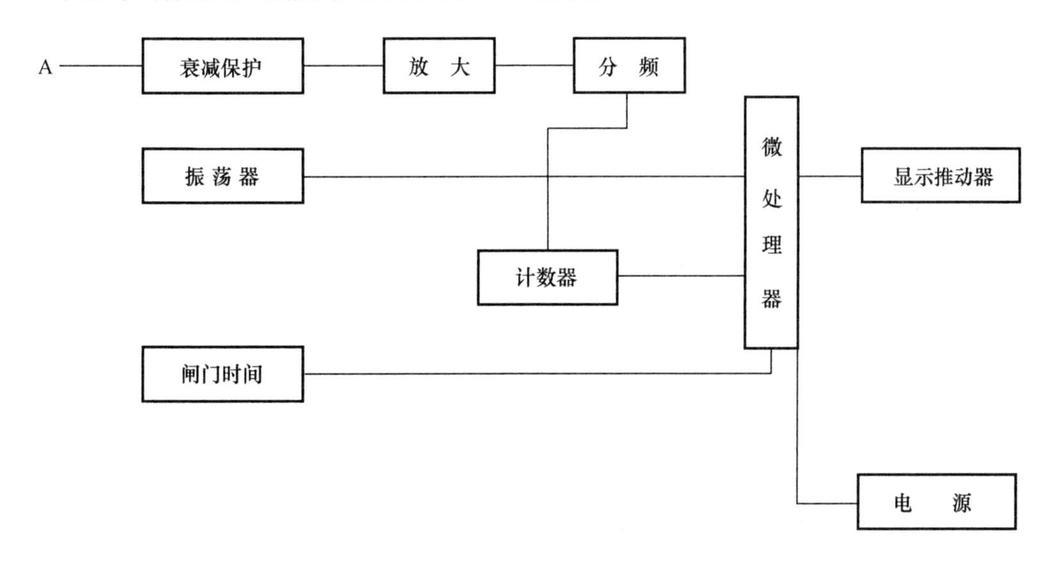

附图 2-15 NFC-100B 型频率计算器电路方框图

2) 技术指标

(1) 测量范围

DC～100 MHz，测预、测周、累计、测转速。

(2) 输入特性

① A 通道(DC～10 MHz)/100 MHz。

a. 频率范围：直流耦合：DC～100 MHz；
　　　　　　交流耦合：30 Hz～100 MHz。

b. 灵敏度：50 mV_{rms}；

c. 耦合方式：直流或交流。

d. 阻抗：1 MΩ/40 pF；

e. 衰减器：×1 或×20；

f. 触发电平：预置：0 V；手动：－2.5～＋2.5 V 可调；

g. 最大输入幅度：2 V_{rms}(×1 挡)；

h. 周期范围：10 ns/100ns～100 s；

'i. 测量误差:±时基准确度±触发误差×被测频率(或被测周期)±LSD

其中:$LSD=\frac{100\ \text{ns}}{\text{闸门时间}}$×被测频率(或被测周期)

当被测的正弦波信号的信噪比为 40 dB 时,触发误差$\leqslant\frac{0.3\%}{\text{被平均的被测信号周期数}}$

(2) B 通道

① 频率范围:50 MHz～1 GHz;

② 灵敏度:50 mV_{rms};

③ 耦合方式:交流;

④ 阻抗:50 Ω;

⑤ 最大输入幅度:1 V_{rms};

⑥ 周期范围:10 ns～100 s;

(3) 分辨率

随闸门时间的长短而增减显示位数,最短闸门时间时可显示 5 位,闸门时间>4 s 时,显示位数为 8 位。

(4) 时基

① 频率　　10 MHz

② 日稳定度　　5×10^{-6}

(5) 闸门时间

50 ms～6 s 连续可调或被测信号周期长于预选闸门时间时,则闸门时间为被测信号周期。

(6) 显示

信号数据位、一位阶码符号位、一位阶码位及“闸门”“触发电平”“Hz”“s”共 4 个指示灯。

(7) 工作环境　　0～40 ℃。

(8) 电源电压

交流 220 V±22 V　　50 Hz±2.5 Hz。

(9) 重量　　<3 kg。

(10) 外观尺寸

$1\times b\times h$: 270 mm×218 mm×80 mm。

3) 面板说明

本仪器面板示意图见附图 2-16。两板各部分的代号见下表。

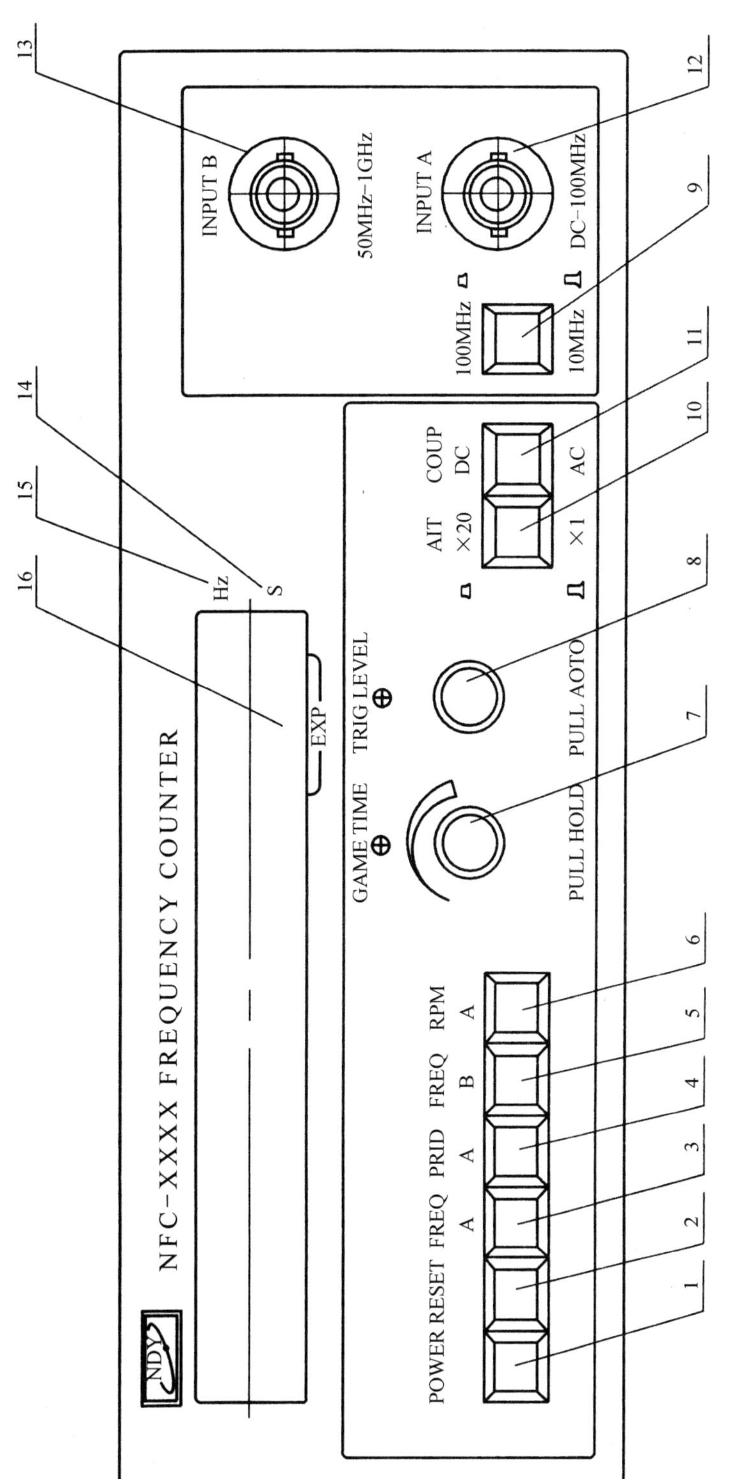

附图2-16 NFC-100B型频率计数器面板示意图

NFC-100B 型频率计数面板各部分代号表

序号	面板指示	名　称	作　用
1	POWER	电源开关	按下开关则接通电源，LED 显示
2	RESET	复位	按下松开，则本机电路 CPU 重新启动
3	FREQ A	频率 A 开关	按下此开关，接 A 通道，执行频率测量
4	PER A	周期 A 开关	按下此开关，接 A 通道，执行周期测量
5	TOT	计数开关	按下此开关，接 A 通道，报告计数测量
6	RPM A	转速开关	按下此开关，接 A 通道，执行转速测量
7	GATE TIME	闸门时间旋钮	旋转此旋钮，顺旋为延长闸门时间，逆旋为缩短闸门时间，拨出为保持
8	TRIG LEVER	触发旋钮	旋转此旋钮至 TRIG LEVER 指示灯闪烁，拔出为 0 触发电平
9	100 MHz/10 MHz	频道转换	≥10 MHz 按下此开关
10	ATT×20/×1	衰减开关	按下此开关，可衰减 A 通道输入信号 20 倍
11	DC/AC	耦合开关	按下此开关，选择输入 A 的耦合方式
12	A	频率 A 输入	信号介于 DC～100 MHz 时输入此通道
13	s	秒显示	周期测量时，此灯亮
14	Hz	Hz 显示	频率测量时，此灯亮
15	EXP	指数显示	被测信号的指数量级

4）使用说明

（1）开机检查

本机电源正常为 AC 220 V±22 V。

（2）测量信号

① 若频率介于 DC～100 MHz，按下“FREQ A”开将输入接到通道 A。

② 测量周期时，按下“PRE A”开关，将输入接至通道 A。

（3）闸门时间调整

① 旋转“GATE TIME”旋钮至适当位置（最短闸门时间时可显示 5 位，闸门时间大于等于 4 s 时，显示位数为 8 位）。

② 若需保留显示值，则将“GATE TIME”旋钮拔出，即为“HOLD”（保护状态）

（4）触发电平调整

旋转此旋钮至触发灯闪烁频率为最快的位置。此旋钮拔出为预置状态。此旋钮只对输入 A 有作用。

（5）输入 A 前置功能选择

① 按下“100 MHz/10 MHz”开关时测量≥10 MHz 的信号。

② 按下“ATT”开关，可使输入信号衰减 20 倍。

③ 按下“DC/AC”开关，对输入 A 信号，选择耦合方式。

5）注意事项

（1）认真阅读说明书，按技术要求正确使用各功能键。

(2) 修理该仪器时,必须关闭电源,切勿带电操作,否则,会引起器件和电路的损坏,影响人身安全。

(3) 遇见故障后,必须仔细分析,弄清故障部位,加以修理,若自校不正确,先检查晶振有无输出,各功能挡按键是否有效。

附录 3 MATLAB 简介及其操作

附 3.1 MATLAB 简介

MATLAB 是由美国 MathWorks 公司推出的软件产品。MATLAB 是"Matrix Laboratory"的缩写,意即"矩阵实验室"。MATLAB 是一完整的并可扩展的计算机环境,是一种进行科学和工程计算的交互式程序语言。它的基本数据单元是不需要指定维数的矩阵,它可直接用于表达数学的算式和技术概念,而普通的高级语言只能对一个个具体的数据单元进行操作。因此,解决同样的数值计算问题,使用 MATLAB 要比使用 Basic、Fortran 和 C 语言等提高效率许多倍。许多人赞誉它为万能的数学"演算纸"。MATLAB 采用开放式的环境,你可以读到它的算法,并能改变当前的函数或增添你自己编写的函数。在欧美的大学和研究机构中,MATLAB 是一种非常流行的计算机语言,许多重要的学术刊物上发表的论文均是用 MATLAB 来分析计算以及绘制出各种图形。它还是一种有利的教学工具,它在大学的线性代数课程以及其他领域的高一级课程的教学中,已成为标准的教学工具。

最初的 MATLAB 是用 Fortran 编写的,在 DOS 环境下运行。新版的 MATLAB 是 C 语言编写的高度集成系统。它在几乎所有流行的计算机机种,诸如 PC、MACINTOSH、SUN、VAX 上都有相应的 MATLAB 版本。新版的 MATLAB 增强了图形处理功能,并在 Windows 环境下运行。现今,MATLAB 的发展已大大超出了"矩阵实验室"的范围,在许多国际一流专家学者的支持下,MathWorks 公司还为 MATLAB 配备了涉及他自动控制、信息处理、计算机仿真等种类繁多的工具箱(Tool Box),这些工具箱有数理统计、信号处理、系统辨识、最优化、稳健等等。近年来一些新兴的学科方向,MathWorks 公司也很快地开发了相应的工具箱,例如:神经网络、模糊逻辑等。

附 3.2 MATLAB 操作说明

1) *启动* MATLAB

启动 MATLAB 有两种方法:

(1) 在 Windows 下,点 D:\matlab\bin\matlab.exe 进入 MATLAB 环境

(2) 在 DOS 下,键入 matlab,这一命令会自动执行 WINDOWS,并启动 MATLAB

以上两种操作的结果都会出现一个 MATLAB 的命令窗口

2) MATLAB *的一些基本操作及命令函数*

MATLAB 语言最基本的赋值语句结构为:变量名列表=表达。表达式由操作符或其他字符,函数和变量名组成,表达式的结果为一个矩阵,显示在屏幕上,同时输送室一个变量中并存放于工作空间中以备调用。如果变量名和"="省略,则 ANS 变量将自动建立,例

如键入:1900/81,得到输出结果:ans = 23.456 8。

(1) 矩阵的输入

矩阵可以用几种不同的方法输入到 MATLAB 语言中:

① 以直接列出元素的形式输入;

② 通过语句和函数产生;

③ 建立在 M 文件中;

④ 从外部的数据文件中装入。

在 MATLAB 语言中不必描述矩阵的维数和类型,它们是由输入的格式和内容来确定的。

输入小矩阵最简单的方法是使用直接排列的形式,把矩阵的元素直接排列到方括号中,每行内的元素用空格或逗号分开,行与行的内容用分号格开。

输入为:

```
A=[1 2 3;4 5 6;7 8 9]  或  A=[1,2,3;4,5,6;7,8,9]
```

输出为:

```
A=
    1  2  3
    4  5  6
    7  8  9
```

大的矩阵可以分行输入,用回车号代替分号。输入后矩阵 A 将一直保存在工作空间中,除非被替代和清除,A 矩阵可以随时被调出来。若在命令末尾加上“;”号,则表示结果不显示,除非再次调用。

其余输入在实验中再做说明。

(2) 矩阵的运算

① 矩阵转置

用符号“'”来表示矩阵的转置。

输入为:

```
x=[-1   0  2]
```

输出为:

```
x=
    -1
     0
     2
```

② 矩阵加、减

矩阵的加、减由符号“+”、“-”表示,它有两种格式:

a. 两种矩阵进行加减运算,其对应的元素进行加减,得到一新矩阵。

输入为:

```
A=[1 2 3;4 5 6;7 8 9];
B=[1 4 7;8 9 10;11 12 13]
```

```
C=A+B
```

输出为：

```
C=
    2   6   10
    12  14  16
    18  20  22
```

b. 矩阵与标量进行加减运算，则矩阵中每个元素都与标量进行加减运算。

输入为：

```
x=[-1,0,2];
y=x-1
```

输出为：

```
y=
    -2
    -1
     1
```

③ 矩阵乘法，以符号“*”表示

a. 两矩阵相乘。

输入为：

```
x=[2 3 4 5;1 2 2 1];
y=[0 1 1;1 1 0;0 0 1;1 0 0];
z=x*y
```

输出为：

```
z=
    8   5   6
    3   3   3
```

b. 矩阵与标量相乘。

输入为：

```
A=[2,3,4,5;1,2,2,1];
B=A*2
```

输出为：

```
B=
    3   6   8   10
    2   4   4   2
```

④ 矩阵的除法

在 MATLAB 中有两种矩阵除法符号，左除“\”和右除“/”，若 A 矩阵是非奇异矩阵，则 A\B B/A 是 A 的逆矩阵乘 B 矩阵，即 inv(A)*B* 或 Binv(A)。通常 x=A\B 就是 A*x=B；x=B/A 就是 x*A=B。

输入为：

```
A=[1 2 3;4 2 6;7 4 9];
B=[4;2;1];
A \ B
```

输出为：

```
ans=-2.500 0
     0.500 0
     1.833 3
```

⑤ 矩阵的乘方，以符号“^”表示

a^p 表示 a 的 p 次方，即 a 自乘 p 次。当 p 为矩阵时，运算会出错。

(3) 数组的运算

① 数组加减

数组加减与矩阵加减相同。

② 数组相乘

在 MATLAB 中，符号“. *”表示数组乘法运算，相乘的数组要有相同的维数，且为对应元素进行乘除。

输入为：

```
A=[1,2,3];
B=[4,5,6];
C=A. *B
```

输出为：

```
C=
    4   10   18
```

输入为：

```
D=A. \ B
```

输出为：

```
D=
    4.00   2.5000   2.0000
```

③ 数组的乘方，以符号“. ^”表示

a. 当 x、y 均为向量时，$z=x.\hat{}y$ 表示对应元素的乘方。

b. 当 x 为向量，y 为标量时，$z=x.\hat{}y$ 表示 $z(i)=x(i)^y$。

c. 当 x 为标量，y 为向量时，$z=x.\hat{}y$ 表示 $z(i)=x^{y(i)}$。

(4) 关系运算

MATLAB 中共有 6 种关系，分别为：

<	>	= =	< =	> =	~ =
小于	大于	等于	小于等于	大于等于	不等于

对两矩阵的对应元素进行比较，若关系成立则为 1，否则为 0。如输入：

```
A=[-1 2 4;5 4 -8];
```

B=[　0 1 5;5 1　2]

C=A>B　　则输出为：

C=

　0　1　0

　0　1　0

(5) 向量和下标

MATLAB 的下标均从 1 开始，能在行、列、单个元素的子矩阵的运算时使用，下标的中间是向量，用符号"："来建立。

① 产生向量

在 MATLAB 中"："冒号是很重要的字符，如：x=1：5 即产生一个 1～5(单位增量的)的行向量 x= 1 2 3 4 5，也可以产生单位增量大于 1 的行向量(把增量放在起始和结尾量的中间)如：y=6：－1：1 即

y=6 5 4 3 2 1 (单位增量为负数的行向量)

行向量进行转置可得到列向量。

② 下标

单个的矩阵元素在括号中用下标来实现，下标的表达式趋于最接近的实数。例如，矩阵 A 为：　A=

　1　2　3

　4　5　6

　7　8　9

其中 A(3,3)=9、A(1,3)=3、A(3,1)=7 等。若用语句 A(3,3)=A(1,3)+A(3,1)，利用原矩阵的元素产生的新元素(即为 A(1,3)+A(3,1)=10)替代 A 矩阵中第三行第三列的元素 A(3,3)，则产生新的 A 矩阵

A=

　1　2　3

　4　5　6

　7　8　10

下标可以是一个向量。例如若 x 和 u 是向量，则 $x(u)$ 也是一个向量：$[x(u(1))\ x(u(2))\cdots x(u(n))]$。对于矩阵来说，向量下标可以将矩阵中邻近或不邻近元素构成一新的子矩阵；假设 A 是一个 10×10 的矩阵，则 A(1：5,3)指 A 中由前五行对应第三列元素组成的 5×1 子矩阵。又如 A(1：5,7：10)是前五行对应最后四列组成的 5×4 子矩阵。

使用"："代替下标，可以所有的行或列。如 A(：,3)代表第三列元素组成的子矩阵，A(1：5,：)代表前五行所有元素组成的子矩阵，如：A(：,[3,5,10])=B(：,1：3)表示将 B 矩阵的前三列，赋值给 A 矩阵的第三、第五和第十列。

(6) 常用命令函数

!	执行操作系统命令
abs	绝对值函数
angle	相角函数

axis	坐标轴标度设定
cla	清除当前坐标轴
clc	清除命令窗口显示
clf	清除当前图形窗口
close	关闭图形窗口
delete	删除文件
demo	运行 MATLAB 演示程序
function	MATLAB 函数表达式的引导符
grid	给图形加网格线
gtext	在鼠标指定的位置加文字说明
help	启动联机帮助文件显示
hold	当前图形保护模式
imag	求取虚部函数
length	查询向量的维数
linspace	构造线性分布的向量
logspace	构造等对数分布的向量
pi	圆周率 π
plot	线性坐标图形绘制
quit	退出 MATLAB 环境
real	求取实部函数
size	查询矩阵的维数
sqrt	平方根函数
stem	函数序列柄状图形绘制
subplot	将图形窗口分成若干个区域
title	给图形加标题
xlabel	给图形加 x 坐标说明
ylabel	给图形加 y 坐标说明

MATLAB 是以复杂矩阵作为基本编程单元的一种程序设计语言。它提供了各种矩阵的运算与操作，并有较强的绘图功能。

附 3.3 MATLAB 的控制语句

1) for 循环

格式为：

```
for    循环变量=表达式 1;表达式 2(循环变量的增量);
       表达式 3;
       循环语句组
end
```

若表达式 2(循环变量的增量)的值为 1，在语句中可省略。例如

for i=1:n,x(i)=0;end x 的前 n 个元素被依次赋上零值。

2) while 循环

格式为：

```
While (条件式)
        循环语句组
end
```

其执行方式为，若条件式中的条件成立，则执行循环语句组内容，执行后再判断表达式是否仍然成立，如果不成立则跳出循环，向下继续执行。

3) if 和 break 语句

格式为：

```
if (条件式)
  条件块语句组
end
```

break 语句是中止循环语句过程。如下面的程序段

```
     sum=0;
for m=1 : 100
     if(sum > 1000) break;end
     sum=sun+m;
end
```

注意，这里的 break 命令，其作用就是中止上一级的 for 语句循环过程。

附 3.4　MATLAB 中 M 文件的编写及使用

MATLAB 下提供了两种文件格式，其中一种是普通的 ASCⅡ码构成的文件，在这样的文件中只有由 MATLAB 语言所支持的语句，它类似于 DOS 下的批处理文件，这样的文件称作 M 文件，它的执行方式很简单，只需在 MATLAB 的命令窗口中键入该 M 文件的文件名，这样的 MATLAB 就会自动执行该 M 文件中的各条语句。

MATLAB 的另一种，也是最常用的特殊 M 文件称为 MATLAB 函数，这样的函数是由 function 语句引导的，其基本格式为：

```
Function 返回变量列表=函数名(输入变量列表)
注释说明语句段
函数体语句
```

这里输入和返回的变量个数分别由 nargin 和 nargout 两个 MATLAB 保留的参数来给出，返回变量如果多于 1 个，则应该用方括号给括起来。输入变量当然应该用逗号来分割。注释说明语句用%引导，用 help 命令可以将注释说明语句内容显现出来。

附 3.5 MATLAB 中绘图操作

在 MATLAB 中把数据绘成图形可有多种命令一供选择。下面列出了这些命令：

绘图命令	
plot	线性 X-Y 坐标图
loglog	双对数坐标图
semilogx	X 轴对数半对数坐标图
semilogy	Y 轴对数半对数坐标图
polar	极坐标图
mesh	三维消隐图
contour	等高线图
bar	条形图
stairs	阶梯图

除了可以在屏幕上显出图形外，还可以对屏幕上已有的图形加注释、题头或坐标网格。

图形加注	
title	画题头
xlabel	x 轴标注
ylabel	y 轴标注
text	任意定位的标注
gtext	鼠标定位标注
dgrid	网络

关于坐标轴尺寸的选择和图形处理等控制命令：

图形控制命令	
Axis	人工选择坐标轴尺寸
Clg	清除图形窗口
Ginput	利用鼠标的十字准线输入
Hold	保持图形
Shg	显示图形窗口
Subplot	将图形窗口分成 N 块子窗

附 3.6　MATLAB 中 help 命令及变量的保存

Help 命令很有用，它为 MATLAB 绝大部分命令提供了联机帮助信息。在命令窗口中直接键入 Help 命令可取得信息。如：键入 help eig 可得到特征函数的使用信息。键入 help 显示如何使用方括号输入矩阵。

如果欲使用工作空间的命令退出 MATLAB，则可键入 quit 或 exit。选择 MATLAB 命令窗口 File 菜单的命令 Exit，同样可以中止 MATLAB 的运行。中止 MATLAB 的运行会使工作空间中的变量丢失，因此在退出前，应键入 save 命令，将变量写到磁盘上以备以后使用。如：

键入 save temp 则将工作空间中的变量存入到 TEMP. MAT 文件中。如：

键入 save temp x 仅将 x 变量存入到 TEMP. MAT 文件中。如：

键入 save temp x y z 则存入 x、y 和 z 变量。

键入 load temp x 则存入的指定变量 x 从 TEMP. MAT 文件中重新提出到当前的工作空间中。

save 和 load 命令的后边可以跟文件名和指定的变量名，若仅是直接使用 save 和 load 命令，则只能将所有变量存入到 MATLAB. MAT 文件中和从 MATLAB. MAT 文件中将所有变量重新提出到当前的工作空间中。

参 考 文 献

[1] 谢嘉奎.电子线路:线性部分[M].3版.北京:高等教育出版社,1988

[2] 谢嘉奎.电子线路:非线性部分[M].3版.北京:高等教育出版社,1988

[3] 童诗白.模拟电子技术基础.[M].北京:人民教育出版社,1981

[4] 王尧,张国华.模拟电子技术[M].南京:东南大学出版社,1994

[5] 康华光.电子技术基础:模拟部分[M].4版.北京:高等教育出版社,1998

[6] Robert F, Coughlin Frederick F, Driscoll. Operetonal Amplifiers and Linear Integrated Circuits[M]. 3rd ed. New Jersey: Prentice-Hall. Inc., 1987

[7] 张凤言.电子电路基础[M].北京:高等教育出版社,1995

[8] 《中国集成电路大全》编委会.中国集成电路大全 CMOS 集成电路[M].北京:国防工业出版社,1985

[9] (美)H.M.伯林.运算放大器电路设计及实验[M].郭维芹,郭文中,译.北京:科学出版社,1987

[10] 杨帮文.实用电子电路集锦[M].北京:电子工业出版社,1988

[11] 楼顺天,李博菡.基于 MATLAB 的系统分析与设计:信号处理[M].合肥:中国科学技术大学出版社,1998